重庆市科技平台与基地建设项目
——“重庆市雷电灾害鉴定与防御工程技术研究中心(CSTC2013PT-GC00001)”资助
公益性行业(气象)科研专项
——“闪电活动特征及其在灾害天气预警中的应用方法研究(GYHY201006005-05)”资助
——“地基高精度总闪电探测系统和定位算法研究(GYHY201306069-03)”资助

雷电电弧放电效应及其危害机理研究

李良福　覃彬全　主　编
杨　磊　糜　翔　副主编

李良福　覃彬全　杨　磊　糜　翔
刘青松　陈　宏　李家启　李　路　著

气象出版社
China Meteorological Press

内容简介

作者根据重庆市科技平台与基地建设项目(CSTC2013PT-GC00001)和公益性行业(气象)科研专项(GY-HY201006005-05、GYHY201306069-03)资助的雷电电弧放电效应及其危害机理的研究成果和国家标准《桥梁工程防雷技术规范》研究与制定的科研成果，结合重庆市雷电灾害调查鉴定和雷电防护技术的具体实践经验，并参考国内外有关雷电监测、雷电物理、大气物理、大气电学、土壤电学、气体放电、高电压实验、混凝土结构耐久性、腐蚀电化学、金属腐蚀、钢筋锈蚀、钢结构技术、钢结构事故分析、OPGW 雷击试验及其防雷技术、金属学与热处理、金相分析、焊接冶金原理、电弧焊、电弧放电和雷电电弧放电等方面资料编著而成。全书共分六章二十五节，对电弧放电与雷电电弧放电的基本概念及其差异、雷电电弧放电的自然现象和产生方式及其形成机理、雷电电弧放电的锈蚀效应、雷电电弧放电的弧坑效应、雷电电弧放电的气孔效应、雷电电弧放电的裂纹效应、雷电电弧放电的一般电弧侵蚀危害机理、雷电电弧放电的应力电弧侵蚀危害机理、雷电电弧放电的疲劳电弧侵蚀危害机理，以及雷电电弧放电对缆索承重桥的缆索防雷影响与危害及其防御技术等方面进行了详细论述。可供从事雷电防护理论研究的科研人员和建(构)筑物防雷工程设计、施工、检测、验收以及建(构)筑物防雷设施维护与管理的工程技术人员参考。

图书在版编目(CIP)数据

雷电电弧放电效应及其危害机理研究/李良福，覃彬全主编.
北京：气象出版社，2014.4
ISBN 978-7-5029-5899-2

Ⅰ.①雷… Ⅱ.①李… ②覃… Ⅲ.①雷-放电-电弧-危害性-研究 Ⅳ.①P427.32

中国版本图书馆 CIP 数据核字(2014)第 045360 号

出版发行：气象出版社
地　　址：北京市海淀区中关村南大街 46 号　　**邮政编码**：100081
总 编 室：010-68407112　　**发 行 部**：010-68409198
网　　址：http://www.cmp.cma.gov.cn　　**E-mail**：qxcbs@cmp.cma.gov.cn
责任编辑：吴晓鹏　杨柳妮　　**终　　审**：周诗健
封面设计：博雅思企划　　**责任技编**：吴庭芳
印　　刷：北京京科印刷有限公司
开　　本：700 mm×1000 mm　1/16　　**印　　张**：17.5
字　　数：330 千字
版　　次：2014 年 4 月第 1 版　　**印　　次**：2014 年 4 月第 1 次印刷
定　　价：50.00 元

前　言

雷电是发生于大气中的一种天气现象，由于雷电发生、发展、消散过程的特殊性，常常引起重大的灾害事故，被联合国有关部门列为“最严重的十种自然灾害之一”。尤其是随着经济社会的高速发展，雷电灾害造成很多地区停工、停产、通讯中断以及财产损失和人畜伤亡的恶性事故时有发生。例如，2011 年 7 月 23 日温州动车雷击后追尾导致脱轨坠落形成的特别重大安全事故。2011 年 7 月 23 日 19 时，温州南站列控中心采集驱动单元采集电路电源回路中保险管 F2 遭雷击熔断后，采集数据不再更新，错误地控制轨道电路发码及信号显示，使行车处于不安全状态；同时雷击也造成 5829AG 轨道电路发送器与列控中心通信故障，使从永嘉站出发驶向温州南站的 D3115 次列车超速防护系统自动制动，在 5829AG 区段内停车。由于轨道电路发码异常，导致其三次转目视行车模式启车受阻，7 分 40 秒后才转为目视行车模式以低于 20 km/h 的速度向温州南站缓慢行驶，未能及时驶出 5829 闭塞分区。因温州南站列控中心未能采集到前行 D3115 次列车在 5829AG 区段的占用状态信息，使温州南站列控中心管辖的 5829 闭塞分区及后续两个闭塞分区防护信号错误地显示绿灯，向 D301 次列车发送无车占用码，导致 D301 次列车驶向 D3115 次列车发生追尾。追尾造成动车脱轨坠落导致 40 人死亡、172 人受伤，中断行车 32 小时 35 分钟，直接经济损失 19371.65 万元。经调查认定，该事故是一起因列控中心设备存在严重设计缺陷、上道使用审查把关不严、雷击导致设备故障后应急处置不力等因素造成的责任事故。因此开展雷电灾害形成机理研究，提升雷电防护科学与技术水平，对于减轻国民经济损失，促进经济社会科学发展、安全发展，保护国家和人民的生命财产安全具有十分重要的意义。

但是目前雷电灾害形成机理研究中，许多与防雷有关的理论研究人员和工程技术人员普遍对雷电灾害的认识还停留在一次性雷击直接引起灾害事故是雷击灾害事故的观念上，未能深刻理解《建筑物防雷设计规范》(GB 50057—2010)定义的雷击具有短时首次雷击、首次以后短时后续雷击、长时间雷击等三种危害方式的物理意义，尤其是未能科学理解大电流、高电压、短时间、高脉冲的短时雷击事故机理与小电流、长时间、高能量、连续性和准稳定性的长时间雷击事故机理的区别。前者的危害性主要取决于雷电流与雷电压的峰值、波头时间、半值时间的大小，是雷电流波形中的 A 分量起决定作用，表现为雷电大电流、高电压、电磁脉冲的危害机理，不需要其他因素的耦合效应协助就可以产生危害，其发生过程是瞬间发生，具有主导性、独立性、突发性，常常是一次性雷击引发建(构)筑物及其有关的电气、电子设施损坏，导致雷电灾害事故，属于显性灾害因素；后者主要取决雷电流的雷击时间和长时间雷击转移的电荷量的大小，是雷电流波形中的 C 分量起决定作用，表现为对建(构)筑物和电气、电子设施的承重结构金属构件局部疲劳损伤的雷电电弧放电的危害机理，需要建(构)筑物和电气、电子设施的荷载、大气环境等其他因素的耦合效应协助才可以产生危害，其发生过程是缓慢发生，具有辅助性、协同性、渐进性，常常是一次雷击后延滞一定时期(小于建(构)筑物和电气、电子设施使用寿命)才引发建(构)筑物和电气、电子设施承重结构金属构件局部应力损伤和(或)疲劳损伤从而导致雷电灾害事故，相对雷电波形中的 A 分量雷击引发雷电灾害事故而言，它引发雷电灾害事故需与其他因素共同耦合作用才能发生，其发生过程是逐渐发生，属于隐性灾害因素。

而随着科学技术的发展，建(构)筑物和电气、电子设施的使用寿命也不断延长，建(构)筑物和电气、电子设施的养护也越来越重要，但是人们对建(构)筑物和电气、电子设施的承重结构力学性能退化而影响其使用性和耐久性的认识还仅仅停留在"建(构)筑物和电气、电子设施的承重结构金属构件的锈蚀、寒冷气候下的冻害、侵蚀环境下的物理化学作用"，尤其是对"钢筋锈蚀"对钢筋混凝土结构的使用性、耐久性影响，导致结构承重力降低，甚至结构失效的认识比较深刻。而对与"锈蚀破坏的钢筋锈蚀、钢筋应力腐蚀、钢筋腐蚀疲劳"类似的"长时间雷击电流形成的对钢筋混凝土结构的使用性、耐久性影响导致结构承重力降低，甚至结构失效的危害机理却视而不见，从而形成建(构)筑物和电气、电子设施安全事故隐患。其根本原因是不清楚雷电流波形中的 C 分量对建(构)筑物和电气、电子设施的承重结构金属构件的使用性、耐久性影响导致结构承重力降低，甚至结构失效的雷电电弧放电效应及其危害机理。然而国内外所能查到的文献资料中，目前还没有该方面系统研究的专著，因此有必要从长时间雷击电流角度详细论述雷电电弧放电效应及其对建(构)筑物和电气、电子设施的承重结构的危害机理。为此，作者根据重庆市科技平台与基地建设项目——"重庆市雷电灾害鉴定与防御工程技术研究中心(CSTC2013PT-GC00001)"和公益性行业(气象)科研专项——"闪电活动特征及其在灾害天气预警中的应用方法研究(GYHY201006005-05)"、"地基高精度总闪电探测系统和定位算法研究(GY-HY201306069-03)"资助的雷电电弧放电效应及其危害机理的研究成果和国家标准《桥梁工程防雷技术规范》研究与制定的科研成果，结合重庆市雷电灾害调查鉴定和雷电防护技术的具体实践经验，并参考国内外有关雷电监测、雷电物理、大气物理、大气电学、土壤电学、气体放电、高电压实验、混凝土结构耐久性、腐蚀电化学、金属腐蚀、钢筋锈蚀、钢结构技术、钢结构事故分析、OPGW 雷击试验及其防雷技术、金属学与热处理、金相分析、焊接冶金原理、电弧焊、电弧放电和雷电电弧放电等方面资料，编著了《雷电电弧放电效应及其危害机理研究》一书，该书详细论述了电弧放电与雷电电弧放电的基本概念及其差异，雷电电弧放电的自然现象和产生方式及其形成机理，雷电电弧放电的锈蚀效应、弧坑效应、气孔效应、裂纹效应，雷电电弧放电的一般电弧侵蚀危害机理、应力电弧侵蚀危害机理、疲劳电弧侵蚀危害机理以及雷电电弧放电对缆索承重桥的缆索防雷影响与危害及其防御技术等方面的理论知识。可供从事雷电防护理论研究的科研人员和建(构)筑物防雷工程设计、施工、检测、验收以及建(构)筑物防雷设施维护与管理的工程技术人员参考。

本书在编写过程中得到重庆市科技攻关重点科技平台与基地(省级重点工程研究中心)——重庆市雷电灾害鉴定与防御工程技术研究中心和重庆大学电气工程学院、西南大学资源环境学院、重庆市设计院、重庆万桥交通科技发展有限公司、招商局重庆交通科研设计院有限公司等单位的大力支持，重庆市雷电灾害鉴定与防御工程技术研究中心、重庆市防雷中心提供了大量的雷电电弧放电效应及其危害的试验研究和建(构)筑物和电气、电子设施防雷工程设计、施工、检测、验收及其维护与管理等方面的具体实践资料。中国气象科学研究院博士生导师张义军研究员、博士生导师董万胜研究员、上海交通大学电子与电气工程学院博士生导师傅正财教授、武汉大学电气工程学院博士生导师王建国教授、重庆大学电气工程学院博士生导师廖瑞金教授、博士生导师司马文霞教授、西南大学资源环境学院博士生导师李航教授、重庆市设计院周爱农教授级高工等审阅了本书，并提出了许多宝贵意见，在此一并致谢。此外，本书引用了同行在建筑承重结构技术、钢结构技术、钢结构事故分析、桥梁工程技术、混凝土结构耐久性、气体放电、电弧放电、电弧焊接技术、焊接电弧现象、焊接缺陷分析、腐蚀电化学、防腐蚀工程技术、金属腐蚀、钢筋锈蚀、金属学与热处理、金相实验技术、OPGW 雷击试验及其防雷技术、高电压实验技术、雷电监测、雷电物理、大气物理、大气电学、土壤电学、雷电电弧放电及其危害防护等方面的研究成果和经验总结，除个别文献外，均列出了参考文献，在此向文献作者致以衷心的感谢。

本书由李良福执笔撰写，覃彬全、杨磊、糜翔、刘青松参与本书第一章、第二章、第六章编写工作，覃彬全、杨磊、糜翔参与第三章、第四章、第五章的部分试验工作，陈宏、李家启、李路参与本书第一章、第六章编写工作，糜翔、杨磊参与本书部分试验工作，全书由李良福统稿和校订。

由于作者水平有限、时间仓促，本书难免有不足之处，敬请读者批评指正。

李良福

2013 年 12 月于重庆

目　　录

第一章

电弧放电的基础知识

历史上最初的电弧放电是在大气中产生的，在两个相隔很近的放电电极间加以电压，就会产生明亮的放电火焰，火焰中气体温度很高，因为热空气上升，冷空气从下方来补充，使发光部分向上形成拱形，所以将这种放电称为电弧放电或弧光放电（arc discharge）。电弧放电是在一定条件下电荷通过两电极间气体的一种导电过程，也即是一种气体放电现象。借助这种特殊的放电现象，产生电弧等离子体，将电能转换为热能、机械能、光能。因此电弧放电的基础知识主要是重点介绍物质的存在状态及等离子体的物理特性、气体放电的基本概念、电弧放电的基本性质、电弧放电的结构及其特性、电弧放电空间等离子体的辐射机制、电弧放电的伏安特性等有关方面内容，以便深刻理解电弧放电基本概念。

第一节　物质的等离子体及其分类

一、物质的等离子体定义

众所周知，物质存在的常规状态可分为固态、液态、气态三类，每类物质状态都与构成物质分子的结合能相对应。当固态物质分子平均动能超过分子在晶体中的结合能时，晶体结构被破坏而转化成液态或直接转化为气态；当液态物质分子平均动能超过范德瓦尔斯键结合能时，液态转化为气态；但是当物质的粒子平均动能大于电离能时，在轨道上运动的束缚态电子就脱离原子或分子而成为自由电子，形成物质的等离子状态。而物质的等离子状态与物质的固态、液态、气态截然不同，故称为物质存在的另一种状态，即物质的等离子态，也称为物质的等离子体。例如水这种物质在不同温度条件下，有固体→液体→气体→等离子体（图 1.1）等变化，充分体现了物质的等离子体是与固体、液体、气体并列的物质第四态。

实际上，宇宙中约 90%的物质都是等离子体，图 1.2 给出了宇宙、地球及人类生存环境中不同温度条件下人工与自然产生的等离子体密度变化。从图中可知，等离子体的温度跨越了 7 个数量级、密度跨越了 30 个数量级，并且无处不在。

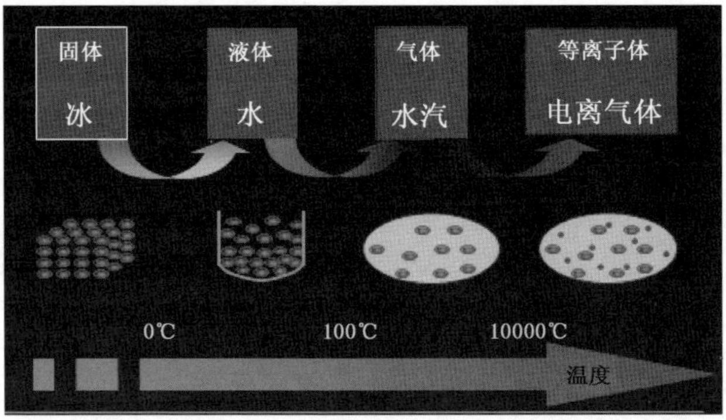

图 1.1　水在不同温度条件下的存在状态示意图

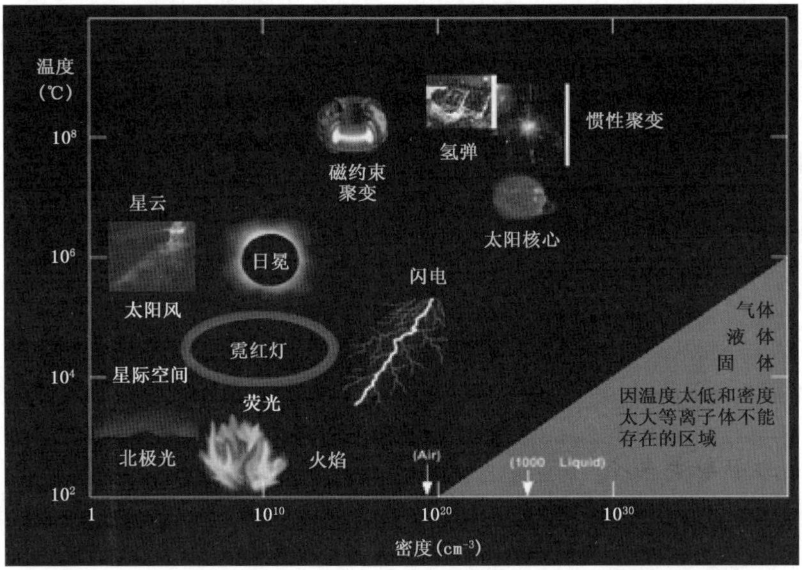

图 1.2　不同温度条件下人工与自然产生的等离子体密度变化示意图

目前物质的等离子体(plasma)概念已广泛地被用来描述对外呈现电中性的电离气体。当被激发电离气体达到一定的电离度时，气体处于导电状态，这种状态的电离气体就表现出整体行为，即电离气体中每一带电粒子的运动都会影响到周围其他带电粒子，同时也受到其他带电粒子的约束。由于电离气体整体行为表现出电中性，即电离气体内正负电荷数相等，所以称这种气体状态为等离子体态。而电弧放电现象从本质上讲是一种等离子体导电过程的放电现象。由于等离子体的自身特点、产生条件和应用领域不同，常常按照以下四种分类方法将等离子体分成不同的种类。

二、等离子体按温度分类

自然界中存在的等离子体按照温度差别可以分为高温等离子体和低温等离子体。

(一)高温等离子体

高温等离子体是指粒子温度在 $10^8 \sim 10^9$ K 的等离子体,如太阳、核聚变和激光聚变等产生的等离子体。

(二)低温等离子体

低温等离子体是指粒子温度从室温到 3×10^4 K 左右的等离子体。而低温等离子体按重粒子温度水平又可分为热等离子体和冷等离子体。

1. 热等离子体

低温等离子体中重粒子温度在 $3\times10^3 \sim 3\times10^4$ K,电子温度接近重粒子温度,达到热力学平衡或局部热力学平衡状态,即具有统一的热力学温度,这类等离子体被称为热等离子体。如在材料加工领域广泛应用的电弧等离子体、高频等离子体均属于热等离子体。

2. 冷等离子体

在低温等离子体中,存在一类等离子体,其重粒子温度较低,只有室温左右,而电子温度可达上万开氏度,没有通过充分的能量交换达到平衡,远离热力学平衡状态,这类等离子体被称为冷等离子体。如照明上辉光放电产生的等离子体就属于冷等离子体。

三、等离子体按粒子密度分类

(一)致密等离子体

致密等离子体也称为高压等离子体。当等离子体粒子密度 $n>10^{15} \sim 10^{18}$ 个/cm^3 时,称为致密等离子体。致密等离子体粒子间的碰撞起主要作用,例如,等离子体压力在 0.1 个标准大气压以上(即 $p\geqslant0.1$ atm)(注:1 atm=101.325 kPa)的电弧均可看作致密等离子体。

(二)稀薄等离子体

稀薄等离子体也称为低压等离子体。当等离子体粒子密度 $n<10^{12} \sim 10^{14}$ 个/cm^3 时,称为稀薄等离子体。稀薄等离子体粒子间碰撞基本不起作用,例如,辉光放电可看作稀薄等离子体。

四、等离子体按等离子的产生分类

(一)等离子体按等离子产生方法分类

等离子体按等离子产生方法不同,提供气体物质电离的能量来源不同可分为燃烧等离子体、电弧等离子体、高频等离子体、激波等离子体、激光等离子体、聚变等离子体等。各种等离子体温度、电子密度的参数范围如图1.3所示。

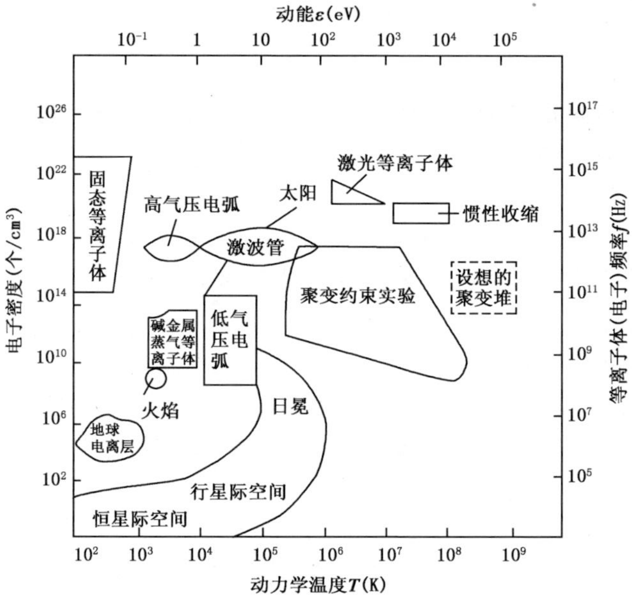

图1.3　不同等离子体的温度和电子密度图

(二)等离子体按等离子产生方式分类

等离子体按等离子产生方式可分为自然等离子体和人工等离子体两大类。

1. 自然等离子体

自然等离子体是指自然方式产生的等离子体。自然等离子体广泛存在于宇宙中,宇宙中几乎有99.9%以上的物质以等离子体状态存在,如恒星星系、星云,又如地球附近的闪电、极光、电离层、范阿伦(Van Allen)辐射带等,其原因是在天体上,温度高达上百万开氏度使物质都处于等离子体状态;而地球上自然等离子体比较少,其主要原因是地球"寒冷",温度低。例如空气温度 T 在300 K左右时,空气中的中性气体原子或分子中有百分之几电离成带电粒子,其电离度仅为 10^{-122},因此一般温度下地球上空气电离度都比较低。

2. 人工等离子体

人工等离子体也称为实验室等离子体,是指人工方式产生的等离子体。如日光灯、霓虹灯中放电,高速飞行器尾迹,火箭发动机喷管中燃气,等离子炬中的电弧,气体激光、激波管中的电离气体,受控核聚变时产生的高温等离子体,原子弹或氢弹爆炸时产生的高温等离子体,某些化学反应(燃烧)产生的燃气等离子体,紫外线和x射线辐射电离产生的等离子体等，它们都属于人工产生的等离子体。

五、等离子体按等离子体电离的程度分类

等离子体按等离子体电离的程度不同可分为三种：完全电离等离子体、弱电离等离子体和部分电离等离子体。

（一）完全电离等离子体

指几乎所有分子（或原子）都电离成电子和离子的等离子体。

（二）部分电离等离子体

指部分分子（或原子）电离成电子和离子，其他为中性分子的等离子体。实际上1%的电离度就可使部分电离等离子体的电导率接近完全电离等离子体的电导率。

（三）弱电离等离子体

指只有少量分子（或原子）电离的等离子体。由于不同原子在不同的温度下才能达到相同的电离度，例如铯（Cs）蒸气在1500 K时电离度已相当大，而氩（Ar）气要达到与铯差不多大小的电离度，则需要约 6000 K 的高温。在平衡条件下，温度在 20000 K 以上，几乎所有的气体均高度电离。当气体处于非平衡状态时，特别是在低压稀薄气体中放电时，在很低的气体温度下也可以有显著的电离度。

综上所述，当物质处于不同温度范围或粒子处于不同能量范围时，呈现出不同的聚集态。

第二节 气体放电的基本概念

一、气体放电的定义

不论固体、液体、气体还是等离子体，能否呈现导电性，取决于其在电场作用下是否具有可自由移动的带电粒子。金属本身拥有大量自由电子，所以在金属导体两端加上电压，自由电子便产生定向运动，形成电流。但正常状态下的气体不含带电粒子，是由中性分子或原子所组成。这些中性分子或原子虽然可以自由移动，但不会受电场作用而产生定向运动，所以不导电。因此通常气体是电的绝缘体。在常温下，由于高能宇宙射线、放射线和紫外线的作用，气体中存在少量游离态的带电粒子（$n<10^{-8}$电子数/m^3），若在某些条件下导致气体绝缘被破坏，使正常状态的气体导电，就必须先有一个产生带电粒子的过程，也即将物质形态由气体向等离子体转变，然后才能让气体呈现导电特性。例如图 1.4 给出了由阴极、气体介质形成的放电空间、阳极和直流电源、限流电阻等组成的放电电路，在室温状态下，放电回路开关 S 合上的瞬间，依赖于电源电压 E，放电回路及气体介质形成的放电空间有微弱的电流

通过，此时可看作气体介质处于绝缘状态。然而，为了获得持续的电流，必须使放电空间气体介质生成更多的带电粒子，以提高其导电性能。一般通过提高电源电压(如达到 5×10^5 V/m)即可在气体中迅速生成许多新的带电粒子，破坏了气体绝缘，形成了带电粒子的连续流动，导致气体介质形成的放电空间的气体介质放电。因此气体放电是指气体中存在自由带电粒子时，其绝缘性被破坏变为电的导体，此时如在气体中安置两个电极并加上电压，就有电流通过气体，这个现象称为气体放电。

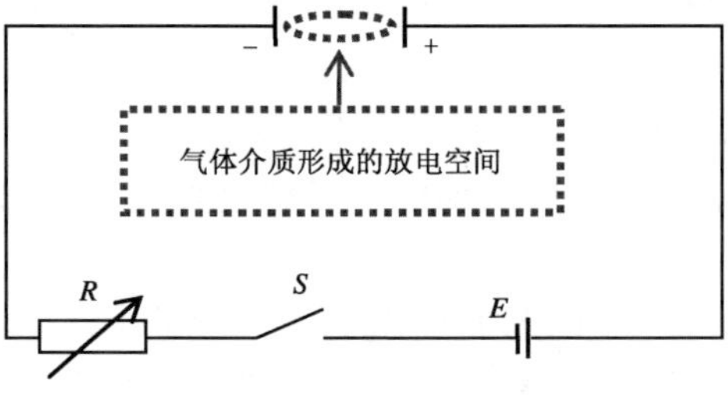

图 1.4　气体介质形成的放电空间的直流放电电路图

显然电弧放电现象是在两个电极间的气体介质中产生的强烈而持久的放电现象。因此电弧放电现象不是燃烧现象，也不是化学反应现象，而是气体在介质中的导电现象，此时的电流是由于气体中的电子和离子流动而形成的，而电弧放电现象是气体放电现象的具体表现之一。但是电弧放电空间的等离子体导电过程与金属导电明显不同，其原因是金属中自由电子可以移动，而离子则不能自由移动，但等离子体中所有组成粒子，皆可自由移动。

二、气体放电的类型

众所周知金属导电时，在金属中流过的电流与电压的关系遵守欧姆定律：$I=U/R$。而气体放电则不然，不遵守欧姆定律，而是一个十分复杂的关系。最早研究的气体放电是低气压(1～100 Pa)直流放电，即在气体中置入两个电极，通以直流电压而得到的气体放电。

图 1.5 是在大气压为 100 Pa、电极距离为数厘米时气体放电伏安特性曲线。

从图可知：在较小的电流区间(10^{-10}～10^{-8} A)，气体放电所需要的带电粒子不能通过导电过程本身产生，而需要外部注入带电粒子，否则它将失去导电性，这种气体导电现象被称为非自持放电。当电流变大时，气体导电过程本身就可以产生维持导电所需的带电粒子，这种放电现象被称为自持放电。在自持放电区间，放电形式根据电流的不同，其特性具有显著的差异。自持放电又分为暗放电、辉光放电和电弧放电三种基本方式。暗放电时电压较高，电流很小，约为 10^{-8}～10^{-4} A，没有光亮。电

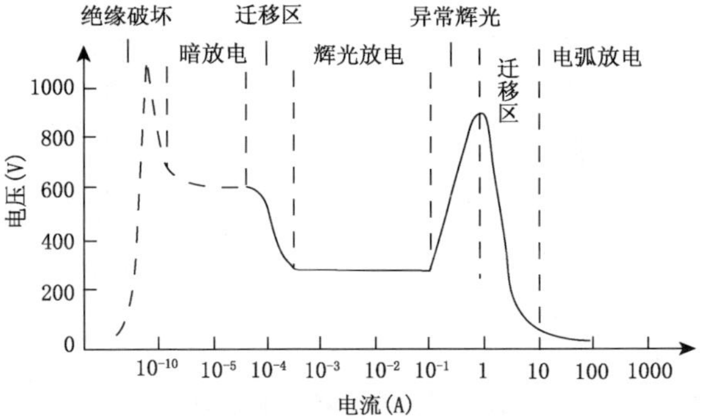

图 1.5　直流放电的电压与电流特性及放电形式图

流进一步提高到 10^{-4} A 以上一直到 0.1 A 左右，具有明亮的辉光现象。电弧放电在几种自持放电现象中电压最低、电流最大（$10^0 \sim 10^4$ A）、温度最高，常常有耀眼的光辉。

上述分析表明气体放电形式按是否需要外界电离源来维持放电，可分为非自持放电和自持放电两大气体放电的类型。

三、气体放电的主要方式

依据气体压力、施加电压、电极形状、电源频率的不同，气体放电的方式多种多样。但常见的气体放电方式主要有暗放电、辉光放电、电弧放电、电晕放电、火花放电、高频放电、脉冲放电七种。20 世纪 70 年代以来激光导引放电、电子束维持放电等新的放电方式，也日益受到人们的重视。下面重点介绍目前比较常见的七种气体放电方式。

（一）暗放电

暗放电主要是非自持放电，但自持放电的某些区域中也有暗放电存在。暗放电的理论是英国物理学家汤森（J. S. Townsend）于 1903 年第一个提出的气体击穿的理论——电子雪崩理论，故这种放电也称为汤森放电，并且通常非自持暗放电和自持暗放电均称为汤森放电或雪崩放电。

汤森理论的物理描述是：设外界催离素在阴极表面辐照出一个电子，这个电子向阳极方向飞行，并与分子频繁碰撞，其中一些碰撞可能导致分子的电离，得到一个正离子和一个电子。新电子和原有电子一起，在电场加速下继续前进，又能引起分子的电离，电子数目便雪崩式地增长，这称为电子繁流（图 1.6）。这些电子繁流最终导致气体放电现象发生，形成气体的暗放电。

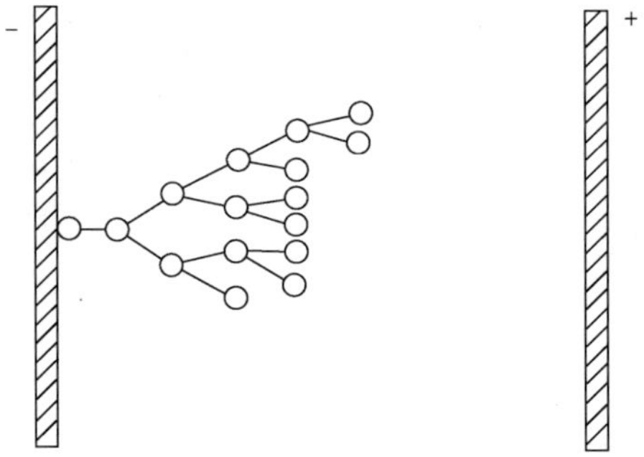

图 1.6　电子繁流示意图

(二)辉光放电

低压气体在击穿着火之后一般都产生辉光放电。若电极安装在玻璃管内,则在气体压力约为 100 Pa 且所加电压适中时,放电就呈现出明暗相间的 8 个区域(图 1.7)。图中下方的曲线表示光强、电位等参数的分布,按从阴极到阳极的顺序分为 8 个区。

1. 阿斯顿暗区

阿斯顿暗区是阴极前面的很薄的一层暗区,是 F. W. 阿斯顿于 1968 年在实验中发现的。在该区中,电子刚刚离开阴极,飞行距离尚短,从电场得到的能量不足以激发气体原子,因此没有发光。

2. 阴极辉区

阴极辉区紧接于阿斯顿暗区,由于电子通过阿斯顿暗区后已具有足以激发原子的能量,在该区造成激发而形成的区域。当激发态原子恢复为基态时就发光。

3. 阴极暗区

阴极暗区又称克鲁克斯暗区。抵达该区域的电子,能量较高,有利于电离而不利于激发,因此发光微弱。

4. 负辉区

负辉区紧邻阴极暗区,且与阴极暗区有明显的分界。在分界线上发光最强,后逐渐变弱,并转入暗区,即后述的法拉第暗区。负辉区中的电子能量较为分散,既富于低能量的电子也富于高能量的电子。

5. 法拉第暗区

法拉第暗区是负辉区到正辉柱区的过渡区域。在该区中,电子能量很低,不发生激发或电离,因此是暗区。

6. 正辉柱区

正辉柱区与法拉第暗区有明显的边界,是电子在法拉第暗区中受到加速,具备了

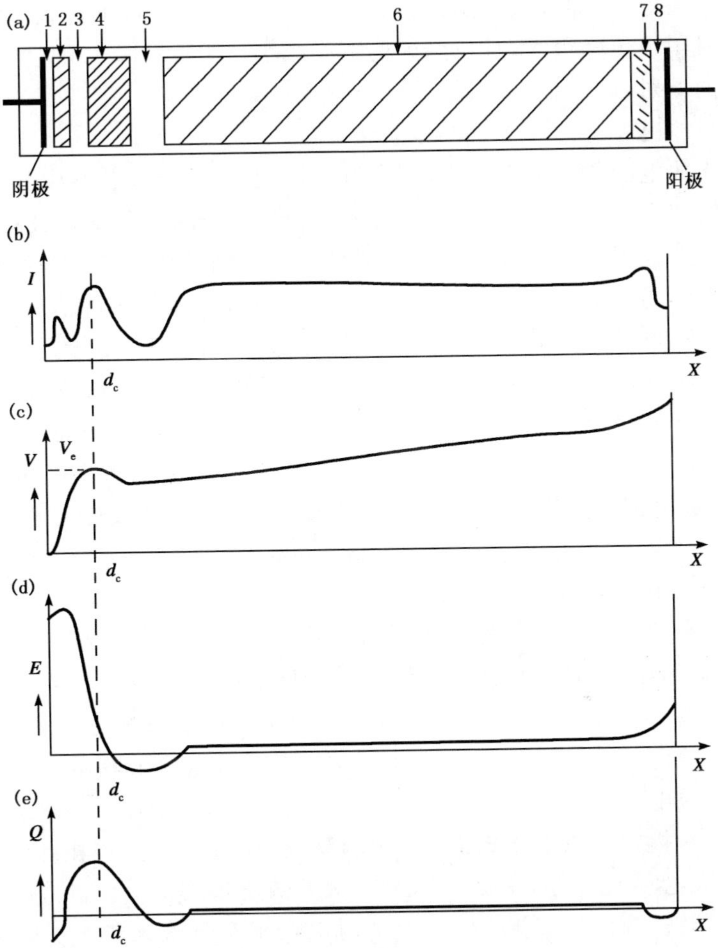

图 1.7 辉光放电区域分布及其电光学分布特性曲线变化图

1—阿斯顿暗区；2—阴极辉区；3—阴极暗区；4—负辉区；5—法拉第暗区；6—正辉柱区；7—阳极暗区；8—阳极辉区；I—光强；V—电位；E—电场强度；Q—净电荷密度

激发和电离的能力后在该区中激发电离原子形成的，发光明亮，又称正辉柱。正辉柱区中电子、离子浓度很高（$10^{15}\sim10^{16}$个/m^3），且两者的浓度相等，因此称为等离子体。正柱区具有良好的导电性能，但它对放电的自持来说，不是必要的区域。并且正柱区中轴向电场强度很小，因此迁移运动很弱，扩散运动（即乱向运动）占优势。

7. 阳极辉区和阳极暗区

阳极辉区和阳极暗区只有在阳极支取的电流大于等离子区能正常提供的电流时

才出现。它们在放电中不是典型的区域。

另外辉光放电中，如果整个阴极已布满辉光，再增大支取的电流，则出现异常辉光放电。此时阴极位降很大，且位降区的宽度减小。阴极位降大和电流密度大，会导致阴极材料的溅射。

（三）电弧放电

若将辉光放电的限流电阻减小，则放电电流增大，并转入电弧放电。电弧放电的特点是电流密度大而极间电压低，其自持放电依赖于新的电子发射机制，即热发射和冷发射。热发射是因正离子轰击阴极出现局部高温而产生的；冷发射则是因阴极表面存在局部强电场而引起的。前者称为热电子电弧，后者称为冷阴极电弧。电弧放电的一个重要特点是阴极上有阴极辉点。热电子电弧的辉点一般是固定不动的；电弧放电的伏安特性随电极材料、气体种类、气压不同而异。电弧放电产生强烈的辐射，其强度随气体压强和电流密度增加而增大。放电区中温度最高点在一个大气压下约为 4200 K，在 10 个大气压下约为 6520 K，在几十或几百个大气压下可达 10000 K。因此电弧放电因其温度高，能使金属加热熔化和蒸发，在较低的电压下就能把高密度热能注入到金属材料中，表现出电弧高能量、高效率的优点。

（四）电晕放电

在气压较高而极间距离大时，不易得到自持放电。但是，如果一个或两个电极很尖（即曲率半径很小），形成很强的局部电场，则能导致气体的强烈激发和电离，并出现发光的薄层，称电晕层；电晕层外的区域，电场不足以激发和电离，呈黑暗状，称电晕外区。这种放电现象称为电晕放电，是一种不完全击穿的自持放电。

（五）火花放电

火花放电是指在电源电压较高，足以击穿气体发生放电，但由于电源功率不够大，不能持续放电时产生的一种放电现象。火花放电仍然是一种自持放电，但瞬即熄灭，待电源电压恢复后，又重新放电。放电时电极间有丝状火花跳过电极空间，其路程具有随机性。例如自然界中的雷电，是一种大范围的火花放电，但在火花放电之前大多先出现电晕放电，并且在火花放电之后也极有可能出现电弧放电。

火花放电的过程比汤森放电迅速，其放电理论比较多，较为成功的理论是条带理论。该理论认为：在强电场作用下，由外界催离素所产生的某一个电子，向阳极运动时将引起强烈的电离及激发，并形成电子繁流。这种单个电子形成的繁流称为负条带。形成负条带的同时，出现强烈的短波辐射，在空间引起光电离；光电离产生的光电子，又能发展成一些较小的负条带。当条带较多时，便汇成一个强大的负条带，迅速向阳极飞去。进一步研究表明，还存在从阳极飞往阴极的条带，即正条带。正负条带造成两电极间的导电通路，使强大的电流脉冲得以通过气体形成火花放电现象，也即火花放电的“着火”。

(六)高频放电

通常,如果放电管电极的极性改变,放电的方向也随之改变。当频率提高时,放电来不及熄灭,因而呈现为稳定放电的形式:正辉柱位于两电极中间,正辉柱两边均有法拉第暗区,然后是两个负辉区紧邻两个电极。这种稳定的放电形式就是高频放电。高频放电中由于带电粒子来回运动,使其具有带电粒子速度损失很慢的特征。频率在几百兆赫至几百吉赫的高频放电也称为微波气体放电。

(七)脉冲放电

在脉冲电压作用下引起的气体放电,称为脉冲放电。脉冲放电依据脉冲电源的类型可分为单脉冲放电、重复脉冲放电和高频脉冲放电三种。高频脉冲放电时,通过气体的脉冲电流曲线是变幅高频交流振荡曲线的包络线。最简单的脉冲放电是由一电容储能电路击穿一个火花隙而得到的,当放电装置串接在火花隙中,火花隙击穿时装置中就可得到脉冲放电。脉冲放电过程主要分为脉冲形成、维持和放电熄灭 3 个阶段。

1. 脉冲形成阶段

指在火花隙间加上电压,气体电离及击穿并使放电充满整个火花隙间的放电空间。

2. 脉冲维持阶段

指在脉冲形成后,电容器中的能量继续通过放电通道,在整个火花隙间的放电空间持续出现强烈的电离和激发。

3. 放电熄灭阶段

指随着电容器上电压的降低,放电逐渐衰弱,最后不能自持时,放电就自行熄灭。

四、气体击穿的电子雪崩理论

气体击穿的理论——电子雪崩理论,是英国物理学家汤森(J. S. Townsend)于 1903 年第一个提出并于 1910 年发表的“击穿判据”理论。这一理论开始应用于非自持放电、自持暗放电及过渡区,后经罗果夫斯基对该理论进行一些修改和补充,使其扩展应用到辉光放电。

(一)电子雪崩的汤森气体放电试验

汤森的气体放电试验及其现象:在一个很粗的放电管中,气体压强固定在 101 kPa,电场强度 $E=25$ kV/cm 不变,如果无紫外光照射,管中没有一个电子,全部是中性粒子,那么无论在电极间加多高的电压,都不可能发生电离或放电。因此,为了产生放电,必须有种子电子(初始电子)。种子电子产生可来源于界面发射,如人工加热阴极或自然界中高能宇宙射线、放射线、紫外线等的照射,它们入射到放电管中会引起电离从而产生电子。种子电子在电场作用下的迁移运动强于无规则的热运动，而且在向阳极运动的路程上使气体粒子碰撞电离，新产生的电子向阳极运动时同样也能使气体粒子电离，于是电子向阳极运动越来越多，带电粒子呈雪崩式增殖，此种现象称为电子雪崩或电子繁流。

（二）电子雪崩的三种过程

电子雪崩理论又可称为汤森放电理论，它是气体放电的第一个定量的理论。按照这一理论，放电空间带电粒子的增殖由以下三种过程形成：

(1)电子向阳极方向运动，与气体粒子频繁碰撞，电离产生大量电子和正离子。

(2)正离子向阴极方向运动，与气体粒子频繁碰撞，也产生一定数量的电子和正离子。

(3)正离子等粒子撞击阴极，使其发射二次电子。

（三）汤森电离的三系数

汤森放电理论就是根据上述的三种过程，引入三个系数 α 、β 和 γ 来定量地表征气体的电离过程。这三个系数通常又分别叫做汤森第一电离系数、汤森第二电离系数和汤森第三电离系数。

1. 汤森第一电离系数 α

α 是指电子对气体的体积电离系数，即一个电子在从阴极向阳极运动过程中，在电场作用下每行进 1 cm，与中性气体粒子作非弹性碰撞所新产生的电子—离子对数目，或所产生电离碰撞数。这种电离过程也称为 α 过程。

2. 汤森第二电离系数 β

β 是指正离子的体积电离系数，即一个正离子在从阳极向阴极运动过程中，每行进 1 cm，与中性气体粒子作非弹性碰撞所产生的电子—离子对数目，即由正离子所产生的电离碰撞数。这种电离过程也称 β 过程。实际上，在通常的放电中，$\beta \approx 0$，因为正离子只有在获得相当于几千电子伏的能量时，才能有效地电离原子。而正离子在足够长的自由程中获得电离碰撞所必需的上述能量的几率是很小的，所以，一般可以不考虑 β 过程。

3. 汤森第三电离系数 γ

γ 是指正离子的电极表面电离系数，即正离子等撞击阴极表面时平均从阴极表面逸出的次级电子数量(二次电子发射)，这种电离过程也称 γ 过程。除正离子外，亚稳态原子、光子等碰撞阴极也可能产生次级电子，因此实际上阴极表面发生的基本过程所引起的电子发射过程均称为 γ 过程，γ 过程对放电电流的贡献十分重要。实验也发现气体的击穿电压值与阴极材料的性质密切相关，表明不同阴极材料对电子从其内部逸出所需的能量要求明显不同。

显然 α 和 β 与放电气体的性质、气体压强和给定放电点的电场强度等密切相关，而 γ 与气体性质、电极材料和离子能量等密切相关。

第三节　电弧放电的基本性质

一、电弧放电定义及其特征

(一)电弧放电的定义

对于电弧放电，给出严格的定义比较困难。但是从放电的电特性来看，电弧放电是一种阴极位降低、电流密度大、温度和发光度高的气体放电现象，并且历史上最初的电弧放电是在大气中产生的，当两个相隔很近的放电电极间加以电压(电源功率很大，且限流电阻较小)，就会产生明亮的放电火焰，火焰中气体温度很高，形成热浮力导致热空气上升，冷空气从下方来补充，使发光部分向上形成拱形，所以将这种放电称为电弧放电(arc discharge)，也可称为弧光放电。另外利用直流电源、放电管(由阴极 K、阳极 A 及充入气体组成的圆柱形玻璃管或金属管)、高阻限流电阻等组成的低压直流放电回路(图 1.8)进行试验，可得到低气压放电管中气体放电的伏安特性曲线(图 1.9)。

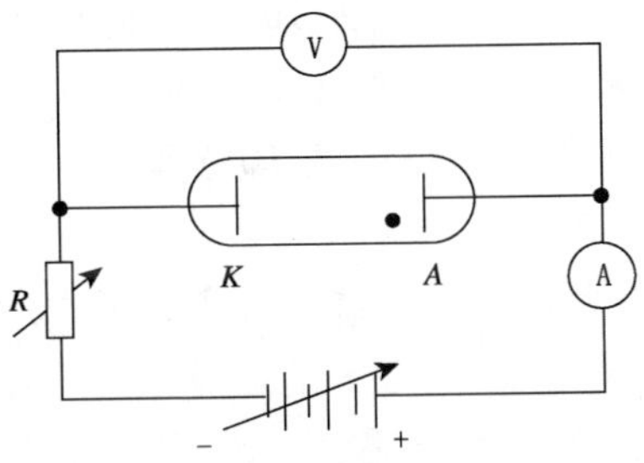

图 1.8　低压放电管直流放电回路示意图

从图 1.9 可知，利用减小外电路电阻增加辉光放电中的电流强度，起初只是阴极发射电子的面积增大，而电极间电压保持不变(正常辉光放电情况)，达到反常辉光放电后，如果电流继续增加，发现极间电压经过一个最大值后急剧下降，并过渡到低电压、大电流放电的电弧放电。目前把具有这类放电机理和放电特性的放电均称为电弧放电，因此，电弧放电定义是指在气体介质中的两个电极间被加以较低的电压，导致阴极位降低、电流密度大、温度和发光度高的气体放电现象。

(二)电弧放电的特征

1. 电流密度大

电弧放电正柱区的电流密度可达 $10^6\ A/m^2$ 或更高，阴极位降区的电流密度为

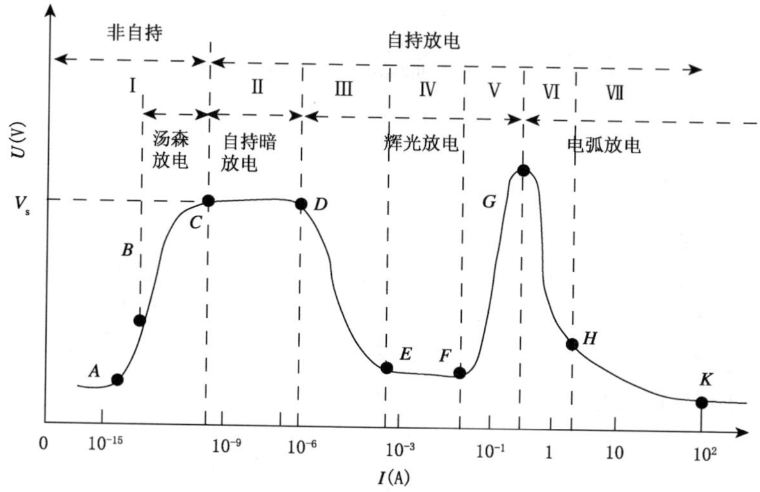

图 1.9　低气压放电管的伏安特性曲线变化图

$10^6 \sim 10^{10}$ A/m²，而辉光放电的电流密度为 10～100 A/m²。

2. 阴极位降低

一般来说，电弧放电的阴极位降量级为 10^1 V，而辉光放电的阴极位降量级为 10^2 V。一般情况下，弧光放电的阴极位降远远低于辉光放电的阴极位降。不过也有例外，如高气压的长弧放电管，其总压降量级可高达 10^3 V 以上。

3. 温度和发光度高

电弧放电时呈现弧状白光并产生高温。尤其是高气压电弧的正柱区，发光度非常高。

二、电弧放电的分类

目前电弧放电的分类主要有以下七种方法。

(一)按气压分类

电弧放电按电弧放电空间的气压差异来划分，可分为高气压电弧放电($p>10^5$ Pa)、低气压电弧放电(1 Pa$<p<10^5$ Pa)、真空电弧放电($p<1$ Pa)三类。

(二)按阴极电子发射机理分类

电弧放电按放电的阴极电子发射机理的差异来划分，可分为自持热阴极电弧放电、自持冷阴极电弧放电、非自持热阴极电弧放电三类。自持热阴极电弧放电来自等离子体的热负载导致阴极高温，在阴极上产生强烈的热电子发射；自持冷阴极电弧放电又称场致发射，是阴极表面强电场的隧道效应引起冷电子发射；非自持(人工)热阴极电弧放电，为从外部人为地把阴极加热至高温，引起热电子发射。

(三)按弧长分类

电弧放电按不同弧长来划分,可分为长弧电弧放电和短弧电弧放电两类。长弧电弧放电中电弧的弧柱起重要作用;短弧电弧放电中由于电弧长度在几毫米以下,其阴极区和阳极区起主要作用。

(四)按电弧的稳定形式分类

电弧放电按电弧的稳定形式来划分,可分为管壁稳定电弧的电弧放电、自由电弧(对流稳定与电极稳定)的电弧放电、气流稳定电弧的电弧放电三类。

(五)按放电空间气体分类

电弧放电按放电空间气体来划分,可分为氩弧电弧放电、氢弧电弧放电等不同气体类型的电弧放电。

(六)按电极材料分类

电弧放电按电极材料来划分,可分为炭弧电弧放电、铜弧电弧放电等不同电极材料类型的电弧放电。

(七)按产生电弧放电的电源分类

电弧放电按产生电弧放电的电源来划分,可分为自然电源产生的电弧放电和人工电源产生的电弧放电两类。人工电源产生的电弧放电又可分为直流电弧放电和交流电弧放电两类。

三、电弧放电的起弧方法

电弧放电的起弧方法主要有以下四种方法。

(一)电极相互接触后迅速分离的起弧方法

该方法先将电弧放电的两电极接触,加以直流或交流电压,形成电流,然后再将两电极分离开,此时只要电弧放电回路电压足以维持放电,就可以启动电弧形成电弧放电。其原因是两电极接触不良处产生局部高温,而局部电场很强(虽然两电极间只有几十伏的电压,但是极间距离→0),极易形成电弧放电。

电极相互接触后迅速分离方式有两种:一是有一个或两个电极可移动,当两个电极之间加上一定的电压后,让两个电极接触。假如电极是高熔点材料,则电路短路时的大电流流过电极之间的接触点,使接触点温度升高。在电极分离的瞬间,两个电极之间既存在电场作用,又能使阴极产生热电子发射,从而形成了电弧。假如阴极是低熔点材料,则短路时的大电流流过电极之间的接触点使阴极材料因发热而强烈蒸发,阴极表面附近蒸汽密度可以增加得很高,在电极分离的瞬间,就形成了由于场致发射而产生的电弧。二是两个电极都不能移动,则外加一个金属或石墨小棒作为辅助电极,使之与阴极接触后迅速分离,在辅助电极与阴极之间先产生电弧,然后再使电弧过渡到两个主要电极之间而形成电弧放电。

（二）辉光放电过渡的起弧方法

正常辉光放电在增大放电电流后就会进入到反常辉光放电区，此时阴极位降区的电场强度会增大，继续增大放电电流，打到阴极上的正离子数量和动能都会随放电电流的增大而增大，从而导致阴极表面温度升高，当电流增大到使阴极温度上升到足以产生强烈的热电子发射时，管压降突然下降到很低的水平，放电发生质的变化，使辉光放电过渡到了电弧放电。其原因可以从下面辉光放电过渡到电弧放电过程的伏安特性来理解。

在正常辉光放电中，阴极位降（U_c 保持常数 U_n）几乎不随放电电流的变化而变化，阴极温度 T_c 也比较低，当进入反常辉光放电区后，管压降 U_a 随放电电流的上升而下降，且 T_c 也增大，放电电流继续增大，就进入了电弧放电区。图 1.10 给出了钨丝做阴极，镍片做阳极，在 60 kPa 氩气压条件下得到的放电管的伏安特性曲线及阴极温度变化曲线（由于阴极面积很小，所以放电电流为 mA）。从图中可知，辉光放电时，管压降比较高，而放电电流很小，阴极温度比较低。过渡到电弧放电后，放电特征发生了质的变化。放电规律为：

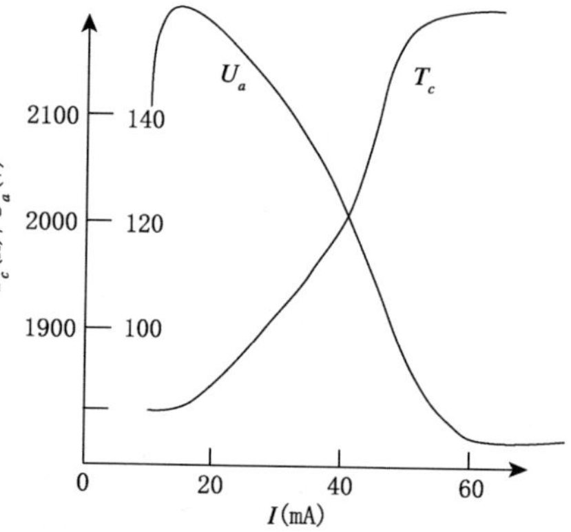

图 1.10　管压降 U_a 及钨丝阴极温度 T_c 随放电电流 I 变化曲线图

（1）过渡到电弧放电后，管压降 U_a 随放电电流 I 上升而下降，接近于电离电位；

（2）阴极温度 T_c 随放电电流 I 上升而上升；

（3）阴极热发射电流在放电总电流中所占比例 $\eta = j_e / j_i$ 明显增大，图 1.11 给出了辉光放电到电弧放电 η 随阴极温度的变化实验曲线。

①辉光放电中，阴极发射主要是 γ 过程，阴极热发射电流仅占总放电电流的 3%（$j_e = \gamma j_i$），阴极温度比较低（$T_c \approx 1750$ K）；

②当阴极电流达到 60 mA 时（刚开始进入电弧放电区），阴极温度 $T_c \approx 2210$ K，阴极热发射电流所占比例达到 24%。管压降 U_a 迅速下降到 70 V 左右（接近电离电位）；

③放电电流继续增大，T_c、η 都随之增大，阴极热发射电流占主要部分——电弧

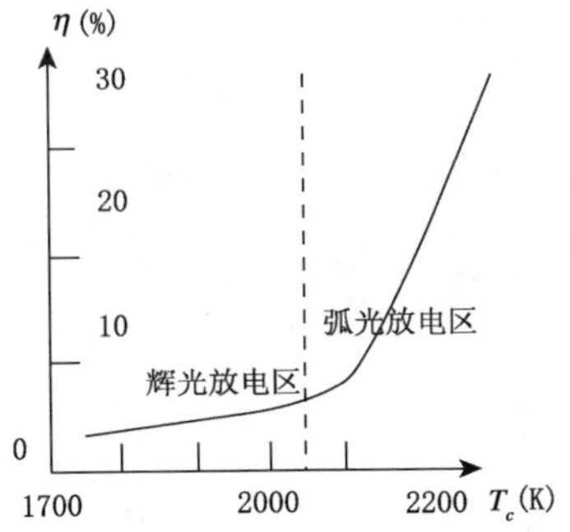

图 1.11　η 随阴极温度 T_c 变化曲线图

放电的特征（$j_e >> \gamma j_i$）。

改变辉光放电的放电条件，促使辉光放电向电弧放电过渡方式有两种。一是在一定的电流下，增加气压。气压的增加会使阴极区域里的电流密度和电位梯度增加，使阴极上出现局部加热，在一定的电流下，可以使辉光放电向电弧放电过渡。二是在一定的气压下，增加放电电流。从放电的伏安特性可清楚地看到通过反常辉光放电过渡到电弧放电的过程。因此，通常采用减小外电路电阻的方法来增加放电电流，促使辉光放电向电弧放电过渡。

（三）直接在两放电电极间加以超高电压的起弧方法

直接在电弧放电两电极间加足以使放电间隙击穿的超高电压，从而起弧形成电弧放电的方法。一般大气的击穿场强约为 30 kV/cm，因此对大气中间距为 1 cm 的两个电极，只要加以 30 kV 的电压，就可以形成一个火花断而转成稳定的电弧放电。

（四）应用预电离使气体击穿的起弧方法

电弧放电两电极间由于电压不很高，气体未能击穿，但应用辅助电离源来产生一定数量的带电粒子，促使气体击穿进而电压明显下降，即使电弧放电两电极间电压不很高的情况下也可以形成一个火花而转成稳定的电弧放电。产生预电离的电离源可以是紫外光照射；也可以将放射性物质靠近希望发生弧光放电的气体，通过射线产生预电离；还可以用高频火花在电极间产生必需的带电粒子数形成预电离。

第四节　电弧放电的结构及其特性

一、电弧放电的结构

电弧放电的结构主要是通过低压放电管直流放电回路进行电弧放电时（图

1.12)，将放电管划分为三个明显区域，即阴极区(阴极、阴极斑点、阴极鞘层)、正柱区、阳极区(阳极、阳极斑点、阳极鞘层)。

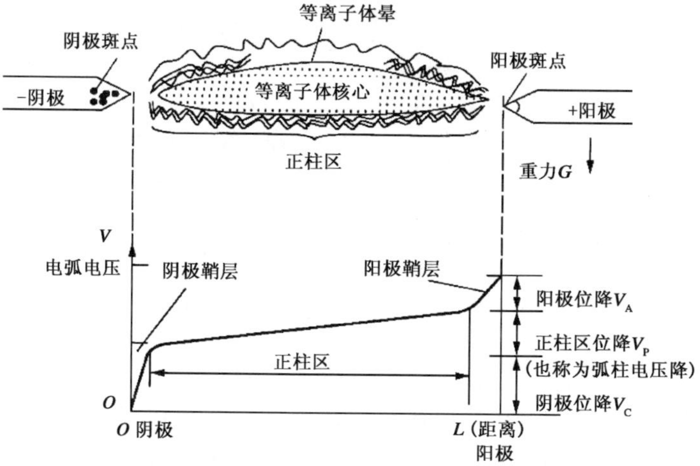

图 1.12　电弧放电示意图

(一)阴极区

阴极区是维持放电必不可少的区域，它包括阴极、阴极斑点和阴极鞘层。阴极是负电极，通常靠热电子发射和场致发射两种模式来产生电子并维持放电电流。

阴极斑点是阴极上一个或多个高电流密度、高温的等离子附着点。在阴极斑点内电流密度达 $5\times10^6\sim1\times10^8$ A/m^2，阴极的温度依气体的种类、电极材料和电流密度而定。阴极斑点具有相当清楚的发光边界。对这种现象的解释是：温度从斑点中心向外降低虽然缓慢，但是它却使光的辐射和热电子发射急剧减少，这就使得斑点的光和电流都有清晰的界限。

阴极鞘层也叫阴极位降区，厚度通常小于 1 mm，阴极位降一般为 10 V 左右。

(二)正柱区

正柱区起着传导电流的作用，在此区域内电压降比较小，它的长度取决于电极间的距离和气压。电弧放电的正柱区也是一个等离子区，它分成等离子体核心和等离子体晕两个区域。

等离子体核心是热等离子体的基本部分。在此区域中大部分气体被电离，并且对于运行于大气压或更高气压的许多电弧来说，等离子体核心处在热力学平衡中，且像黑体一样辐射。电弧放电的正柱温度与电极材料、工作气体和电流密度相关。对大气中的电弧，典型温度为 4000～6500 K。

等离子体晕是围绕核心的不处在热力学平衡态的一个发光气体区域，等离子体的化学过程在此区发生。

(三)阳极区

阳极区是紧靠阳极表面的很小区域,包括阳极、阳极斑点、阳极鞘层,一般只有一个电子平均自由程。与阴极区相反,阳极区起着被动的作用,通过调解阳极位降的大小,使阳极接收的电子流满足外电路所需的电流数值。

阳极是收集电子电流的电极,由高熔点难熔金属制成,在大气压下,阳极温度与阴极温度相同,为 2500～4200 K。

阳极斑点比阴极斑点面积大,斑点中的电流密度低,且通常只存在一个阳极斑点。它在阳极上接近电弧的位置形成,并且随总电流的增加反向扩大。

阳极鞘层与阴极鞘层类似,阳极鞘层内电场将电子加速到阳极斑点上。

二、阴极发射机理

实验中发现,电弧放电的阴极处电流密度非常高,而阴极位降却很低,这表明电弧放电中阴极发射过程一定比汤森放电的过程有效得多。但在电弧放电中,由于放电种类不同,阴极发射机理亦有所不同,因此下面主要介绍三种常见的电弧放电的阴极发射机理。

(一)自持热阴极电弧放电

自持热阴极电弧放电是最主要的一种电弧放电,也是应用最广泛的一种电弧放电形式。自持热阴极电弧放电发生在钨、碳等高熔点材料作电极的情况。放电时阴极会被烧得白炽化,温度高于 3000 K,放电电流靠热电子发射维持。阴极发射电子往往集中在阴极斑点上。

阴极鞘层的厚度是一个电子平均自由程的量级,因此通过阴极鞘层的电子几乎不与气体原子发生碰撞。当外加电压足够大(超过辉弧过渡的电压值),则电子在阴极鞘层获得足够的能量,经过一个自由程的距离后,电子与气体原子发生碰撞并使其电离。由于电子的迁移速率比正离子大很多,碰撞电离后会使正离子聚集在阴极鞘层处,形成正的空间电荷。正离子在阴极位降($U_c \approx U_i$),即电离电位的加速下,撞击电极,把能量交给阴极,以维持阴极足够高的温度。

阴极位降区的一端是阴极表面,另一端是正柱区。由于正柱区内电子速度远比正离子速度大,所以正柱区以正空间电荷效应为主,至少在阴极位降区与正柱区交界面处正离子空间电荷效应非常明显。阴极位降区内带电粒子运动情况如图 1.13 所示。

要维持足以使热电子发射的高温,正离子流密度需满足:

$$j_i = \frac{4\varepsilon_0}{9}\sqrt{\frac{2e}{m_i}}\frac{V_c^{3/2}}{d_c^2}$$

此方程即 Child-Langmuir 空间电荷方程,其中 d_c 是阴极位降的厚度,V_c 是阴极

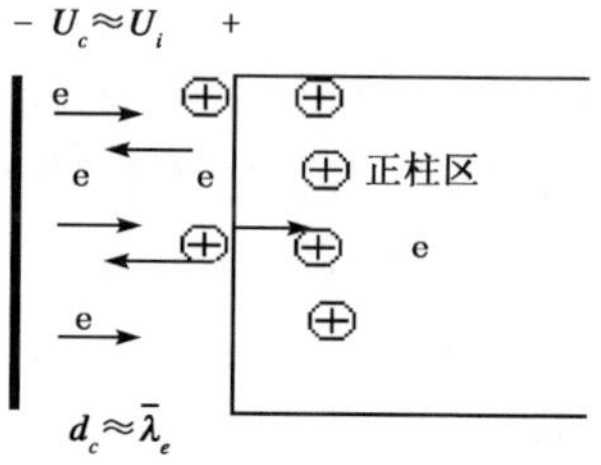

图 1.13　阴极位降区内带电粒子运动状况示意图

位降，m_i 是正离子的质量，e 是粒子电量，ε_0 是介电常数。

（二）自持冷阴极电弧放电

冷阴极电弧往往发生在 Hg、Al、Zn、Cu 等易熔、导电和导热性能好的金属材料作电极的情况。当电流密度增大时，阴极温度也随之升高。当达到熔点时，低熔点的阴极材料开始蒸发，这些蒸汽分子所产生的正离子在阴极表面附近距离内产生极强的电场，导致阴极发生场致电子发射。最典型的例子是汞弧，阴极斑点处产生强烈的蒸发，该区域内的汞蒸气浓度远大于汞蒸气的平均浓度，而汞的阴极位降约为 10 V，阴极位降区厚度 d_c 在 $10^{-5}\sim10^{-4}$ cm，这样空间电荷产生的场强为 $10^5\sim10^6$ V/cm。如此强的电场是紧靠阴极表面的正离子层引起的，正离子可自由地接近汞表面或沉积在汞表面的介质微层上，离子层到阴极表面的距离为 $10^{-6}\sim10^{-5}$ cm。在强电场作用下，阴极中的传导电子克服阴极表面位垒而逸出，形成冷阴极场致发射。也就是说自持冷阴极发射主要是场致阴极发射。

（三）非自持热阴极电弧放电

非自持热阴极电弧放电是靠外加电源来加热阴极，使它产生高温来维持足够的热电子发射。这种放电也称为外加热阴极电弧放电。在此情况下，电子从整个阴极表面发射出来，而不形成阴极斑点。如果放电时将外加电源切断，则放电立即停止，所以放电是非自持的。这种放电不需要大量的正离子轰击阴极来产生热电子发射，管内产生的正离子的作用只是为了抵消阴极附近负空间电荷的影响，因此只需很低的极间电压就能获得大电流。阴极位降和气体的电离电位差不多，甚至有时还低一些。

非自持热阴极电弧放电的极间电位、电场和空间电荷分布如图 1.14 所示。

若不考虑阴极表面负空间电荷产生的很小的势阱，则阴极表面的电场强度近似为零。阴极区域等离子体交界处的电场也为零。这种放电的阴极区情况与自持热发射不同，它的正空间电荷效应较弱，而负空间电荷效应比较强，不能忽略。由于两种空间电荷作用同时存在，则电子流和离子流密度分别为：

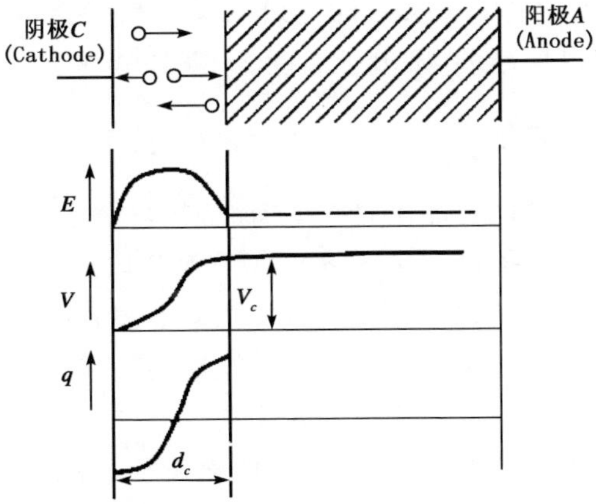

图 1.14 非自持热阴极电弧放电中电场 E、电位 V 和剩余空间电荷 q 的分布图

$$j_e = \frac{1.86}{9\pi}\left(\frac{2e}{m_e}\right)^{1/2}\frac{V_c^{3/2}}{d_c^2}$$

$$j_i = \frac{1.86}{9\pi}\left(\frac{2e}{m_i}\right)^{1/2}\frac{V_c^{3/2}}{d_c^2}$$

式中，m_e——电子质量；

m_i——离子质量；

V_c——阴极位降；

d_c——阴极鞘层厚度。

在阴极鞘层中：

$$\frac{j_i}{j_e} = \left(\frac{m_e}{m_i}\right)^{1/2}$$

这个值很小，对于任何气体都不大于 2%。它说明气体中发生的电离不多，而且与自持热发射不同，电离过程不发生在阴极区，而发生在正柱区。

从阴极出发的电子，在阴极鞘层得到加速后，携带着相应的能量，以很大的定向运动速度进入正柱区。在正柱区，电子通过与原子、离子或激发原子的相互作用交换能量，从而形成一个能量分布，电子速度分布呈麦克斯韦分布。通过和激发原子的作用，一部分电子具有超过电离电位的能量，这些电子可以使原子电离。

在正柱区，可以由带电粒子的消失速度来估计电子温度。假设正离子主要消失在阴极上，则阴极区中电流成分比值$\frac{j_i}{j_e} = \left(\frac{m_e}{m_i}\right)^{1/2}$可以理解为“能产生电离的电子比率”。以氖为例，它的$\left(\frac{m_e}{m_i}\right)^{1/2} \approx \frac{1}{200}$，即要求平均 200 个电子产生一次电离。从能量观点看，氖的电离能为 21.5 eV，这要求有 0.5% 的电子能量要超过这个值才能使氖电离。按麦克斯韦分布和电子一次碰撞电离的情况来计算,可推出 $kT_e=3.5$ eV(k 为热传导系数)。电离电位越低,则电子温度 T_e 就越低。

三、正柱区等离子体特性

在正柱中,带电粒子被电场加速并获得动能,其与中性粒子碰撞而分出一部分能量给中性粒子,这样中性粒子也间接地被加热。由于电子比离子轻很多,它一方面从电场中得到较多的能量,另一方面也在碰撞中把一小部分能量传给其他粒子,但前者的作用是主要的,所以在低气压下电子的平均能量比离子的高很多。电子、离子和中性粒子都有它们各自的温度,电子的温度要比离子和中性粒子的大得多。在较高的气压下,电子平均自由程减小了,这时电子在两次碰撞间从电场得到的能量比较少,加之碰撞频率的增加使电子损失的能量也进一步增加,因此电子、离子和气体的温差变小,气体变得更热。在压强大约为 10^5 Pa 时电子温度和气体温度的差别已可忽略不计,等离子体达到了热平衡,因此在高气压电弧中只有一个等离子体温度。

电弧正柱等离子体的热平衡性质可从以下三个方面加以讨论。

(一)电子与气体原子之间的温度差异

电子温度 T_e 和气体原子温度 T_g 的差异可以从电子与气体原子发生能量转移的速率来估计。电子平均能量比气体原子平均能量大 $\frac{2}{3}k(T_e-T_g)$,如果电子与气体原子发生一次碰撞平均损失的能量百分比是 δ,碰撞频率为 v,则一个电子在单位时间内与气体碰撞而被转移的能量为:

$$\frac{2}{3}\delta kv(T_e-T_g)$$

根据电子能量平衡条件,这部分损失的能量势必从电场中去获取,因此,有:

$$\frac{2}{3}\delta kv(T_e-T_g)=jE=\sigma E^2$$

这里 σ 是一个电子所提供的电导率数值。

因为

$$\sigma=\frac{e^2}{m_e v}$$

所以

$$T_e-T_g=\frac{3}{2}\frac{e^2E^2}{\delta km_eV^2}$$

从中可以看出,电场对于提高等离子体粒子温度差别的作用;此外还可看到碰撞频率的增加,或者说气压的提高,可以减小粒子温度的差别。

在高气压下,粒子间主要可以通过弹性碰撞而交换能量,所以有:

$$\delta = \frac{2m_e}{M}$$

式中，m_e 和 M 分别为电子和气体原子的质量。

如果把 v 写成：

$$v = \frac{\overline{v}}{\lambda_e} = \frac{1}{\lambda_e}\sqrt{\frac{8kT_e}{\pi m_e}}$$

则有

$$\frac{T_e - T_g}{T_e} = \frac{\pi}{24}\frac{M}{m_e}\left(\frac{eE\,\overline{\lambda_e}}{kT_e}\right)^2$$

可见，即使在相当高的气压下，粒子间的温度差还是不能忽略，因为在有些电弧中电位梯度可高达 10 kV/m。

(二)等离子体平衡分布特征

完全的热力学平衡状态只有在黑体腔内才能达到。在任意一种实际的电弧里，由于存在电场强度和温度梯度，会出现能量的大量输入和输出，这样平衡就受到粒子和能量的定向流动的影响。可以认为，任意一个物理量只有在一个平均自由程内的变化很小时，它们的梯度影响才可以忽略。在等离子体中，重要的参量是 T 和 n，在平衡时，就要求有：

$$\lambda \frac{\mathrm{d}T}{\mathrm{d}r} \ll T$$

式中，T 为电弧温度，$\mathrm{d}T/\mathrm{d}r$ 为电弧温度梯度，λ 为光谱辐射波长。

$$\lambda \frac{\mathrm{d}n}{\mathrm{d}r} \ll n$$

式中，n 为电弧中等离子浓度，$\mathrm{d}n/\mathrm{d}r$ 为等离子浓度梯度，λ 为光谱辐射波长。

对于带电粒子，还有：

$$E_e\lambda \ll kT$$

式中，T 为电弧温度，k 为波尔兹曼常数，λ 为光谱辐射波长，E_e 为辐照度。

当然，这些条件也会限制热传导、扩散和电能转移等过程的进程，所以这些条件满足时可以认为等离子体达到了局部热力学平衡(Local Thermodynamic Equilibrium，简称 LTE)。

应该指出，几乎所有实验室里的等离子体的辐射都不能达到热平衡，因为辐射平衡时光子要服从爱因斯坦玻耳兹曼分布，而且辐射本身要服从黑体辐射定律，事实上这种规律是很难达到的，在电弧中只有在高达 10^8 Pa(相当于 10^3 个标准大气压)的气压下才能达到这种状态。

在 10^5 Pa 数量级气压下的各种电弧都会发射很强的线光谱和较弱的连续光谱，这些光谱的强度都远低于相应温度的黑体辐射强度。可是等离子体辐射的这种性质并不会太大影响碰撞占主要地位的等离子体状态，因而等离子体的光谱有利于状态参数的测量。

实验证明，自由燃点的电弧要达到 LTE 状态就要求有足够大的电流，以保证电弧的纵向电位梯度不能太高，电子密度也不能太低。对典型的 LTE 电弧等离子体，如气压为 10^5 Pa 的空气电弧，要求电流不小于 1 A；对于气压在 10^5 Pa 以下的氩弧，要求电流不小于 10 A，否则电弧的 LTE 状态难以保证。

（三）粒子能级的分布特征

如果等离子体达到了 LTE 状态，在已知温度 T 的任一局部区域里，所有粒子各能级的占据数都服从玻耳兹曼分布。

某种能量为 E_j 的粒子在第 j 能级上的占据数为：

$$n_j = n_0 \frac{g_i}{g_0} e^{-E_j/kT}$$

式中，n_0——能量为零状态的粒子数；

g_i，g_0——相应能级的统计权重。

在 LTE 等离子体中，电子、原子和离子密度间的关系由萨哈方程决定，即：

$$\frac{n_e n_i}{n_0} = \frac{Z_e Z_i}{z_0}\left(\frac{2\pi m_e kT}{h^2}\right)^{3/2} e^{-E_j/kT}$$

式中，Z_e，Z_i，Z_0——电子、离子和原子的配分函数；

m_e——电子的质量；

E_j——原子的电离能量；

h——普朗克常数，为 6.62×10^{-34} J·s。

该方程对各价离子的状态都适用。

在弱电离的单原子气体中，可以忽略原子激发态对电离的贡献，那么原子、离子的配分函数可以分别用它们相应的统计权重和来替代，因此有：

$$\frac{n_e n_i}{n_0} = \frac{2g_i}{g_0}\left(\frac{2\pi m_e kT}{h^2}\right)^{3/2} e^{-E_j/kT}$$

对于比较复杂的分子或化合物气体，很多种不同粒子的能级占据数都可以计算；对于 N 种不同粒子来说，由于电子和中性原子数目都是一样的，所以可以列出 $N-2$ 个类似的方程，再加上电荷守恒方程（电中性条件）和总压强平衡方程，则可以解出这些粒子的数目随温度 T 变化的关系。图 1.15 给出了处于 LTE 状态和 10^5 Pa 气压条件下，氮弧中 N_2，N，N^+，N_2^+，和电子浓度随温度变化的曲线。

由于在有些电弧里，等离子体并不一定处在 LTE 状态，或者有些状态的粒子不满足 LTE 状态，那么对各种粒子的浓度分布要专门分析。

对于偏离 LTE 状态的等离子体中各状态的粒子分布可以用解速率方程的方法

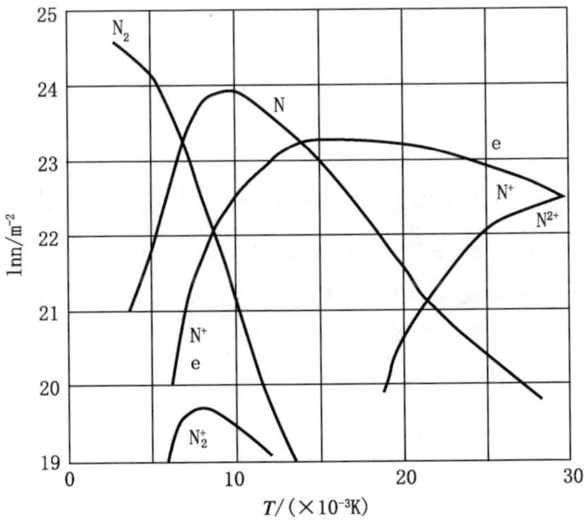

图 1.15 在 LTE 状态和 10^5 Pa 气压下

氮弧中 N_2,N,N^+,N^{2+},N_2^+ 和电子浓度随温度变化曲线图

求得,此时应对各种粒子及其相互作用的过程都要仔细分析。

对于某一种状态的粒子的激发和消激发过程可以用跃迁概率或速率系数去描述,前提是假设等离子体是均匀的,因此可以忽略其中粒子扩散的影响,例如,密度为 n 的电子与第 j 能级原子碰撞使之激发到 k 能级,那么单位时间内第 j 能级原子数的变化为:

$$\frac{\partial n}{\partial t} = n_e n_j k_{jk}$$

式中,k_{jk} 为该激发过程的速率系数,其计算公式为:

$$k_{jk} = <\sigma_{jk} v> = \int_{-\infty}^{+\infty} \sigma_{jk}(v) f(v) \mathrm{d}v$$

式中,σ_{jk} 为所研究过程的反应截面,是电子速度的函数。

如果电子速度分布 $f(v)$ 服从麦克斯韦定律,则上述平均值就足够精确,而且由此定下的 T_e 就可以用来决定原子各能级的占据数。

以一个最简单的系统为例,考虑原子在两个能级间跃迁的过程。这里,存在着电子与原子第一、二类非弹性碰撞,此外还有自发跃迁和辐射这一对过程。在低气压放电中,辐射吸收可以忽略,这样,等离子体的 LTE 或者粒子按能级的平衡分布会遭到破坏。根据速率方程可知,在稳态时,有:

$$\frac{n_2}{n_1} = \frac{n_e <\sigma_{12} v>}{A_{21} + n_e <\sigma_{12} v>}$$

式中,A_{21} 为原子在两态间的自发跃迁速率。

因此在上述条件下,等离子体的 LTE 条件要求为:

$$A_{21} \ll n_e < \sigma_{21} v >$$

如取 $\frac{n_e < \sigma_{21} v >}{A_{21}}$，则有 $n_e \geqslant \frac{10A_{21}}{< \sigma_{21} v >}$，这也是在平衡时，$n_1$，$n_2$ 比值在 10％以内的必要条件。

反过来也可以说 LTE 条件要求 n_e 值大，即电子数目要足够多，它们能与原子产生足够频繁的碰撞以使系统能趋于 LTE 状态。

从上面的讨论可以清楚地看到，在电弧放电等离子体中要达到热平衡并不是很容易的。实际中，为了简化研究对象，人们在讨论电弧正柱的理论和模型或者温度测量的光谱技术时通常都假定等离子体处于 LTE 状态。尽管这时引进 LTE 假定的误差可能不会太严重，但是在标定高温气体的基本数据时还是应该仔细斟酌，因为这些数据与温度测量所用的理论密切相关。

四、阳极位降

在辉光放电中阳极通常只起着收集电子的作用，阳极位降要比阴极位降小。可是在电弧放电，尤其是在高气压的电弧，实验指出，阳极位降和阴极位降差不多，另外，高气压电弧的阳极温度等于或大于阴极的温度。电极温度是受电极材料的熔点限制的，但是在像空气中的 Zn，Al，Mg 等电极，由于电极表面形成了高熔点的氧化物，阳极所承受的温度相对高些；在氮气中，放电电极不会形成氧化物，所以阳极温度就比较低。当然，阳极温度并不表征电弧的特性，因为用水冷却阳极时，电极材料的原子不会进入电弧。

阳极温度比阴极的高，这种现象是由于在阳极上全部电流系由轰击阳极的电子来承担，电子不仅给出其在阳极鞘层内所获得的全部动能，并且还有逸出功（电子蒸发潜热）。在阴极上，冲击阴极并使之发热的正离子比在同样电流下冲击阳极的电子要少，阴极上其余部分的电流是由电子构成的，在热电子电弧中，当电子从阴极逸出时，将消耗阴极的热能，并使之变冷。

关于阳极加热的机理可以作如下的分析：

从热力学平衡观点来看，电子轰击阳极交给阳极的能量等于这些电子在阳极位降的加速下获得的动能再加上电子的凝结能：

$$H_a = j(V_a + \varphi_0)$$

式中，j——阳极电流密度；

φ_0——阳极材料的热离子功函数；

V_a——阳极位降。

在平衡时，交给阳极的热能要等于阳极通过支架的热传导损失、电子与其周围气体之间的热对流损失以及电极的热辐射损失。

有些电极，如碳，其热传导很差，那么热传导损失就可以不考虑，如果热对流也可以忽略，则阳极主要通过热辐射损失与阳极的电子加热达到平衡，于是有：

$$H_a = H_r$$

根据斯蒂芬-玻尔兹曼定律，在单位面积电极上辐射热损失为：

$$H_r = \alpha \sigma_r T^4$$

式中，α——阳极的发射率，取值 0.75；

σ_r——辐射常数，取值 5.67×10^{-8} W/($m^2 \cdot K^4$)；

T——阳极的热力学温度。

因此，有

$$V_a = \frac{\alpha \sigma_r T^4}{j} - \varphi_0$$

第五节　电弧放电空间等离子体的辐射机制

电弧放电现象实质是电弧放电空间的等离子体导电现象，在电弧能量传输过程中，辐射起着十分重要的作用。因此本节重点讨论电弧放电空间的等离子体辐射机制，为理解电弧放电的辐射特征及其物理参量间的关系提供理论基础。

电弧放电空间的等离子体中粒子所处的能量状态发生变化时，对外就会表现为各种形式的辐射现象。等离子体辐射的产生主要有带电粒子加速运动时产生的电磁辐射、振动偶极子辐射及谱线的展宽（包括自然展宽、压力展宽和多普勒展宽）等机制。下面重点介绍电弧放电空间中与等离子体温度及其组分浓度密切相关的黑体辐射机制、激发辐射机制、复合辐射机制、韧致辐射机制。

一、黑体辐射机制

黑体辐射即为热辐射，任何物体都具有不断辐射、吸收、发射电磁波的本领，辐射出去的电磁波在各个波段是不同的，具有一定的谱分布，这种谱分布与物体本身的特性及温度有关，因而被称为热辐射。为了研究不依赖于物质本身特性的热辐射规律，物理学家们定义了一种理想物体——黑体（black body），以此作为热辐射研究的标准。

凡能吸收入射在其上所有辐射能的物体即为绝对黑体，又称为理想黑体。但实际上，从等离子体辐射出来的是灰体（准黑体）辐射和激发、韧致和复合等辐射的叠加。电弧放电区内的等离子体由于温度较高，均服从黑体辐射（black body radiation）规律。黑体表面的总辐射流仅与黑体温度有关，可用斯蒂芬—玻尔兹曼（Stefan—Boltzmann）定律表示：

$$I = \varepsilon T^4$$

式中，ε——辐射流温度系数，取值 5.7×10^{-8} J/(K^4 · m^2 · s)；

I——黑体表面的总辐射流；

T——为黑体的热力学温度。

黑体辐射服从普朗克(Planck)黑体辐射定律：

$$f(\lambda,T)=M_{b\lambda}=2\pi hc^2\frac{1}{\lambda^5[\exp(hc/\lambda kT)-1]}$$

式中，$M_{b\lambda}$——绝对黑体的光谱辐射出射度，单位为 W/(cm^2 · μm)；

λ——光谱辐射波长，单位为 μm；

T——电弧温度，单位为 K；

c——光速，单位为 m/s；

h——普朗克常数，为 6.62×10^{-34} J · s；

k——玻尔兹曼常数。

二、激发辐射机制

激发辐射是指原子或离子中处于较高激发态(E_x 能级)上的自由电子自发跃迁或受碰激发到低激发态(E_y 能级)或基态上($E_0=0$)时，发出的频率为 ν_{xy} 的电磁波：

$$h\nu_{xy}=E_x-E_y$$

由于原子中能级 E_x，E_y 等是分立取值，即量子化的，所以在图 1.16 中，由频率 ν、单位时间、单位体积的辐射能量 $\varepsilon(\nu)$ 组成的频谱图中，辐射形式是分离的谱线，故激发辐射又称为线辐射，电弧中常见的线光谱见表 1.1。线光谱在单位立体角、单位体积、单位频率间隔内所发出的功率，即辐射密度 ε_{xy} 计算公式为：

$$\varepsilon\bar{\varepsilon}_{xy}=h\nu_{xy}A_{xy}N_x/4\pi$$

式中，A_{xy}——跃迁概率；

N_x——E 能级的粒子密度；

h——普朗克常数，为 6.62×10^{-34} J · s。

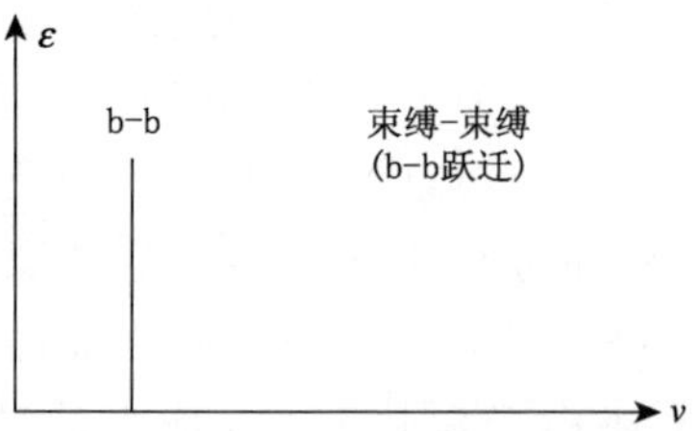

图 1.16　激发辐射的辐射能量频谱图

表 1.1 电弧等离子体中常用线光谱谱线参数一览表

谱线名称	谱线波长(Å)	谱线长度(nm)
Fe(Ⅱ)	2029	17.5
Fe(Ⅰ)	2488	826.6
Ar(Ⅰ)	3567	0.05
Fe(Ⅰ)	4014	34.1
Fe(Ⅱ)	4520	51.4
Ar(Ⅱ)	5009	0.01
Ar(Ⅰ)	5525	0.14
Fe(Ⅰ)	6024	266
Fe(Ⅰ)	6393	152.9
Ar(Ⅰ)	6965	0.01
Ar(Ⅰ)	7503	0.02

注:取 T=15000 K,Fe 含量=Ar 含量=50%,电离度=10%。

对于处在局部热力学平衡 LTE 条件下的电弧等离子体,其粒子分布服从以下的玻尔兹曼(Boltzmann)分布公式:

$$N_x = \frac{N_A g_x}{Z(T)} \exp(-\frac{E_x}{kT})$$

式中,N_A——中性粒子密度;

g_x——x 能级的统计权重;

E_x——x 能级的激发能;

$Z(T)$——配分函数;

k——玻尔兹曼常数;

T——等离子体温度,单位为 K。

因此有:

$$\varepsilon_{xy}\varepsilon_{xy} = \frac{1}{4\pi} h\nu_{xy} A_{xy} \frac{N_A g_x}{Z(T)} \exp(-\frac{E_x}{kT})$$

电弧等离子体除激发过程外还伴随电离反应,如仅考虑一次电离过程,则:

$$A + E_1 \rightleftharpoons A^+ + e$$

那么产生电离反应后,中性粒子 A、离子 A^+ 和电子 e 的密度 N_A、N_A^+、N_e 的分布规律遵从的萨哈方程(Saha equation)为:

$$\frac{N_e N_{A^+}}{N_A} = \frac{(2\pi m_e kT)^{3/2}}{h^3} \exp(-\frac{E_i}{kT})$$

式中，m_e——电子质量：

E_i——电离能。

若只考虑一次电离，则 A 粒子总密度 N 为：

$$N = N_A + N_A^+ = N_A + N_e$$

因此，A 成分的中性粒子密度 d_A 为：

$$d_A = \frac{N_A}{N} = 1 - [1 + 3.16 \times 10^7 T^{5/2} \exp(\frac{E_i}{kT})]^{-1/2}$$

假设 A 成分含量为 $C_A = n_T N = n_T N_A / d_A$，则有：

$$\varepsilon_{xy}\,\varepsilon_{xy} = \frac{C_A n_T \{1 - [1 + 3.16 \times 10^7 T^{5/2} \exp(\frac{E_i}{kT})]^{-1/2}\} hc}{4\pi \cdot \lambda_{xy} \cdot Z(T)} \exp(\frac{E_x}{kT})$$

式中，n_T 为电弧等离子体在温度 T 时单位体积内的粒子总数。

由该公式可见，线发射系数 ε_{xy} 是粒子成分和等离子体温度的函数，即：

$$\varepsilon_{xy}\varepsilon_{xy} = f(C_A, T)$$

三、复合辐射机制

自由电子在复合过程中，被离子俘获成束缚电子，发射的电磁波为复合辐射（自由一束缚，f—b 跃迁），复合辐射的频谱特征如下式所示。

$$h\nu_{xy} = K_e - (E_i - E_y)$$

式中，K_e——复合前自由电子的动能；

E_i——电离能；

E_y——较低的激发能级。

由于从 E_y 能级到电离态的能量之差（$E_i - E_y$）是量子化的，而 K_e 可连续取值，因此复合辐射的辐射能量频谱是半连续谱（图 1.17）。

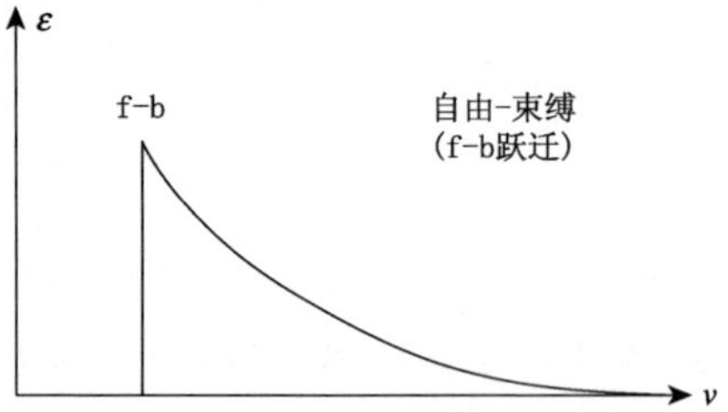

图 1.17　复合辐射的辐射能量频谱图

四、韧致辐射机制

韧致辐射是自由电子经过正离子附近，受电场作用散失能量所发出的电磁波。

电子发生韧致辐射后减少了能量，但仍处于自由态，并没有被离子俘获，其频率分布如下式所示：

$$h\nu_{xy} = K_e - K'_e$$

式中，K_e——初态自由电子的动能；

K'_e——末态自由电子的动能。

虽然这时 $K_e > K'_e$，但由于 K_e、K'_e均可连续取值，因此相应的频谱为没有下限的连续谱。

在电弧等离子体中，复合辐射和韧致辐射同时出现，构成了电弧光谱的连续谱，但韧致辐射的辐射能量频谱与激发辐射、复合辐射的辐射能量频谱有显著区别，激发辐射的辐射能量频谱是线谱（图 1.16）、复合辐射的辐射能量频谱是半连续谱（图 1.17），而韧致辐射的辐射能量频谱是连续谱（图 1.18）。

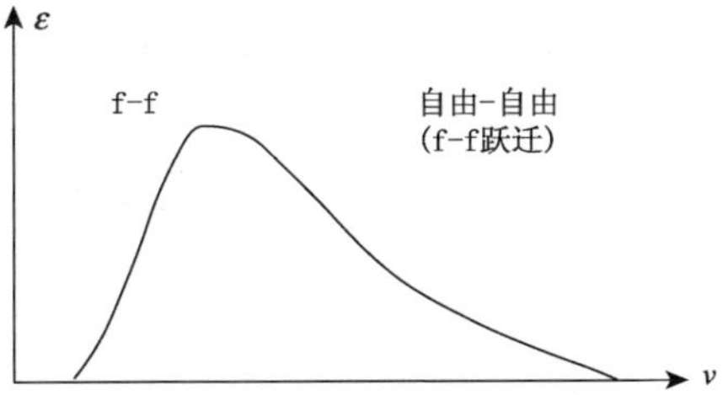

图 1.18　韧致辐射的辐射能量频谱

根据 Kramers-Unsold（克拉默斯-翁泽尔德）公式，在单位频率间隔内，连续谱的辐射密度如下式所示。

$$\varepsilon_c \varepsilon_c = \varepsilon_v^{f-f} + \varepsilon_v^{f-b} = CN_A^+ N_e T_e^{1/2} Z_{eff}^2 G(v, T_e)$$

式中，C——常数，其值为 5.443×10^{-39}，单位为 CGS；

N_e——电子数密度；

N_A^+——离子数密度；

T_e——电子温度；

Z_{eff}——有效核电荷；

$G(\nu, T_e)$——Gaunt（冈特）因子，在焊接电弧的光谱频率及温度范围内 $G(\nu, T_e) = 2$。

由于连续谱主要出现在波长小于 3000Å 的范围内，所以在中、长波段，ε_c 几乎为零。若只考虑一次电离，则 $N_e = N_A^+$，代人参数后，则有：

$$\varepsilon_c \varepsilon_c = 1.0886 \times 10^{-45} N_e^2 T_e^{1/2} = f(N_e, T_e)$$

由激发、韧致等机制产生的电磁辐射，在到达等离子体边界之前被等离子体多次吸收或再发射，电子吸收光子而增加能量，使碰撞加剧，系统易于达到平衡态，而碰撞又激发出光子，并向系统外部辐射而减少能量。这种处于热力学平衡状态下的电磁辐射与用某一温度表征的固体黑体辐射类似。

第六节　电弧放电的伏安特性

由于目前电弧放电的分类方法比较多，并且电弧放电的伏安特性与气体种类、气体压强、阴极材料密切相关，因此本节重点介绍人工电源产生的，即直流电弧放电和交流电弧放电的伏安特性。

一、直流电弧放电的伏安特性

（一）经验计算公式

直流情况下，在大气中两个碳电极间产生的电弧放电的伏安特性可用下面的经验公式表示：

$$V = A + BL + \frac{C + DL}{I}$$

式中，V——极间电压；

I——电弧电流；

L——电弧长度；

A,B,C,D——四个常数，它们取决于气体种类和电极材料。

上式可以改写以下两种表达形式：

第一式：$IV=(A+BL)I+(C+DL)$

第二式：$IV=(BI+D)L+(C+AI)$

从第一式可看出，若电弧长度固定，则电弧功率与电流呈线性关系。从第二式可看出，若电流固定，则电弧功率与电弧长度呈线性关系，其表达形式还可写为：

$$V = A + \frac{C}{I} + (B + \frac{D}{I})L$$

其中后两项包含电弧长度 L，表征正柱区的压降；而前两项则代表阴极位降和阳极位降的总和。

（二）直流电弧放电的静态伏安特性

由于电弧电压与电流之间的函数关系，首先决定于直流电弧放电间隙的物理过程。弧柱的物理状态不是静止的，始终进行着游离和去游离过程，如果游离和去游离过程相平衡，则弧柱处于动平衡状态而不是时间的函数。弧柱处于平衡的工作状态称为静态或稳态。稳态电弧放电（直流稳定电弧放电）的伏安特性，称为直流电弧放电的静态伏安特性（图 1.19）。直流电弧放电的静态伏安特性曲线一般是下降的，其原因是当电流增加时，电弧放电通道的截面增大，温度也升高，因此电弧电阻很快下降。

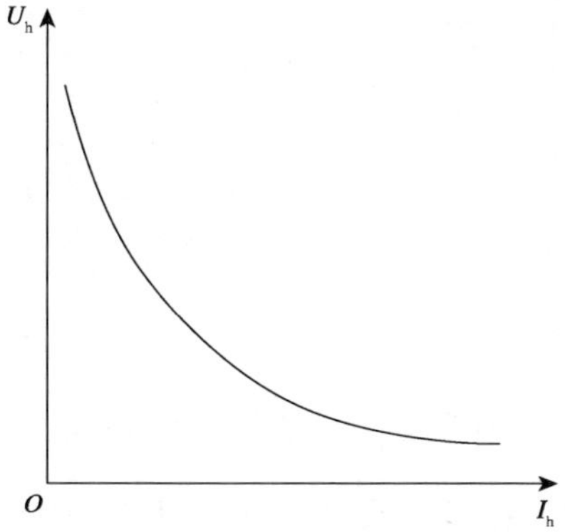

图 1.19　直流电弧放电的静态伏安特性曲线

（三）直流电弧放电的动态伏安特性

当直流电弧放电的工作状态改变时，弧柱动平衡被破坏，发生过渡过程。如果直流电弧放电的过程改变得慢，热的过程来得及跟上，则电压与电流的关系仍和静态一样，如果直流电弧放电的过程改变得快，以至热的过程跟不上其改变的过程而出现热迟滞现象，弧柱处于动态的平衡工作状态，这时的伏安特性称为直流电弧放电的动态伏安特性（图 1.20）。即处于不稳定状态的直流电弧放电，其伏安特性为动特性。

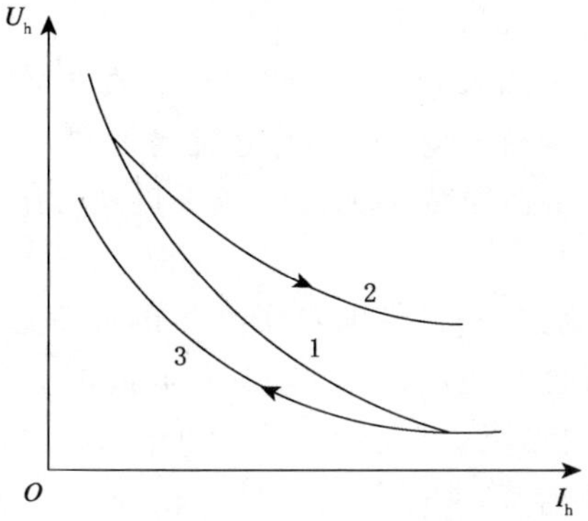

图 1.20　直流电弧的动态伏安特性曲线

（四）自持与非自持热阴极电弧放电的伏安特性个例分析

1. 自持热阴极电弧放电的伏安特性

一般自持热阴极电弧放电的伏安特性大致如图 1.21 所示。

从图可知，随着放电电流的增加，极间电压降下降，其伏安特性曲线的斜率是负的，称为负伏安特性。自持热阴极电弧放电伏安特性为负，主要是由于随着电流的增

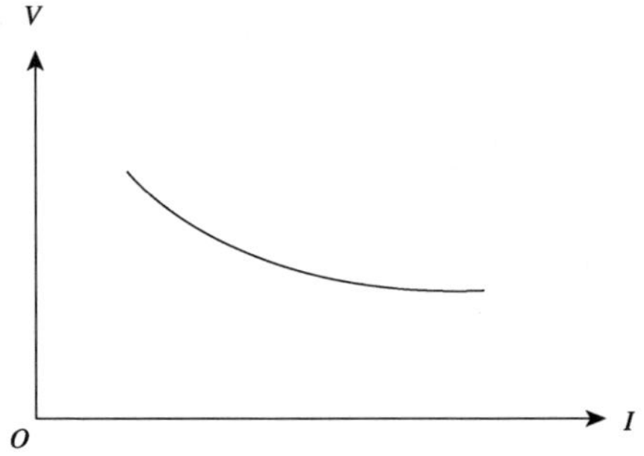

图 1.21 自持热阴极电弧放电的伏安特性曲线图

加，轴向电场强度 E_1 减小。在平衡状态下，单位长度正柱区中消耗的功率中一部分用以产生电离来补偿带电粒子复合所造成的损失，另一部分则消耗于辐射、对流和传导等。

正柱区中带电粒子的产生主要靠电子和基态原子碰撞电离及其和激发原子碰撞电离（逐次电离）。随着放电电流的增加，逐次电离作用更加重要。由于逐次电离发生次数正比于 I^2，而基态原子直接产生电离次数则正比于 I，因此，总的电离次数正比于 $I^n(1<n<2)$。

正柱区中带电粒子的损失主要有两种形式，即管壁复合和体积复合。管壁复合速率与 I 成正比，体积复合速率与 I^2 成正比。若放电管管径小、气压低，就以管壁复合为主；若管径大、气压高，则以体积复合为主。

因此，当电流 I 增加时，如果管压降 V 不变，则放电空间带电粒子的产生必定超过带电粒子的损失。为了维持放电平衡，当电流增加时，必须减少电离碰撞次数，即必须降低电子温度 T_e，也即必须减小轴向电场强度 E_1，使管压降 V 下降。显然，此时伏安特性是负的。

综上所述，在放电电流增加时，带电粒子产生的速率超过其损失的速率，则伏安特性是负的；反之，伏安特性是正的。例如，在大电流电弧放电时，气体温度很高，且已高度电离，随着电流的再增大，带电粒子浓度变化不大，就可能使带电粒子产生的速率低于带电粒子损失的速率，此时伏安特性是正的。

2. 非自持热阴极电弧放电的伏安特性

由于非自持热阴极电弧放电在实际应用上往往是放电电流不很大，极间距离又很短，因此正柱区很短的非自持热阴极电弧放电的伏安特性如图 1.22 所示。

从图可知，电弧放电在点 A 处着火。OA 段：放电着火前阶段，也是被激导电段。随着电压升高，放电电流慢慢增大，总体讲电流很小；AB 段：着火向弧光放电过渡阶段，当电压升高到着火电压时，放电电流急剧增大，管压降 U_a 下降；BC 段：正常弧光放电段，管压降几乎不随电流变化，此时阴极发射电流大于或等于外电路所要求的电

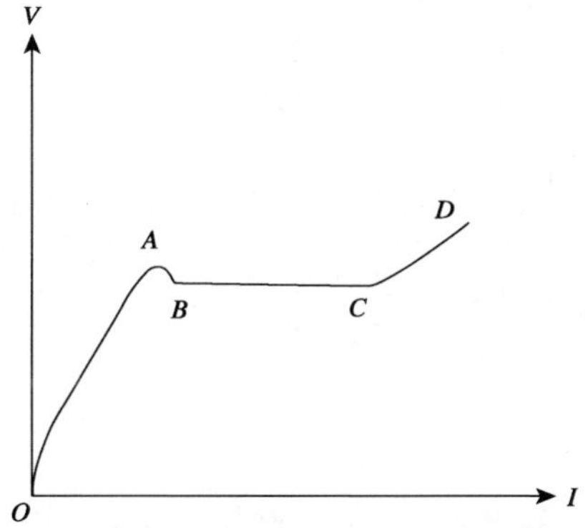

图 1.22　非自持热阴极电弧放电伏安特性曲线变化图

流；CD 段：当外电路电流很大时，阴极本身热发射电流已不能满足外电路要求的阶段，为了使阴极电子发射增加，必须增加阴极位降，以使阴极表面出现肖特基效应，并增加正离子轰击下的二次电子发射，从而提高阴极的电流发射能力，这一阶段管压降随电流增加而增加。

二、交流电弧放电的伏安特性

人工电源产生直流电弧放电的伏安特性与交流电弧放电的伏安特性有很大差异。如果电源使用低频交流供电，随着电压周期性的变化，放电电流也要做周期性的变化，电流在一周期内要两次经过零点。电流经过零点时，放电就熄灭，经过零点之后再行着火。两个电极交替地充当阳极和阴极，放电的区域也随着周期而变化(图 1.23)。

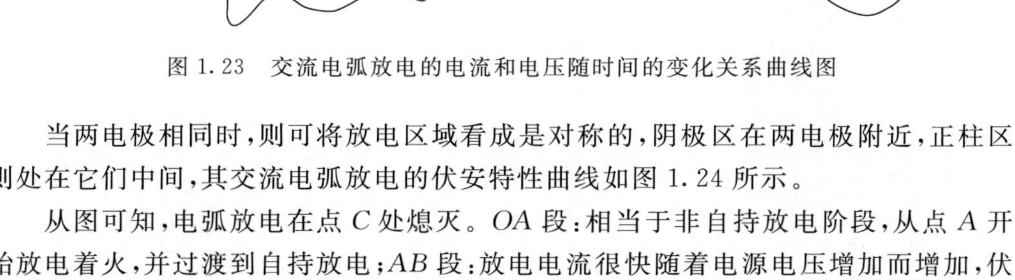

图 1.23　交流电弧放电的电流和电压随时间的变化关系曲线图

当两电极相同时，则可将放电区域看成是对称的，阴极区在两电极附近，正柱区则处在它们中间，其交流电弧放电的伏安特性曲线如图 1.24 所示。

从图可知，电弧放电在点 C 处熄灭。OA 段：相当于非自持放电阶段，从点 A 开始放电着火，并过渡到自持放电；AB 段：放电电流很快随着电源电压增加而增加，伏

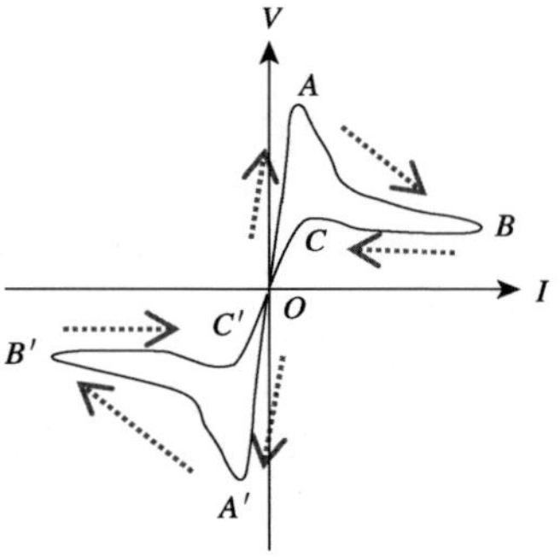

图 1.24　交流电弧放电在一周期内的伏安特性曲线变化图

安特性为负；BC 段：随着电源电压降低，放电电流也随之减小；CO 段：随着电源电压进一步减小，非自持放电的电流也将减小，直至为零；OC' 段：电源电压经过零点以后，原来的阳极变成阴极，随后伏安特性在相反符号的电压、电流下进行重复。

另外，图中曲线 AB 和 BC 不重合可解释为当电源电压很快增加时，要求管内电流也很快增加，但管内带电粒子浓度不能立即增大，即电离碰撞次数跟不上，因此管压降比直流情况下要大一些。当电源电压下降时，要求电流也跟着下降，但由于消电离滞后，管压降小于直流情况下的数值。直流情况下的伏安特性曲线则介于曲线 AB 和 BC 之间。

第二章

雷电电弧放电的基础知识

第一节　雷电的基本概念

一、雷电电学特性研究发展史

(一)雷电的电学概念产生

雷电产生的强大闪电电源,将形成电磁场,光辐射以及冲击波和雷声等物理现象及其灾害。我国早在东汉时期就有哲学家王充在《论衡》中就记载了雷电。但雷电的电学概念则由外国科学家在17世纪提出。

1706年英国科学家豪克斯比(Francis Hauksbee)利用玻璃圆筒摩擦带电发光的实验,提出了摩擦带电发光与雷电闪光相似的概念;1707年英国科学家华尔(William Wall)利用琥珀摩擦起电获得更多的电荷,观察到放电不仅产生闪光,且产生类似雷鸣的响声,提出了雷电很像地电的概念。通过进一步科学实验探索,1736年英国科学家格雷(Stephen Gray)提出了天电(雷电)与地电的电火花在本质上是相同的概念;1746年莱比锡大学语言学教授文克勒(Johann Heinrich Winkler)提出了雷电就是一种电荷量更多的火花放电的概念。

(二)雷电电学特性的野外实验研究

为了进一步证实雷电与地电是同一性质的电,美国科学家富兰克林(Benjamin Franklin)在1750年提出了著名的“岗亭”实验方案,即设计一个可以容纳一个人的小亭子,有遮雨的顶盖,在顶盖的上方安装一根垂直的上端磨尖的棒,铁棒固定在绝缘底座上,并且将小亭子置于建筑物的顶部或开阔的花园里。图2.1是人类第一次成功地把雷电吸引到指定位置的实验的装置示意图。

该实验于1752年5月由法国自然学家达利巴德(Thomas-Francois D'Alibard)设计完成,实验结果表明雷雨云过“岗亭”顶时,铁棒下端发出电火花,它与地电产生的电火花完全是同一类型的物理现象。同时富兰克林为了证实从云中取下的雷电与地电相同的事实,设计了著名的“风筝”实验,即风筝用手绢制作,风筝在龙骨架上半有金属尖端，用麻绳作风筝线，绳下端挂了一个金属圈，圈上吊了一个铜钥匙，用以把已收集到的电荷引到莱顿瓶(Leydenjar)，金属圈上系一干燥的丝绳，人拉丝绳站在遮雨室内，以确保丝绳绝缘。当雷雨云来到实验地的上空时，富兰克林观测到麻绳上几丝松散出的纤维竖起来相互排斥，他立刻把指关节靠近铜钥匙，就观测到火花从铜钥匙击向指关节，于是用莱顿瓶靠近铜钥匙来收集“天电”，然后用这些“天电”和经过摩擦的玻璃棒上所获得的已知属性的电(正电)相比较，实验证明雷电与地电完全相同。

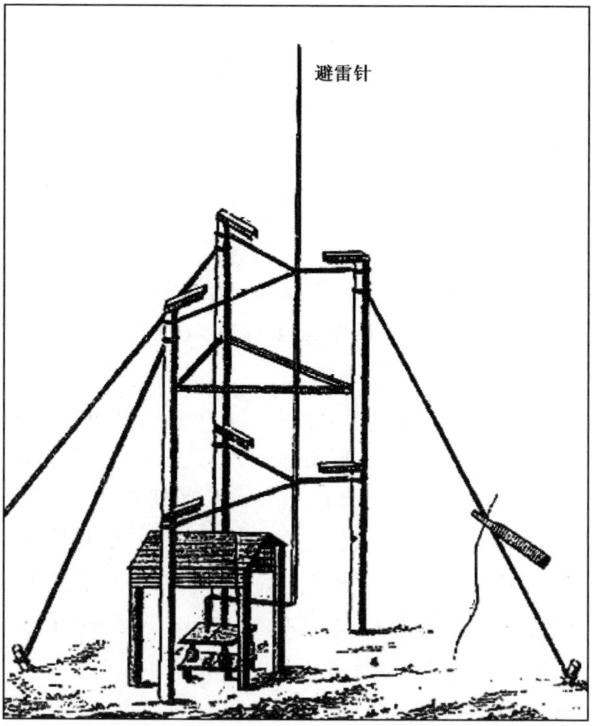

图 2.1　达利巴德设计的“岗亭”示意图

(三)雷电电学特性的观测研究

1. 大气电场的观测研究

雷电产生于大气中，离不开大气电场，因此雷电科学从定性论述，发展到定量描述离不开应用精密的探测仪器和完善的测量方法对大气电场的观测。大气电场的测量研究主要有以下几个经典实验：

1752 年 Lemonier(勒莫尼耶)研究发现一根垂直放置的绝缘长导体在晴天也会带电，以及导体若带尖端，直到它的电势与尖端附近的大气的电势相等为止，它的尖端就会放电等现象，从而显示大气电场的存在，从此人类发现了大气电场，同时为探测大气中的电势提供一个极重要的方法——“探针法”。

1787年意大利物理学家伏特(Alessandro Volta)发现火焰会不断向周围空气溅出离子，从而提出了“火焰法”的大气电场测量方法。

1775年G. Beccaria(贝长里亚)证实了导线在晴天获得正电，而雷雨天气则多半获得负电的现象。

1779年瑞士物理学家索苏尔(H. B. Saussure)利用小球静电计观测到大气中有正电荷，并且其数量随着高度增加而增加，以及冬季的电效应特征比夏季显著。

1795年法国物理学家库仑(C. A. Coulomb)发现大气也是导体的事实。

1804年Erman(埃尔曼)认识到大气电场的起源不是大气中的电荷而是地球所带的电荷，并且首次提出地球带负电荷。

1842年Peltier(佩尔捷)证实了Erman的推断，并给出了完整的说明：地球带有负电荷，Saussure和Erman观察到的现象是起源于静电感应。

1860年Lord Kelvin(开尔文)发明了象限静电计提出了电势的概念。指出用“探针法”、“火焰法”和“滴水法”都使测量仪器的探测端导体与其紧邻的被测量的大气取得等电势。发现了在晴天里的低层大气内也存在空间电荷，闪电时大气电势梯度发生相应变化等重要现象。

1887年Linss(林斯)估算出地球所带的电荷如不补给来源会在10分钟内消耗完的事实。

1899—1915年Elster(埃尔斯特)，Geitel(盖特尔)，Wilson(威尔逊)，P. Langevin(朗之万)，Pollock(波洛克)等人先后发现了大气中存在离子以及分子大小或稍大的大离子和中等尺度的正负带电粒子。

1911年以后Hess(赫斯)，Kolhorster(科尔霍斯特)等科学家先后测量到高空大气层的电导随高度显著增加，还观测到大气电离层和宇宙射线使大气电离等物理现象。

上述的观测研究对雷电的机理研究具有重大意义。

2. 闪电的观测研究

19世纪开始科学家利用照相机研究闪电得到的主要科研成果是：1903年Walter(瓦尔特)研究发现一次闪电是由几次放电所组成；1938年Schonland(舍恩丛德)发展了解释闪电梯式先导的学说；1942年Bruce(布鲁斯)和Golde(戈尔德)分析研究一次完整的闪电内不同数目的放电的相对频数；Bruce，Schonland，Pierce(皮尔斯)等人分别在1944年、1953年、1955年先后提出了关于闪电先导的理论学说。

(四)雷电起电机理研究

雷雨云中不同极性电荷区的形成过程称为雷雨云的起电机制，对雷雨云的起电机理研究早在18世纪末就开始了,其主要科研成果是:1884年Luvini(卢维尼)提出了碰撞起电学说;1890年Elster和Geitel提出雨滴破碎起电学说;1913年Elster,Geitel提出感应起电学说;1897年Brillouin(布里洛恩)提出了冰的光电效应起电学说。

(五)雷电测定落雷点研究

监测雷电的具体位置的技术早在1960年由莱维斯(Lewis)提出,即将三台受控接收机,安置在大约为等边(边长约为300 km)三角形的顶点位置上并在中心位置的山上设置一个主观测站。当一个闪电回击所产生的远程雷电信号传输到每一台接收机时,可以调制一个微波,向主观测站发射。在主站中把从三个受控接收机所得到的波形和主站所得到的波形加以比较,利用每个波形起始时间差异来确定雷电的地面落雷点。

1973年,巴坦(Battan)提出利用雷达确定闪电通道位置。但此方法必须把雷达天线指向正在发光的闪电通道,因此很不实用。

另外,20世纪70年代,西野(Nishino)、诺格尔(Noggle)、普洛克特(Proctor)等科学家采用高频、甚高频、低频技术的天线定位、定向系统测量了雷电的地面落雷位置,一般当雷电在10～150 km时测量有效。

二、雷雨云的形成及其起电机制

(一)雷雨云的形成

1. 雷雨云的产生

雷暴季节,下垫面受太阳强辐射而形成大范围均匀加热,造成极大的温度垂直递减,使大气发生自由对流,在有外界扰动的情况下,如地形抬升、冷空气活动、锋面和切变线的辐合抬升等。可使局地大气对流运动加强。当低层大气有充足水汽、强对流,就可能从淡积云发展为浓积云,最后形成积雨云。积雨云中电荷累积到某一临界值后就可产生火花放电,这时的积雨云即是雷雨云。

2. 雷雨云的微物理结构

雷雨云的微物理变化对其起电有十分重要的作用,其结构如图2.2所示。

由图中可知,一块成熟的雷雨云,其顶部可以伸长到10000～20000 m的高空,云层内温度随着高度增高而降低,一般在4500 m以下为温度> 0℃的“暖层”,云中全部是云滴或(和)雨滴;从4500～6000 m,云中温度<0℃,主要是过冷却云滴或(和)雨滴;6000～9000 m,云中主要是雪花,温度在−20℃左右;在9000 m以上,云中基本是雪晶和冰晶,温度<−40℃。

3. 雷雨云的电荷分布

雷雨云的电荷分布是通过配有特种天线、电探空仪装置的飞机观测,以及闪电时在地面上测量电场变化等方法来研究的。根据这些研究获得雷雨云的电荷分布如图

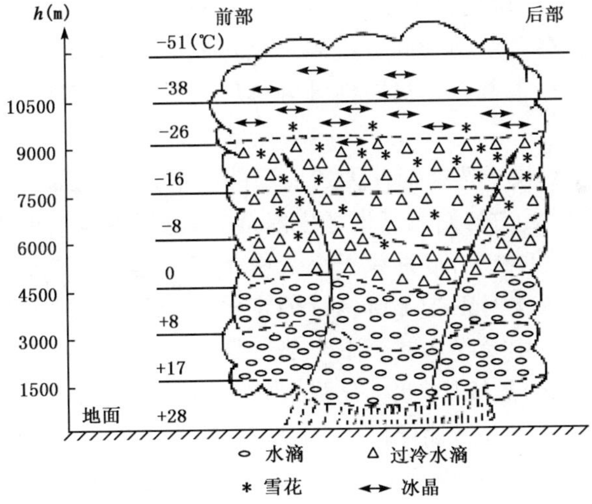

图 2.2 雷雨云的微物理结构图

2.3 所示，一般正电荷集中在云的上部，约有＋24 C；负电荷集中在云中下部，约为－20 C；在云的底部强对流区有一个很小的正电荷集中区，约为＋4 C。

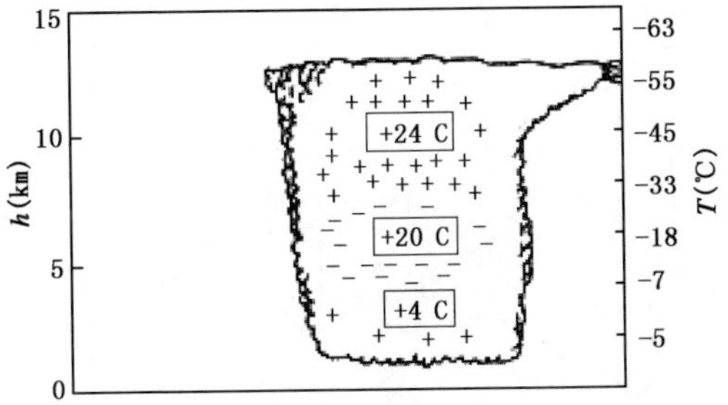

图 2.3 雷雨云的电荷分布图

（二）雷雨云的起电机制

雷雨云的起电机制包含云中正、负电荷的形成和云中正、负电荷分离为不同极性的电荷区两个。云中电荷形成与云中降水粒子和云粒子或大气正、负离子之间的相互作用等微观过程密切相关，所以也称为微观起电机制；云中不同极性的电荷区形成主要是由于云中正、负电荷离子在重力作用下进行分离，所以也称为宏观起电机制。另外还有一种起电机制是通过云中大气对流、夹卷等作用，大气的正、负离子向云内输送形成云中正、负电荷，而云中电荷区依靠云中大规模上升气流和下沉气流形成，这种起电机制称为云的对流起电机制。

由于雷雨云的起电机制较为复杂，可能是一种起电机制起作用，也可能是多种起电机制综合起作用，各种雷雨云起电机制理论虽然在一定程度上可以说明或部分说明雷雨云的起电过程，但都存在局限性，因此以下仅重点介绍目前较为流行的雷雨云起电理论。

1. 云中极化降水粒子选择捕俘大气离子的起电理论

降水粒子在雷雨云内初始大气电场中降落，因电场感应而形成上半部带负电荷、下半部带正电荷的极化粒子，这种粒子在云中下降过程中不断选择性地捕俘大气负离子，从而部分中和了本身下半部所携带的正电荷，形成具有净负电荷的降水粒子。云中大量大气正离子，则受降水粒子下半部所带正电荷的排斥而存在于云中；而云滴粒子比大气离子重几个量级，因此极化降水粒子对带电的云粒子的选择捕俘可以忽略，主要对大气离子具有选择捕俘作用，于是云中电荷重力分离的过程中，云中较轻的大气正离子将随上升气流到云体上部形成正电荷区，携带净负电荷的较重降水离子则因重力沉降，聚集在云体下部形成负电荷区。降水粒子选择捕俘大气离子的起电机制如图 2.4 所示。

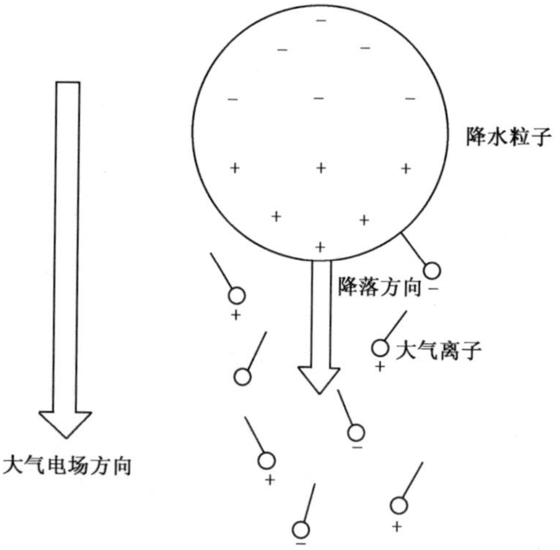

图 2.4　降水粒子选择捕俘大气离子的起电示意图

2. 云滴粒子与极化降水碰撞并弹离的起电理论

雷雨云中的降水粒子在初始大气电场中降落时，因电场感应而形成极化降水粒子，此极化降水粒子在云中降落过程中与中性云粒子相碰，当部分中性云粒子与降水粒子的下半部分相碰后，又弹离降水粒子，而它们相碰时的接触时间超过两粒子间电荷传递所需弛豫时间（$10^{-1}\sim10^{-2}$s）时，弹离的云粒子将带走降水粒子下半部所带的部分正电荷，使降水粒子带净负电荷，于是在云中电荷重力分离过程中，带正电荷的云粒子将随上升气流到达云顶部，使云体上部形成正电荷区；而携带净负电荷的降水粒子则因重力沉降而聚集在云体下部，使云体下部形成负电荷区。图 2.5 是云粒子与降水粒子碰撞并弹离的起电示意图。

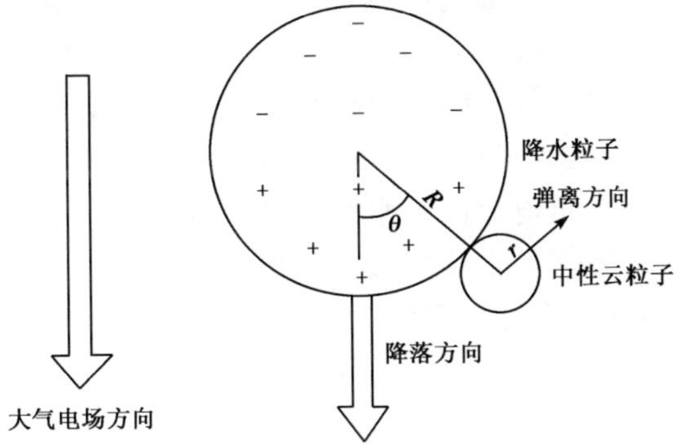

图 2.5　云粒子与降水粒子碰撞并弹离起电示意图

3. 云中冰晶与雹粒摩擦温差起电理论

云中雹粒是雹胎碰撞云中过冷水滴增长而形成，其表面较为粗糙，当它在云中降落时，冰晶与它碰撞并弹开时，将在雹粒粗糙表面少量突出部分产生摩擦增温，且雹粒含有气泡，不利于这些突出部分的温度因热传导而下降；而冰晶表面较为细密光滑，可以用较大面积与雹粒的突出部分接触，因此冰晶上的摩擦面较大，使冰晶单位摩擦面积的升温程度较弱。根据冰晶的热电效应，由于摩擦增温，温度较高的雹粒携带负电荷，被弹开时温度较低的冰晶携正电荷。于是在云中正、负电荷重力分离过程中，携带正电荷的冰晶将随上升气流到达云体上部，使云体上部形成正电荷区，携带负电荷的雹粒子则因为沉降而聚集在云体下部，使云体下部形成负电荷区。

4. 较大过冷云滴与雹粒碰撞温差起电理论

云中较大过冷云滴与雹粒碰撞时，一般因冰核化引起过冷水滴表面首先冻结，从而形成冰壳，与此同时释放的相变潜热较易通过热传导使暂时尚未冻结的过冷云滴内部增温，随后，当过冷云滴内部亦冻结，因释放相变潜热形成冻滴的内部较热，而外壳较冷的径向温度梯度，根据冰的热电效应，冻滴的外壳携带正电荷，内部携带负电荷。于是在过冷云滴冻结的瞬间，因冻结膨胀导致稍早冻结的冰壳破裂，使冻滴表面飞离的冰屑携带正电荷而冻滴核心部分雹粒带负电荷，云中正、负电荷在重力分离过程中，携带正电荷的冰雪将随上升气流到达云体上部，使云体上部形成正电荷区，而携带负电荷的雹粒因重力沉降而聚集在云体下部，使云体下部形成负电荷区。

5. 大雨滴破碎起电理论

云中大雨滴在重力沉降或上升气流的作用下，当流体动力大于表面张力及流体静力时，大雨滴变形为扁平球状，然后其底部面向上凹进去，雨滴的表面层被切割成一个迅速扩大的水囊，这水囊连接于一个包含大部分水的环形圈或圆环，接着水囊胀裂成为许多水滴，而圆环破裂成由一些较大水滴围成的小环。由于水分子具有偶极性，因此在大雨滴和空气的界面上存在着电偶层。当大雨滴形变成水囊时，液面产生切变而使电偶层受损坏导致圆环状水囊上的边缘带正电荷，而水囊的其他薄膜部分带负电；当水囊最后破碎时，圆环状水囊上边缘破碎成若干个带正电的较大水滴，而水囊的其他薄膜部分则破碎成许多带负电的细沫(微小的水滴)，于是在云中正、负电荷的重力分离过程中，带负电荷的小水滴将随上升气流到达云体某部位，使该区形成负电荷区，而带正电的较大的水滴则因重力沉降而聚集在0℃层以下的云底附近，使云底附近形成正电荷区。图2.6是大雨滴的破碎起电机制。

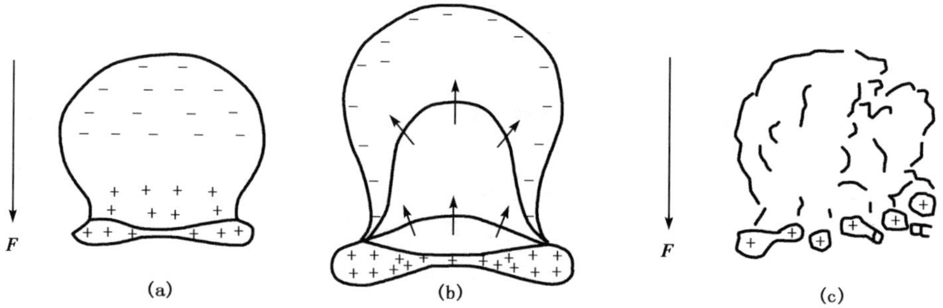

图2.6 雨滴破碎起电示意图

(a)即将破碎的大雨滴电荷分布示意图；(b)一个大雨滴正在破碎时电荷分离示意图；(c)破碎后的带正电的小雨滴和带负电的细沫示意图

6. 固态降水粒子融化起电理论

云中固态降水粒子(冰或雪)下降到0℃层以下时，开始融化，在融化过程中，包含在固态粒子中的空气因温度增温膨胀而形成气泡，当气泡破裂时，溅散出许多带负电的云滴，而融化后的水则带正电荷。于是，在云中正、负电荷重力分离过程中，带负电的云滴将随上升气流到达云体某部位形成负电荷区，而带正电荷降水粒子则因重力沉降而聚集在0℃层以下的云体附近而形成正电荷区。

7. 降水粒子冻结起电理论

云中降水粒子总是存在一定数量的离子，而非纯净水，因此在降水粒子冻结过程中，由于冰晶格对正、负离子具有不同程度的排斥过程或结合过程，于是在冰和尚未冻结水的界面处，更出现了冻结电位差，一般情况冰带正电，水带负电。当降水粒子内含有少量的杂质即稀的水溶液时，冰和尚未冻结的水会迅速分离，形成带正电的冰粒子和带负电的水滴，于是在云中正负电荷重力分离过程中，形成云的正、负电荷区。

8. 对流起电理论

在雷雨云的形成过程，上升气流将低层大气正离子携带到云体上部，这些正离子很快便吸附在云粒子上，当雷雨云发展到一定程度后，云体上部更聚集了大量正电荷，从而在云顶上方大气中形成方向朝上的大气传导电流，使此处的大量大气负离子向云体上部迁移（图 2.7a），这些到达云体上部的负离子并不与云体上部的正电荷中和，而是随云体侧面强烈的下沉气流到达云体下部，并很快吸附在云粒子上（图 2.7b），于是云体侧下方不断聚集的大量负电荷，使地面产生尖端放电，形成大量大气正离子，这些大气正离子，又被强烈的上升气流携带到云体上部，进一步增强云体上部的正电荷，而不是中和云体侧下方的负电荷（图 2.7c），在雷雨云中大规模上升气流和下沉气流作用下，云中正、负电荷的产生和分离，便以正反馈的方式继续下去（图 2.7d），直至云体上部形成正电荷区，云体下部形成负电荷区并使云中大气电场因迅速增长而形成闪电。

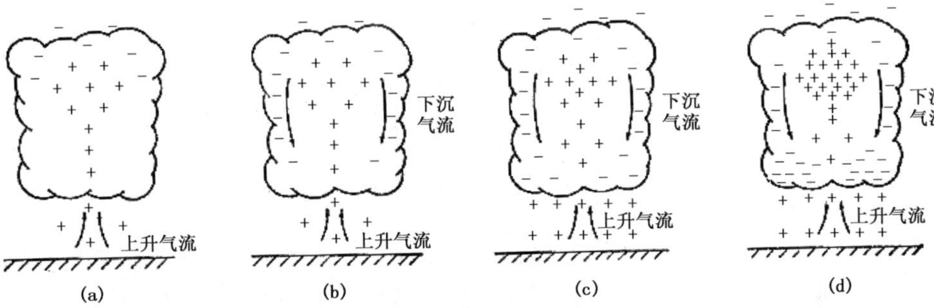

图 2.7　雷雨云的对流起电机制示意图

9. 雷雨云粒子切割地磁场磁力线的起电理论

由于前面给出的目前较为流行的雷雨云起电理论均未研究地磁场对雷雨云起电过程的作用机制，为此作者参考国内外对雷雨云起电机制研究的有关技术资料，并结合作者近二十几年对雷电起电机制研究的最新成果，分析研究了地磁场对雷雨云内上升和（或）下沉气流中含有正、负自由电荷粒子的极化、起电和云中正、负电荷区形成等过程的作用机制，提出了雷雨云粒子切割地磁场磁力线的起电理论。

（1）雷雨云粒子切割地磁场磁力线的起电理论研究的主要内容

①雷雨云所在位置地磁场为恒定场的假设

雷雨云所处的地理位置和下垫面性质的差异较大，导致雷雨云所处的地磁场参数有差异。但一方面由于雷雨云单位的水平尺度在 $10^0 \sim 10^1$ km 数量级，垂直尺度在 $10^0 \sim 10^1$ km 数量级，而雷雨云强电荷中心区域的尺度将更小；另一方面由于地球磁场强度及方向随纬度变化而缓慢地变化，随着纬度的增加，地球磁场的垂直分量

B_Z 值由赤道 $B_Z=0$ 增加到地磁两极 $B_Z=48\sim56$ A/m；水平分量 B_{XY} 值，由赤道在 24～32 A/m 递减到地磁两极的 0。因此当忽略地磁的异常现象，则纬度每变化一度，垂直分量 B_Z 变化为 9.5 A/m，水平分量 B_{XY} 变化 4.0 A/m，即雷雨云朝磁极方向位移 1 km 时，雷雨云所处位置的磁场垂直分量 B_Z 约增加 4.7×10^{-3} A/m，水平分量 B_{XY} 约减少 3.4×10^{-3} A/m；当雷雨云抬升 1 km 时，则雷雨云中抬升部分所处的磁场垂直分量 B_Z 约减少 0.2×10^{-1} A/m，水平分量约减少 6.0×10^{-3} A/m。

根据上述物理事实，在分析研究地磁场对雷雨云起电过程的作用机制时，可近似地把任何地区的雷雨云所处位置的地磁场假定成一个恒定磁场。

②地磁场对雷雨云中粒子的极化机制

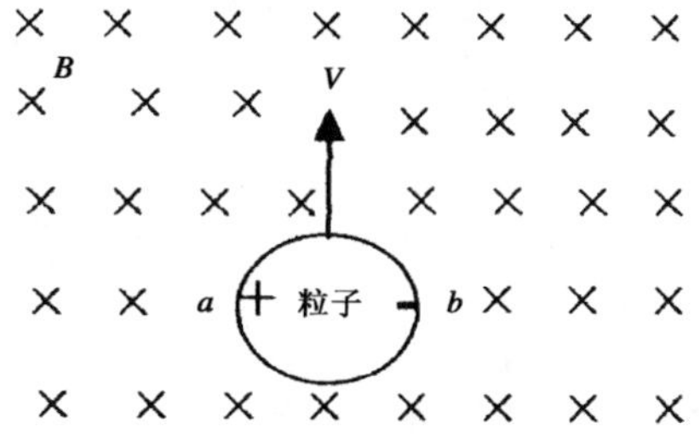

图 2.8 粒子内自由正负电荷极化示意图

雷雨云中上升气流和(或)下沉气流夹带着云中粒子在地磁场中作切割磁感线运动(图 2.8)。当粒子内含有自由的正负电荷时，则根据电磁感应定律得知，云中粒子会产生感应电势 ε，其大小为：

$$\varepsilon=\left|\frac{\mathrm{d}\Phi}{\mathrm{d}t}\right|=\frac{\mathrm{d}(BLx)}{\mathrm{d}t}=BL\frac{\mathrm{d}x}{\mathrm{d}t}=BLV$$

式中，B——雷雨云所在位置的地磁场感应强度(T)；

L——雷雨云中作切割地磁场磁力线的粒子直径(m)；

x——雷雨云中作切割地磁场磁力线的粒子位移距离(m)；

V——雷雨云中作切割地磁场磁力线的粒子位移速度(m/s)；

ε——感应电动势(V)。

在地磁场中，雷雨云中的粒子以速度 V 作切割磁力线运动时，粒子内的自由正负电荷都受到洛伦兹力 F_B 的作用，其大小为：

$$F_B=qVB$$

式中，q——粒子中自由正负电荷的电量(C)；

V——粒子作切割磁力线的位移速度(m/s)；

B——粒子所在位置的地磁感应强度(T)；

F_B——粒子中自由正负电荷所受的洛伦兹力(N)。

洛伦兹力的方向是负电荷受力时，由带电粒子的 a 端指向 b 端，正电荷受力时 b 端指向 a 端，因此带电粒子内的自由正负电荷在 F_B 作用下产生位移，使粒子 a 端产生过剩的正电荷，b 端产生过剩的负电荷。这些过剩的正负电荷在粒子内又产生静电场 E，其方向从粒子的 a 端指向 b 端，这一静电场又使粒子内自由正、负电荷受到一个方向与 F_B 相反的静电力 F_E 作用，其大小为：

$$F_E = qE$$

式中，q——粒子中正或负电荷的电量(C)；

E——粒子内部静电场(V/m)。

因此，雷雨云中粒子在作切割地磁场磁感线运动时，粒子内的每个自由正、负电荷均受到 F_B 和 F_E 的作用(图 2.9)。只有当 F_B 和 F_E 达到动态平衡时，粒子内的每个自由正负电荷定向位移才能停止，这时粒子 a，b 两端形成电势差：

$$V_a - V_b = \varepsilon = BLV = qE \text{ 。}$$

上述分析表明雷雨云中含有自由正负电荷的粒子作切割地磁场磁感线运动是产生粒子 a，b 两端正负极化的物理基础。

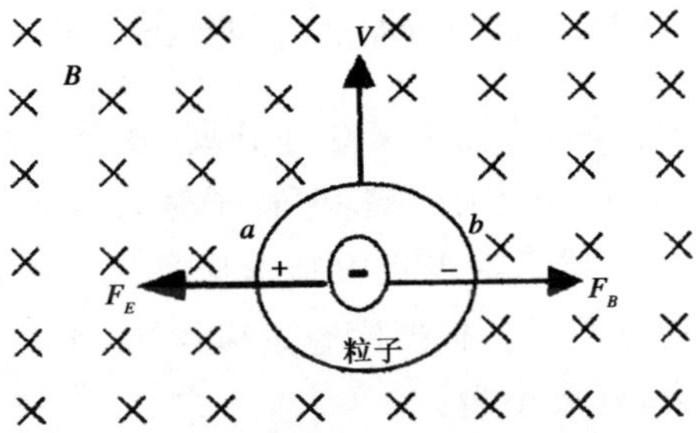

图 2.9 粒子内自由负电荷受力示意图

③地磁场对雷雨云中极化粒子的起电机制

雷雨云中粒子由于处在同一个上升和(或)下沉气流区域内，因此，被地磁场极化粒子的正、负电荷方向都一致。这些极化粒子除了上述 8 种起电机制外，还主要通过极化粒子在地磁场中相互碰撞并弹离，产生粒子所带电荷“雪崩效应”，形成带电量较大的正、负粒子。

在雷雨云成熟阶段，云内极化粒子相互碰撞(碰并)后又弹离的运动非常普遍和猛烈。当两颗极化粒子相碰接触时，极化粒子 A_1 的 b_1 端过剩负电荷在洛伦兹力 F_B 的作用下穿越两粒子的接触面而达到极化粒子 A_2 的 a_2 端，因此两粒子内部的电荷动态平衡被破坏，根据地磁场对雷雨云粒子的极化机制可知，两粒子暂时组成的较大粒子两端将形成新的正负电荷极如图 2.10 所示。

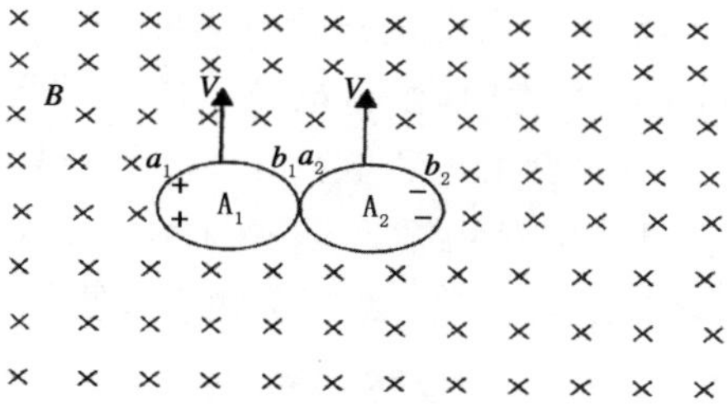

图 2.10　两极化粒子碰撞时的电荷分布示意图

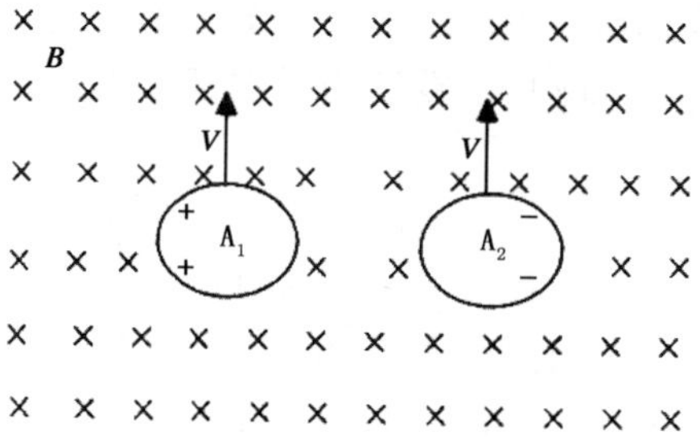

图 2.11　正负带电粒子形成示意图

由于碰撞产生的弹力作用，两粒子又立即分离，在分离过程中，只要两粒子还相互接触，地磁场的洛伦兹力 F_B 就仍然维持两粒子暂时组成的较大粒子的电荷分布，因此当两粒子弹离开时，A_1 粒子带走正电荷形成带正电的粒子(图 2.11)，A_2 粒子带走负电荷形成带负电的负粒子。根据库仑定律得知，弹离开的两粒子的等量正、负电荷将产生相互间的引力，其大小为：

$$f_e = \frac{q^2}{4\pi\varepsilon_0 r^2}$$

式中，q——正负粒子所带的绝对电量(C)；

ε_0——自由空间的介电常数；

r——粒子之间的距离(m)；

f_e——库仑力(N)。

而每个离子在切割地磁场磁力线时，所受的地磁场洛伦兹力 F_B 为：

$$F_B = qVB$$

式中，V——带电粒子作切割磁力线的位移速度(m/s)；

B——带电粒子所在位置的地磁感应强度(T)；

F_B——带电粒子中自由正负电荷所受的洛伦兹力(N)。

当 $F_B > f_e$ 时，

即 $qVB > \frac{q^2}{4\pi\varepsilon_0 r^2}$，

所以 $V > \frac{q}{4\pi B\varepsilon_0 r^2}$。

因此，当上升和(或)下沉气流的垂直速度 $V > \frac{q}{4\pi B\varepsilon_0 r^2}$ 时，A_1、A_2 两极化粒子将在地磁场洛伦兹力作用下向相反方向分离，形成带电粒子 A_1^+，A_2^-。显然 A_1^+，A_2^- 带电粒子与其他的极化粒子 A_3，A_4 碰撞时，根据同样原理，将产生新的带电粒子(图 2.12)A_1^{+++}，A_2^+，A_3^-，A_4^{---}。但此时 A_1^{+++} 带电粒子所带的正电荷将是原来 A_1，A_2，A_3 极化粒子所带的正电荷的总和。A_4^{---} 带电粒子所带的负电荷将是 A_1，A_2，A_4 极化粒子自由负电荷的总和。当带电粒子 A_1^{+++}，A_2^+，A_3^-，A_4^{---} 与其他极化粒子相碰撞时，根据同样原理，将产生更多的净电荷量较大的正负带电粒子。

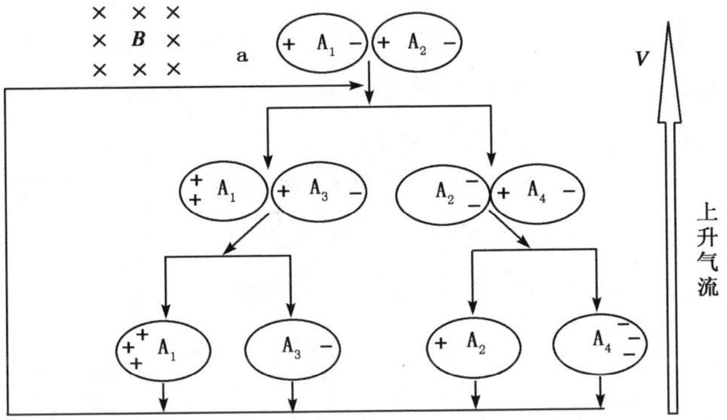

图 2.12 带电粒子电荷雪崩效应原理示意图

上述分析表明，雷雨云中的极化粒子在地磁场中作切割磁感线运动时，极化粒子相互碰撞并弹开，将使极化粒子形成正、负带电粒子，并且这些正、负带电粒子在地磁场洛伦兹力作用下，其所带电荷将迅速增加，使粒子所带电荷产生“雪崩效应”，形成带电量较大的正、负粒子。

④地磁场对雷雨云正、负电荷区形成的作用机制

雷雨云上升和(或)下沉气流中的带电粒子在地磁场洛伦兹力作用下，一端积累过剩的正电荷，另一端积累过剩的负电荷，正、负电荷积累的方向按右手定则判别(图 2.13)。其具体方法是右手拇指与其余四指垂直，使地磁场的磁感线从手心穿入，大拇指代表带电粒子运动方向，则四指所指方向即正电荷粒子积聚方向，而相反方向为负电荷粒子积聚方向。

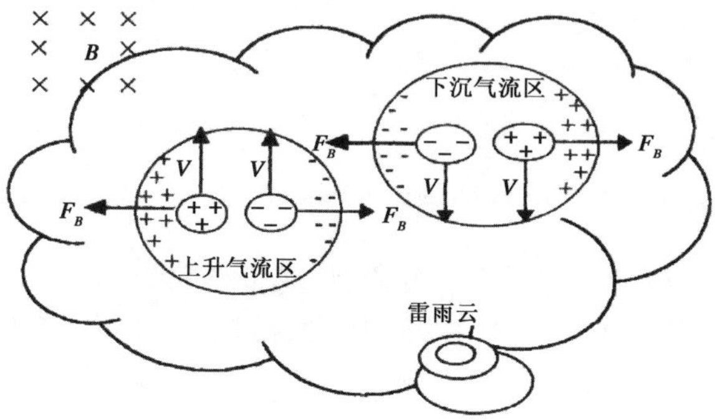

图 2.13　云内带电粒子积聚方向示意图

显然在聚集过程中，每个带电粒子在其聚集方向上受到地磁场洛伦兹力 F_B 和相同电荷相斥的库仑力 f_e 的作用。只有当 $F_B = f_e$ 时，聚集过程两种电荷移动才会达到动态平衡。因此，在雷雨云上升和下沉气流内的带电粒子在地磁场洛伦兹力和带电粒子电荷相互斥力作用下，形成相对稳定的正、负电荷聚集区。当正、负电荷区内的电荷达到一定的临界值即产生雷电。

(2)雷雨云粒子切割地磁场磁感线的起电理论研究的主要结论

①地磁场是雷雨云内上升气流和(或)下沉气流中含有正、负自由电荷粒子的极化、起电以及雷雨云中正、负电荷区形成的物理基础。

②当雷雨云中的上升和(或)下沉气流垂直速度 $V > \frac{q}{4\pi B\epsilon_0 r^2}$ 时，地磁场对雷雨云中起电过程的作用是不能忽略的。

③雷雨云起电的三个必要条件：一是雷雨云中的粒子必须含有自由的正、负电荷；二是雷雨云中的上升和(或)下沉气流垂直速度 $V > \frac{q}{4\pi B\epsilon_0 r^2}$；三是雷雨云中粒子必须作切割地磁场磁感线的运动。

三、雷电的产生

雷电是雷暴天气的产物，而雷暴则是在垂直方向上剧烈发展的积雨云所形成的一种天气现象。雷雨云中正、负电荷中心之间或云中电荷中心与地表之间的放电过程称为雷电。

雷雨云中电荷分布并非均匀的，而是形成许多堆积中心，因而不论是在云中或是在云对地之间，电场强度不是到处一样。当云中电荷密集处的电场达到 25～30 kV/m时，就会由云向地开始先导放电(对于高层建筑，雷电先导可由地表向上发出，称为上行雷)。当先导通道的顶端接近地面时，可诱发迎面先导(通常起自地面的突出部分)，当先导与迎面先导会合时即形成了从云到地面的强烈电离通道，这时出现极大的电流，这就是雷电的主放电阶段，雷鸣和电闪都伴随出现。主放电存在的时间极短，为 50～100 μs，主放电的过程是逆着先导通道发展，速度约为光速的 1/20～1/2，主放电的电流可达几十万安，是全部雷电流中最主要部分。主放电到达云端时就结束了，然后云中的残余电荷经过主放电通道流下来，称为余光阶段。由于云中电阻较大，余光阶段对应的电流不大，约为几百安，持续时间较长，为 0.03～0.15 s。

云中可能同时存在几个电荷中心，所以第一个电荷中心的上述放电完成之后，可能引起第二个、第三个中心向第一个通道放电，因此雷电往往是多重性的，每次放电相隔约为 600～800 μs，放电次数平均为 2～3 次，其雷电形成过程如图 2.14 所示。

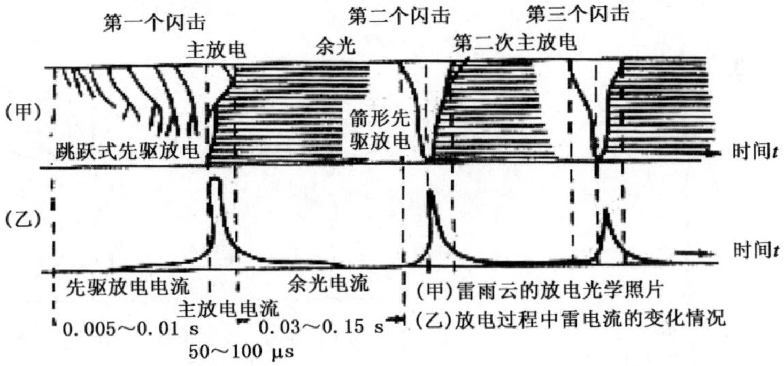

图 2.14 雷电的形成示意图

四、闪电的类型

根据闪电发生的部位、形状、先导传播方向和闪电电流方向可将闪电分成不同的类型。

(一)闪电发生部位分类

1. 云闪

云闪是指不与大地或地物发生接触的闪电，它包括云内闪电、云际闪电、云空闪电三种。

(1)云内闪电是指云内不同符号电荷中心之间的放电过程。

(2)云际闪电是指两云中不同符号电荷中心之间的放电过程。

(3)云空闪电是指云内电荷中心与云外不同符号的大气电荷中心之间的放电过程。

2. 地闪是指云内电荷中心与大地或地物之间的放电过程，因此也称为云地闪电，根据地闪的先导传播方向和闪电电流方向可分为以下四类共六种闪电。

(1)第一类地闪:此类地闪是具有向下先导和向上回击的,云中负电荷中心与大地和地物间的放电过程,具有负闪电电流(图 2.15a)也称为向下负地闪。

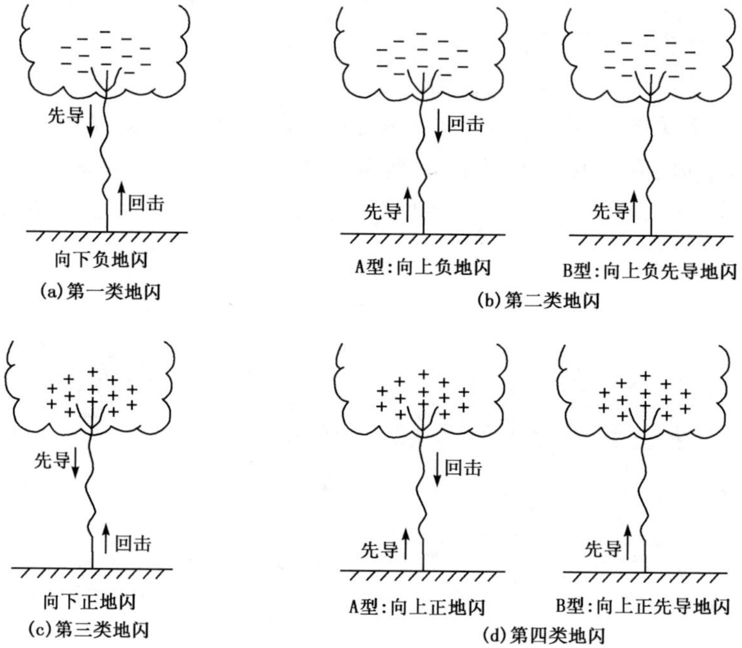

(a)第一类地闪 (b)第二类地闪 (c)第三类地闪 (d)第四类地闪

图 2.15　地闪类型图

(2)第二类地闪:此类地闪是具有向上先导的,云中负电荷中心与大地和地物间的放电过程,具负闪电电流,这类地闪还以有无回击而细分为 A 型和 B 型(图 2.15b)两种。

A 型是具有向上先导和向下回击的放电过程,简称向上负地闪;一般为单闪击地闪。

B 型具有向上先导而无回击,只是在先导后,出现持续时间为几百毫秒,持续电流为几百安的放电过程,简称为向上负先导地闪。

(3)第三类地闪:此类地闪具有向下先导和向上回击,云中正电荷中心与大地和地物间的放电过程,具有正闪电电流(图 2.15c),简称为向下正地闪。

(4)第四类地闪:此类地闪是具有向上先导的,云中正电荷中心与大地和地物之间的放电过程,具有正闪电电流(图 2.15d),这类地闪还以有无回击而细分为 *A* 型和 *B* 型两种。

A 型地闪是具有向上先导和向下回击的放电过程,简称为向上正地闪。一般称为单闪击地闪。

B型地闪是具有向上先导而无回击，只是在先导后，出现持续时间为几百毫秒，持续电流为几百安的放电过程，简称为向上正先导地闪。一般出现在山区和高耸的建筑物附近。

(二)闪电的形状分类

根据闪电的形状，可分为线状闪电、带状闪电、球状闪电和联珠状闪电四类。

1. 线状闪电

线状闪电的形状蜿蜒曲折，具有丰富的分叉，类似树枝状，因此也称为枝状闪电。

2. 带状闪电

带状闪电是指闪电宽度可达十几米的闪电，一般带状闪电的宽度是线状闪电宽度的几百倍，它与大气中的风和大气污染有关。

3. 球状闪电

球状闪电是一个球形的火球类闪电，目前还没一种完善的理论可以解释球形闪电形成机理。

4. 联珠状闪电

联珠状闪电是形状像悬挂在空中一长串珍珠的发光亮斑的一类闪电，因此也称为链状闪电。一般出现在一次线状闪电之后的原闪电放电通道上，其形成机理，目前尚无完善的理论解释。

五、雷电参数

(一)闪电引起地面大气电场

闪电引起地面大气电场 $E(t)$(V·m^{-1})的计算公式：

$$E(t) = E_s(t) + E_i(t) + E_r(t)$$

$$E_s(t) = \frac{1}{4\pi\varepsilon R^3} M(t - \frac{R}{C})$$

$$E_i(t) = \frac{1}{4\pi\varepsilon C R^2} \frac{\mathrm{d}M(t - \frac{R}{C})}{\mathrm{d}t}$$

$$E_r(t) = \frac{1}{4\pi\varepsilon C^2 R} \frac{\mathrm{d}^2 M(t - \frac{R}{C})}{\mathrm{d}t^2}$$

当闪电为地闪时：

$$M(t - \frac{R}{C}) = 2Q_g(t - \frac{R}{C}) H_g$$

当闪电云闪时：

$$M(t - \frac{R}{C}) = 2Q_c(t - \frac{R}{C}) H_c$$

式中，$E_s(t)$ ——大气静电场分量（V・m^{-1}）；

$E_i(t)$ ——大气感应场分量（V・m^{-1}）；

$E_r(t)$ ——大气辐射场分量（V・m^{-1}）；

R——闪电距离（m）；

ε——大气介电常数 8.86×10^{-12} F・m^{-1}；

C——光速（m/s）；

$M(t-\frac{R}{C})$ ——闪电电矩随时间的变化；

$Q_g(t-\frac{R}{C})$ ——地闪所中和的电荷随时间的变化；

H_g ——云中电荷中心距地高度（m）；

$Q_c(t-\frac{R}{C})$ ——云中所中和的电荷随时间的变化；

H_c ——云中正、负电荷中心的垂直距离（m）。

（二）闪电引起地面水平大气磁场

闪电引起地面水平大气磁场 $H(t)$（Q_e：奥斯特）的计算公式：

$$H(t)=H_i(t)+H_r(t)$$

$$H_i(t)=\frac{1}{4\pi\varepsilon CR^2}\frac{\mathrm{d}M(t-\frac{R}{C})}{\mathrm{d}t}$$

$$H_r(t)=\frac{1}{4\pi\varepsilon C^2R}\frac{\mathrm{d}^2M(t-\frac{R}{C})}{\mathrm{d}t^2}$$

式中，$H_i(t)$ ——感应场分量（Q_e）；

$H_r(t)$ ——辐射场分量（Q_e）；

R——闪电距离（m）；

C——光速（m/s）；

ε——大气介电常数 8.86×10^{-12} F・m^{-1}；

$M(t-\frac{R}{C})$ ——闪电电矩随时间的变化。

（三）闪电通道的平均温度

闪电通道的平均温度计算公式：

$$T=\frac{E_i-E_j}{k\ln(\frac{I_{jq}g_iA_{ip}V_{ip}}{I_{ip}g_jA_{jq}V_{jq}})}$$

$$I_{jq}=N_jA_{jq}kV_{jq}$$

$$N_j = N_0 \frac{g_j}{g_0} \exp(-\frac{E_j}{kT})$$

$$V_{jq} = \frac{E_j - E_q}{h}$$

$$I_{ip} = N_i A_{ip} k V_{ip}$$

$$N_i = N_0 \frac{g_p}{g_0} \exp(-\frac{E_i}{kT})$$

$$V_{ip} = \frac{E_i - E_q}{h}$$

式中，E_i，E_j——某类原子位于 i 或 j 能级时的能量；

k——玻尔兹曼常数；

I_{jq}，I_{ip}——原子由较高位 j 或 i 能级向较低的 q 或 p 能级跃迁时所辐射谱线的线强度；

A_{jq}，A_{ip}——原子由 j 或 i 能级向较低的 q 或 p 能级跃迁时概率；

V_{jq}，V_{ip}——原子由 j 或 i 能级向较低的 q 或 p 能级跃迁时所发射的光子的频率；

g_j，g_i——原子 j 或 i 能级的简并度，即原子位于 j 或 i 能级时的量子态数目；

g_0——位于基态的简并度；

N_j，N_i——闪电通道中某类原子位于 j 或 i 能级的原子数密度；

N_0——位于基态的原子数密度；

T——绝对温度；

h——普朗克常数，为 $6.62\times10^{-34}\mathrm{J\cdot s}$。

（四）雷电主放电通道的电容

雷电主放电通道的电容 C_0（$\mathrm{F\cdot m^{-1}}$）计算公式：

$$C_0 = \frac{2\pi\varepsilon_0}{\ln(L/R_r)}$$

式中，ε_0——真空的介电常数为 $8.86\times10^{-12}\mathrm{F\cdot m^{-1}}$；

L——主放电通道的长度（m）；

R_r——主放电通道的电晕半径（m）。

（五）雷电主放电通道的电感

雷电主放电通道的电感 L_0（$\mathrm{H\cdot m^{-1}}$）计算公式：

$$L_0 = \frac{U_0}{2\pi}\ln(\frac{L}{R_0})$$

式中，U_0——空气的导磁系数，取值为 $4\pi\times10^{-7}$；

R_0——主放电电流的高导通道半径（m）。

(六)雷电主放电通道波阻

雷电主放电通道波阻 $Z_0(\Omega)$ 计算公式：

$$Z_0 = \sqrt{L_0/C_0}$$

(七)雷电主放电的放电速度

雷电主放电的放电速度，即波速 $V\,(\mathrm{m\cdot s^{-1}})$计算公式：

$$V = 1/\sqrt{L_0/C_0}$$

一般取波速 V 为光速的 1/20～1/2。

(八)雷电流解析式

雷电流解析式：

$$I = I_0\,\frac{\exp[\alpha t/(T-1)]}{\exp(\alpha-1)}$$

(九)雷电流幅值的概率分布

在不同雷暴日的雷电流幅值的概率分布(P)如下。

1. 雷暴日在 20 日以上地区的表达式为：

$$\lg P = \frac{1}{108}I$$

2. 雷暴日在 20 日以下地区的表达式为：

$$\lg P = \frac{1}{54}I$$

3. 雷电流实测幅值的概率分布：根据我国东北、华东、中南和西南地区 22 个单位共 1205 个实测雷电流幅值，做出如图 2.16 所示的雷电流幅值概率曲线，由图可知，我国的雷电流主要在 100 kA 以下，其概率为 88%，很少出现>250 kA，其出现概率<0.3%。

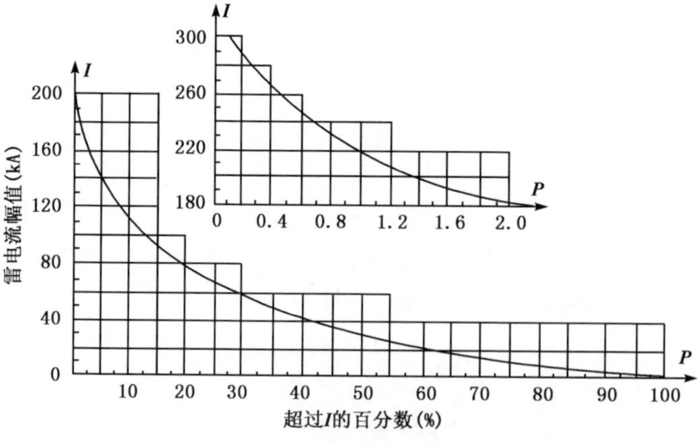

图 2.16　雷电流幅值概率分布图

(十)雷电流的平均上升陡度

雷电流的平均上升陡度 $\frac{di}{dt}$ (kA · μs^{-1})计算公式：

$$\frac{di}{dt} = \frac{1}{2.6}I$$

(十一)落雷密度

落雷密度 r(次 · km^{-2} · d^{-1})计算公式：

$$r = aT^b$$

式中，T 为年平均雷暴日数；a，b 为常数，分别取 0.023 和 0.3；我国一般取 r=0.015。

(十二)雷电参数比较表

雷电参数比较表，见表 2.1：

表 2.1　雷电参数比较表

观测次数	参　量	单位	大于表中数值的次数所占百分比		
			95%	50%	5%
	>2 kA 的幅值(峰值)	kA			
101	第一负闪击和负闪电		14	80	80
135	随后负闪击		4.6	12	30
26	正闪电		4.6	35	250
	电荷	C			
93	第一负闪击		1.1	5.2	24
122	随后负闪击		0.2	1.4	11
94	负闪电		1.3	7.5	40
26	正闪电		20	80	350
	脉冲电荷	C			
90	第一负闪击		1.1	4.5	20
117	随后负闪击		0.22	0.95	4.0
25	正闪电		2.0	16	150
	到达峰值的时间	μs			
89	第一负闪击		1.8	5.5	18
118	随后负闪击		0.22	1.1	4.5
19	正闪电		3.55	22	260
	di/dt 最大值	kA · μs^{-1}			
92	第一负闪击		5.5	12	32
122	随后负闪击		12	40	120
21	正闪电		0.2	2.4	32

续表

观测次数	参量	单位	大于表中数值的次数所占百分比		
			95%	50%	5%
	到达峰值的时间				
90	第一负闪击	μs	30	75	200
115	随后负闪击	μs	0.5	32	140
16	正闪电	μs	25	230	2000
	作用积分				
91	第一负闪击	A′s	6.0×10^{1}	5.5×10^{1}	5.5×10^{5}
88	随后负闪击	A′s	5.5×10^{2}	6.0×10^{3}	5.2×10^{1}
26	正闪电	A′s	2.5×10^{1}	6.5×10^{2}	1.5×10^{1}

注：①本表资料来源于 Berger 等 1975 年的观测；
②本表资料均为向下闪电资料。

六、雷电活动规律

（一）雷电的分布特征

我国全年平均雷电的分布特征是：从温湿度方面来看，热而潮湿的地区比冷而干燥的地区雷电多；从地理纬度来看，低纬度比高纬度的雷电多，赤道附近区域雷电发生最多；从地势来看，南方多于北方，东部多于西部，山区多于平原，平原多于沙漠，内陆多于滨海或江湖地区；从雷电发生时间来看，夏季多于其他季节，是全年雷电活动的高峰期，而每天则是下午和上半夜多于上午和下半夜。

（二）雷击的选择性

雷害事故的历史资料统计和实验研究证明：雷击的地点和建构物遭受雷击的部位是有一定规律的，一般容易遭受雷击的地方有：

（1）平屋面或坡度不大于 1/10 的屋面，檐角、女儿墙、屋檐为易受雷击的部位（图 2.17）。

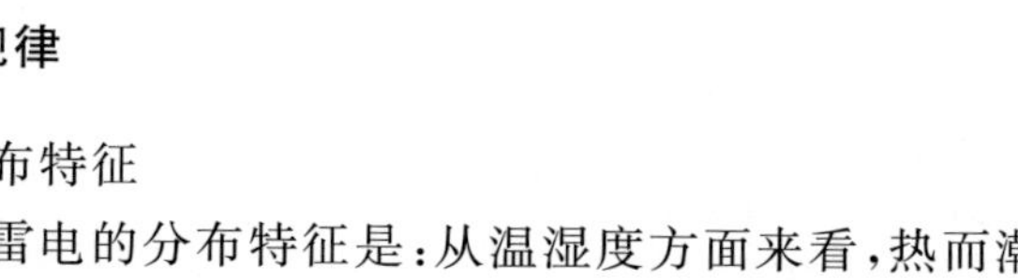

图 2.17　平屋面或坡度不大于 1/10 的屋面的建筑物易受雷击的部位示意图
—— 易受雷击的部位；--------- 不易受雷击的屋脊或屋檐；○ 雷击概率最高部位

（2）坡度大于 1/10 且小于 1/2 的屋面，屋角、屋脊、檐角、屋檐为易受雷击的部位（图 2.18）。

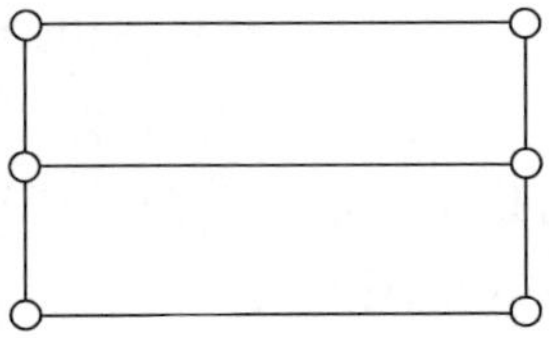

图 2.18 坡度大于 1/10 且小于 1/2 的屋面的建筑物易受雷击的部位示意图
—— 易受雷击的部位；○ 雷击概率最高部位

(3)坡度不小于 1/2 的屋面，屋角、屋脊、檐角为易受雷击的部位(图 2.19)。

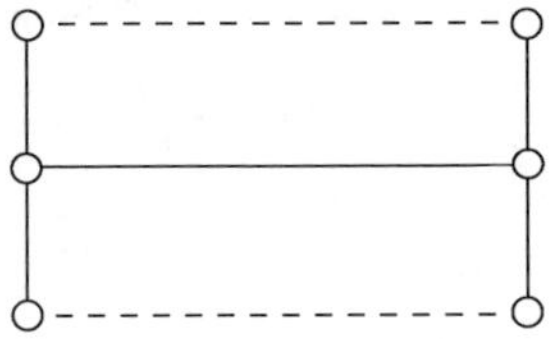

图 2.19 坡度不小于 1/2 的屋面的建筑物易受雷击的部位示意图
—— 易受雷击的部位；--------- 不易受雷击的屋脊或屋檐；○ 雷击概率最高部位

(4)建筑物突出部位，如烟囱、电视天线等。

(5)高耸突出的建构物，如水塔、电视塔等。

(6)排出导电尘埃的厂房和废气管道。

(7)建筑群中特别潮湿和地下水位高的地带，或埋有金属管道或内部有大量金属设备的厂房。

(8)地下有金属矿的地带。

(9)开阔地上的大树，山地的输电线路等。

七、雷电危害的类型及其方式

(一)雷电危害的类型

雷电的危害性主要表现在雷电放电时所产生的各种物理效应，具有很大的破坏力，按其破坏机制可分为电效应、热效应、电磁效应、机械效应，以及作者提出的雷电放电的电弧效应，本节只对目前人们认识到的电效应、热效应、电磁效应、机械效应作简单介绍，而雷电放电的电弧效应是本书重点，将在以后的章节详细论述。

(1)电效应是指在雷电放电时，能产生高达数万伏甚至数十万伏的冲击电压，造成电力系统的发电机、变压器、断路器等电气线路和设备烧毁，引起绝缘击穿而发生短路，导致可燃、易燃、易爆物品燃烧和爆炸现象。

(2)热效应是指雷电击中物体，使其产生很高的温度从而熔化或(和)汽化或(和)燃烧的现象。

(3)电磁效应破坏分为两个方面:一方面是指雷电放电时在附近导体上产生静电感应和电磁感应,使导体产生火花引起火灾或爆炸,或者是由于雷电流引起的跨步电压导致人畜伤亡现象;另一方面是指雷电沿着架空线路或金属管道等侵入室内,危及人身安全或损坏设备,即雷电波入侵现象。

(4)雷电的机械效应是指雷电通过导体时产生冲击性的电动力,这种电动力作用时间极短,远小于导体机械振动周期,导体在它的作用下常常发生炸裂、劈开等现象。

(二)雷电的危害方式

雷电的危害方式按其破坏方式可分为雷电的直击雷危害、雷电的静电感应危害、雷电的电磁感应危害、雷电的电波入侵危害、球雷的危害,以及作者提出的雷电电弧放电的危害。本节只对目前人们认识到的前几种危害作简单介绍,而雷电电弧放电的危害是本书重点,将在以后的章节详细论述。

(1)直击雷危害:指雷电直接击在建筑物和构筑物上,它的高电压和大电流产生的电磁效应、热效应和机械效应会造成许多危害。如使房屋倒塌、烟囱崩毁,引起森林起火,油库、火药库爆炸,造成飞行事故、户外的人畜伤亡等。直击雷几率小但危害极大。

(2)雷电的静电感应危害:指雷雨云闪电时强大的脉冲电流使云中电荷与地面中和,从而引起静电场的强烈变化,导致附近导体上感应出与先导通道符号相反的电荷,雷雨云主放电时,先导通道中的电荷迅速中和,在导体上感应电荷得到释放,如不就近泄入地中,就会产生很高的电位,造成火灾,损坏设备。

(3)雷电的电磁感应危害:雷电流在 50～100 μs 的时间内,从零安变化到几十万安,再由几十万安变化到零安,在其周围空间中产生瞬变的强电磁场,在空间变化电磁场中的物体,不论是导体还是非导体均作切割磁感线运动,产生很高的电磁感应电动势造成危害;同时闪电能辐射出几赫的极低频率到几千兆赫的特高频率,其中以 5～10 kHz 的电磁辐射强度最大。当被保护物距离雷电较近时,主要受静电感应影响,距离雷电较远时,主要受电磁辐射的影响,轻则干扰信号线、天线等无线电通讯,重则损坏仪器设备。

(4)雷电波入侵危害:指雷电击到电源线、信号线、金属管道后,以电波的形式窜入室内,危及人身安全或损坏设备。

(5)球雷危害:球雷(即球状闪电)是一种橙色或红色的类似火焰的发光球体,偶尔也有黄色、蓝色或绿色的。大多数球雷的直径在 10～100 cm,多在强雷暴时空中普通闪电最频繁的时候出现。球雷通常沿水平方向以 1～2 m/s 的速度上下滚动,有时距地面 0.5～1 m,有时升起 2～3 m。它在空中飘游的时间可由几秒到几分钟。球雷常由建筑物的孔洞、烟囱或开着的门窗进入室内,有时也通过不接地的门窗铁丝网进入室内,最常见的是沿大树滚下进入建筑物并伴有“嘶嘶”声。球雷有时自然爆炸，有时遇到金属管线而爆炸。球雷遇到易燃物质（如木材、纸张、衣物、被褥等）则造成燃烧，遇到可爆炸的气体或液体则造成更大的爆炸。有的球雷会无声地消失，但大多数均伴有爆炸声且响声震耳。爆炸后偶尔有硫磺、臭氧等刺鼻的气味。球雷火球可辐射出大量的热能，因此它的烧伤力比破坏力要大。

第二节　雷电火花放电的基本概念

一、雷电火花放电的定义

雷电火花放电是一种不连续性的放电现象。它在放电间隙会出现曲折而有分枝的细丝，并发出强闪光和爆裂声，而且放电的火花通道常常会在没有到达对面电极前就在间隙内的任何地点终止，是一种不稳定的持续放电状态，它只能暂时的存在，具有火花的明显特征。雷电火花放电是自然界可能出现的短时首次雷击、首次以后短时后续雷击、长时间雷击三种方式中（图 2.20），短时首次雷击、首次以后短时后续雷击在空气中形成的雷电放电现象。

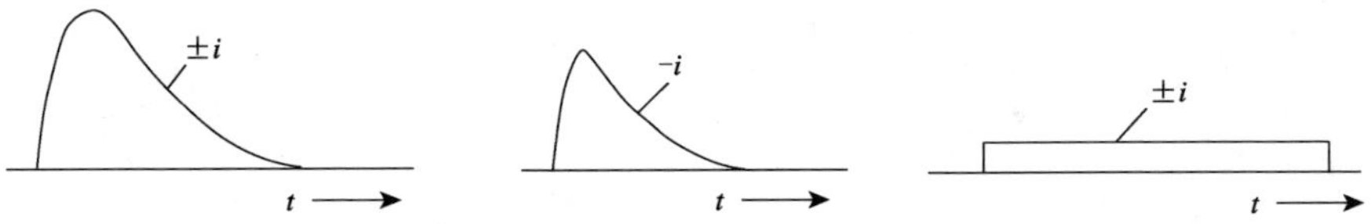

(a) 短时首次雷击波形　(b) 首次以后短时后续雷击波形　(c) 长时间雷击波形

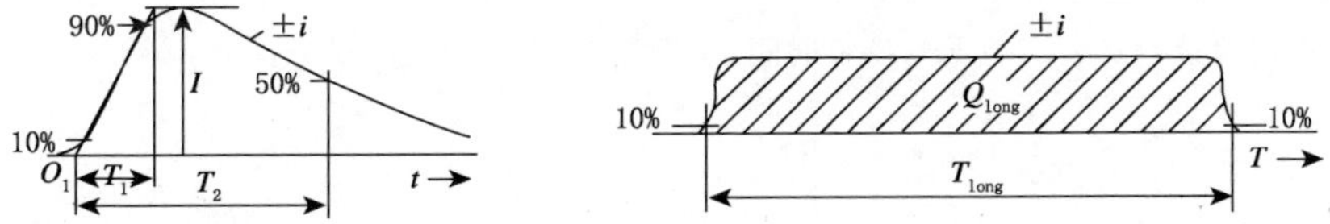

(d) 短时雷击参数定义（典型值 T_2<2 ms）　(e) 长时间雷击参数定义（典型值 2 ms<T_{long}<1 s）

图 2.20　雷击的雷电波形及其雷击参数定义示意图

注：①i—随时间变化的雷电流，I—峰值电流（幅值）；T_1—波头时间，T_2—半值时间；T_{long}—波头及波尾幅值为峰值 10% 的两点之间的时间间隔，Q_{long}—长时间雷击的电荷量。

②短时雷击电流波头的平均陡度 dI/dT—在时间间隔（T_2-T_1）内电流的平均变化率，即用该时间间隔的起点电流与末尾电流之差[$i_{(T_2)}-i_{(T_1)}$]除以（T_2-T_1）。

③短时雷击电流的波头时间 T_1—雷击电流达到 10% 和 90% 幅值电流之间的时间间隔乘以 1.25。

④短时雷击电流的规定原点 O_1—连接雷击电流波头 10% 和 90% 参考点的延长直线与时间横坐标相交的点，它位于电流到达 10% 幅值电流时之前 $0.1T_1$ 处。

⑤短时雷击电流的半值时间 T_2—规定原点 O_1 与电流降至幅值一半之间的时间间隔。

因此，将雷电完整波形中具有短时特征和脉冲特性的 A,B,C,D 分量形成雷击放电现象称为雷电火花放电。一个完整的、标准的雷电试验波形如图 2.21 所示。

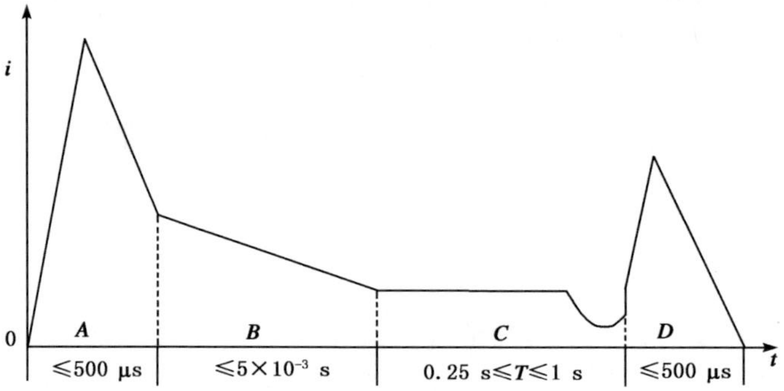

(a)一个完整的雷电试验波形

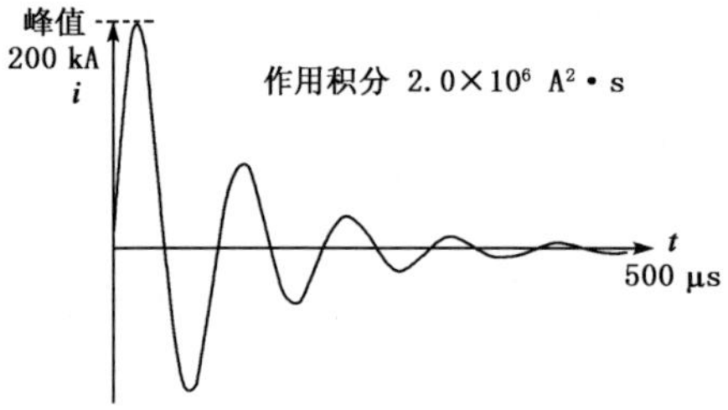

(b)A 分量的试验振荡电流波形

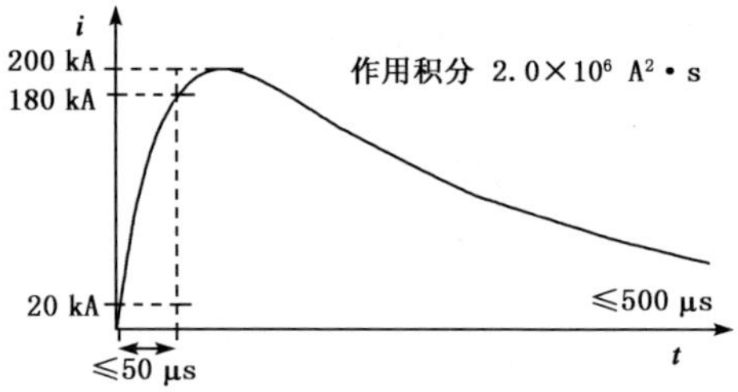

(c)A 分量的试验单向电流波形

初始高峰电流峰值：(200±20) kA；持续时间：小于等于 500 μs；作用积分：$(2\pm0.4)\times10^6$ $A^2\cdot s$

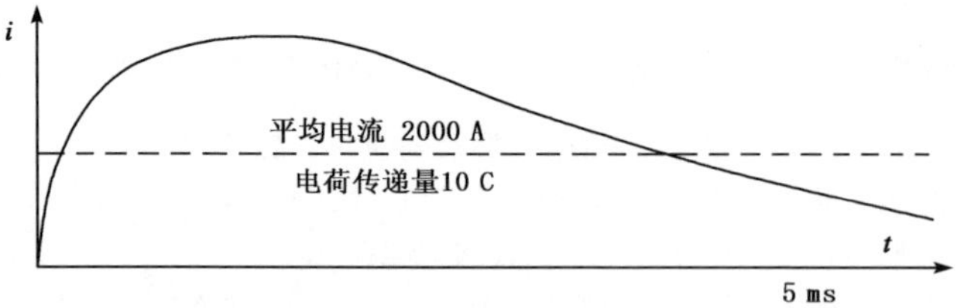

(d)B 分量的试验波形(波形不做规定，但必须是单向)

中间电流其平均幅值：(2±0.2) kA；最大持续时间：5 ms；最大电荷传递量：10 C

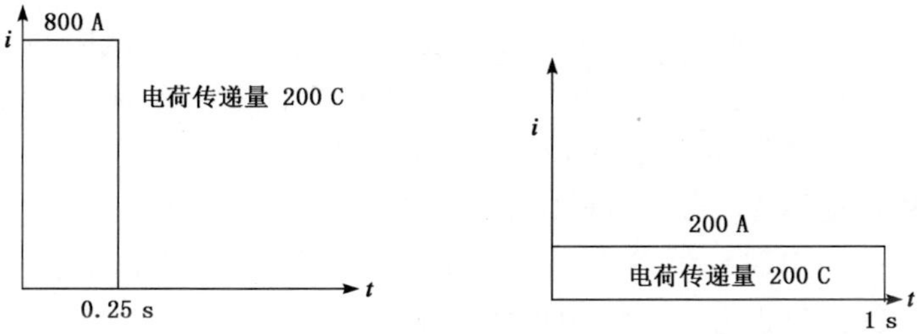

(e)*C* 分量持续时间最短试验波形　(f)*C* 分量持续时间最长试验波形

(波形不做规定,但必须是单向)

持续电流:200～800 A;持续时间:0.25～1 s;传递的电荷量:(200±40) C

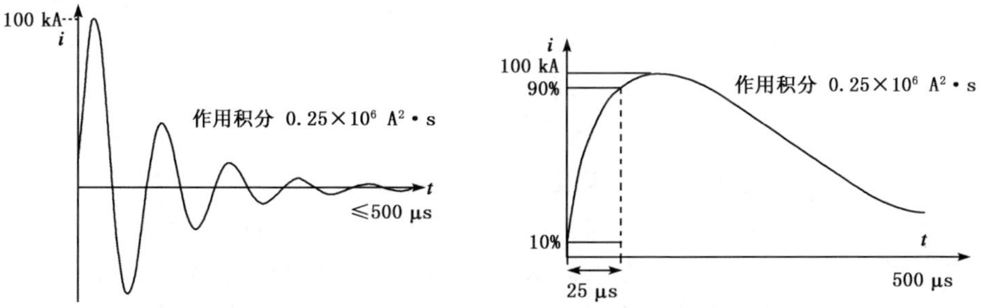

(g)*D* 分量的试验振荡电流波形　(h) *D* 分量的试验单向电流波形

重复放电电流其峰值:(100±10) kA;持续时间:小于等于 500 μs;

作用积分:$(0.25\pm0.05)\times10^6\ A^2\cdot s$

图 2.21 《军用飞机雷电防护鉴定试验方法》(GJB3567)给出的标准雷电流波形

二、雷电火花放电的特征

(一)雷电火花放电的大电流特征

雷电火花放电具有大电流特征,其火花放电通道的电流数量级在 10^3 A 以上,常用 kA 表示电流单位。例如,依据《建筑物防雷设计规范》(GB 50057—2010)推荐的建筑物,其遭受首次正极性雷击的雷电流幅值在 200～100 kA,首次负极性雷击的雷电流幅值在 100～50 kA,首次负极性以后雷击的雷电流幅值在 50～25 kA。

(二)雷电火花放电的高电位特征

雷电火花放电具有高电位特征,其火花放电通道的电流对地面被雷击对象的电位高达 10^3 V 数量级以上,常用 kV 表示电位单位。例如,依据《建筑物防雷设计规范》(GB 50057—2010)推荐的建筑物,其接地装置冲击接地电阻在 10～30 Ω,因此,建筑物遭受首次正极性雷击的雷电高电位幅值在 1000～6000 kV,首次负极性雷击的雷电高电位幅值在 500～3000 kV，首次负极性以后雷击的雷电流幅值在 250～1500 kV；而电气、电子等强电与弱电设施的接地装置工频接地电阻在 1.0～4.0 Ω，依据《建筑物防雷设计规范》(GB 50057—2010)推荐的建筑物的接地装置冲击接地电阻与工频接地电阻的转换系数 A 在 1.0～3.0，即电气、电子等强电与弱电设施的接地装置工频接地电阻在 0.3～4.0 Ω，因此，电气、电子等强电与弱电设施遭受首次正极性雷击的雷电高电位幅值在 30～800 kV，首次负极性雷击的雷电高电位幅值在 15～400 kV，首次负极性以后雷击的雷电流幅值在 7.5～200 kV。

（三）雷电火花放电的短时间特征

雷电火花放电具有短时间特征，其火花放电通道的电流对地面被雷击对象的放电时间在 10^{-3} s 数量级以下，常用 ns 和 μs 表示时间单位。例如，依据《建筑物防雷设计规范》(GB 50057—2010)推荐的建筑物，其遭受首次正极性雷击的雷电放电的波头时间 T_1＝10 μs、半值时间 T_2＝350 μs，首次负极性雷击的雷电放电的波头时间 T_1＝1 μs、半值时间 T_2＝200 μs，首次负极性以后雷击的雷电放电的波头时间 T_1＝0.25 μs、半值时间 T_2＝100 μs。

（四）雷电火花放电的雷击电流波头高陡度特征

雷电火花放电具有雷击电流波头的平均陡度非常高的特征，其火花放电通道的电流对地面被雷击对象的雷击电流波头的平均陡度($\mathrm{d}I/\mathrm{d}T$)非常高，常用 kA/μs 表示其单位。例如，依据《建筑物防雷设计规范》(GB 50057—2010)推荐的建筑物，其遭受首次正极性雷击的雷击电流波头的平均陡度在 10～20 kA/μs，首次负极性雷击的雷击电流波头的平均陡度在 50～100 kA/μs，首次负极性以后雷击的雷击电流波头的平均陡度在 100～200 kA/μs。

（五）雷电火花放电的高脉冲特征

雷电火花放电具有高脉冲特性，一方面在雷电对地面被雷击对象放电的雷电火花放电通道的形成过程中体现雷电先导的脉冲特性，另一方面在雷电对地面被雷击对象放电过程中体现雷电多次闪击的脉冲特性。

1. 雷电先导的脉冲特性

1966 年 Berger、Vogelsanger 等科学家应用闪电照相法对闪电进行研究，图 2.22 给出了地闪的火花放电通道的形成过程微结构图，从图可知，雷电火花放电通道的形成过程具有典型高脉冲特性，一般雷电火花放电通道按照梯级先导（即梯式先导）向上或向下发展，当梯级先导与连接先导会合时，会形成一股明亮的光柱，沿着梯式先导所形成的电离通道形成回击，即产生第一闪击；然后经过几十毫秒的时间间隔又有一条平均长为 50 m 的暗淡光柱，沿着预先电离了的路径通过形成箭式先导，但是箭式先导没有梯式先导的梯级结构，随后箭式先导与连接先导会合，形成一股明亮的光柱，沿着梯式先导所形成的电离通道形成回击，即产生第二闪击，第二闪击的基本特征与第一闪击是相同的，而以后各次闪击的情况与第二闪击的情况基本相同。有关研究表明，雷电火花放电通道梯级先导的梯级步长为 3～200 m，其代表值为 50 m；梯级先导的梯级时间间隔为 30～125 μs，其代表值为 50 μs；梯级先导的平均传播速度为 1.0×10^5～2.6×10^6 m/s，其代表值为 3.0×10^5 m/s；回击的传播速度为 2.0×10^7～2.0×10^8 m/s，其代表值为 5.0×10^7 m/s；箭式先导的传播速度为 1.0×10^6～2.1×10^7 m/s，其代表值为 2.0×10^6 m/s。上述分析表明，雷电火花放电通道形成过程的梯级先导具有典型的高脉冲特性，因此，雷电火花放电通道形成过程也具有典型的高脉冲特性，其高脉冲特性时间为 30～125 μs、其代表值为 50 μs。

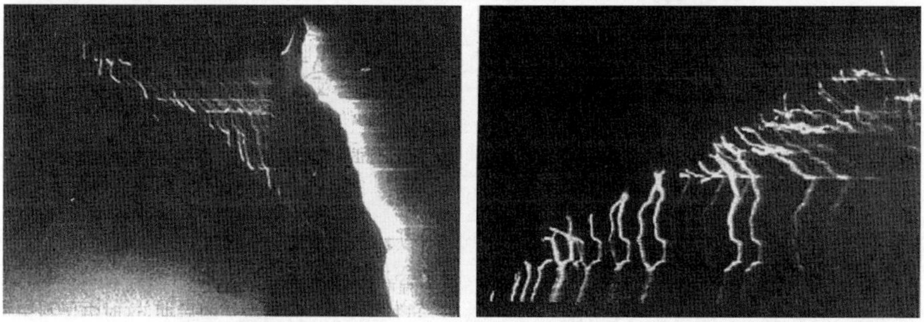

(a)向下负闪电　(b)向上负闪电

图 2.22 地闪的火花放电通道的形成过程微结构图

2. 雷电多次闪击的脉冲特性

应用闪电照相法对闪电进行研究发现，一般一次地闪由 2～4 次闪击构成，个别地闪的闪击数可达 26 次之多，而第一闪击后的各闪击称为随后闪击。当然也有由一次闪击构成的单闪击地闪。图 2.23 给出了一次闪电过程由 12 次闪击组成的多闪击地闪。

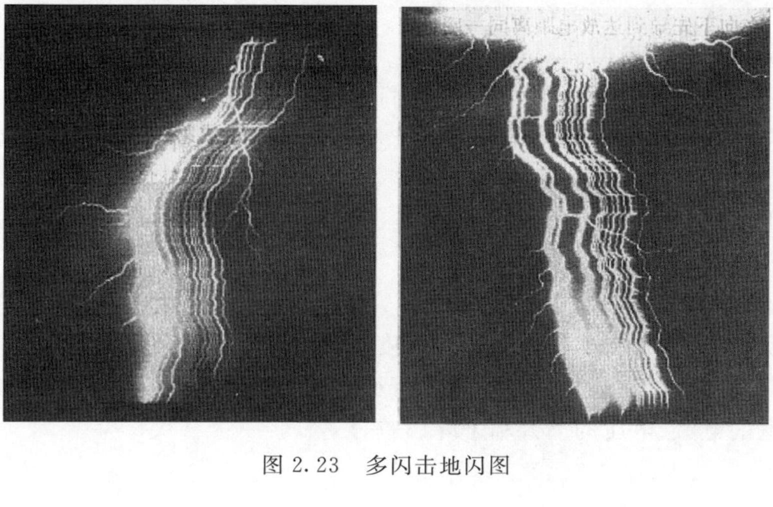

图 2.23　多闪击地闪图

1956年Malan的研究成果表明，常见和典型的闪击时间间隔为30～50 ms，最短时间间隔为15 ms，最长时间间隔为700 ms。另外，1958年Kitagawa和Kobayashi应用大气电场测量了闪击时间间隔（表2.2）。从表可知，闪击时间间隔为32.6～220.7 ms，其平均时间间隔为90.3 ms。而有关研究表明，无连续电流的多次闪击地闪的脉冲特性时间，即闪击时间间隔为3～380 ms，其代表值为40 ms。因此，上述分析表明一般雷电具有多次闪击的脉冲特性。

表2.2 闪击时间间隔表

闪电编号	闪电持续时间(ms)	闪击时间间隔(ms)										
		闪击顺序										
		1	2	3	4	5	6	7	8	9	10	平均
1	1088	48	66	50	66	56	46	175	165	416	—	120.9
2	864	45	19	45	38	36	243	45	49	200	144	86.4
3	1206	31	16	41	67	48	107	41	188	228	439	120.6
4	871	20	72	108	82	105	46	193	67	118	60	87.1
5	605	18	25	37	31	37	41	72	81	77	186	60.5
6	749	28	29	34	35	55	73	84	38	73	300	74.9
7	847	38	47	36	46	116	54	62	139	114	195	84.7
平均值	890	32.6	39.1	50.1	52.1	64.7	87.1	96.0	103.8	175.0	220.7	90.7

（六）雷电火花放电的非连续特征

由于雷电火花放电时，整个雷电火花放电通道上先导波头横截面上放电的等离子体是不均匀的，其电状态是不稳定的，导致雷电火花放电通道具有不连续性和雷电火花放电外观状态的不均匀性和随机性。

（七）雷电火花放电的高温特征

根据雷电火花通道的亮度和对它发出能量的测定表明，火花通道里的气体温度可达$0.8\times10^4\sim3.0\times10^4$ K，其代表值为2×10^4 K，能使雷电火花通道的气体发生热电离；同时，高温导致雷电火花通道中气体发生剧烈膨胀形成的压强也非常高，高压强区域的迅速形成使雷电火花通道中气体的移动是一种爆炸性的现象，因此，伴随着雷电火花放电会发出爆炸声响，即雷鸣声。

（八）雷电火花放电的长间隙特征

有关研究表明，雷电火花放电通道长度为2～14 km，其代表值为5 km，因此，雷电火花放电具有典型的长间隙火花放电特征，其空气击穿只能在微秒级时间内发生，并且受雷电的电流、电压的上升和下降影响显著。

（九）雷电火花放电的多形态特征

有关研究表明，雷电火花放电通道可以从雷云出发向地面发展，也可以从地面出发向雷云发展，其形态具有多样性。

（十）雷电火花放电的高功率特征

雷电火花放电功率是指回击所产生的峰值功率 P，其能量 W 是指整个雷电火花放电过程所释放的电能。因此，雷电火花放电功率取决于回击峰值电流 I_{max} 和闪电通道上端与大地间的电位差 V，雷电火花放电功率的计算公式为

$$P=I_{max}V$$

雷电火花放电过程所释放的能量，取决于地闪电荷 Q_g 和闪电通道上端与大地间的电位差 V，雷电火花放电释放能量的计算公式为

$$W=Q_gV/2$$

由于闪电通道上端与大地间的电位差 V 为 $10^7\sim10^9$ V，若取 $V=10^8$ V，而回击峰值电流取典型值为 $I_{max}=10^4$ A，则可得雷电火花放电功率为 10^{12} W，即 10 亿千瓦。由此可见，地闪功率之大，远远超过世界上任何一个发电厂的功率。

如果全球每秒钟有 50 次负地闪，则全球的闪电功率为

$$P=50\times10^{12}=5\times10^{13}\ \text{W}$$

正地闪电荷转移量远大于负地闪电荷转移量，是负地闪的 10 倍左右，但次数很少，因此，将上面的值增大 50%，则输送到每平方千米地面的功率为

$$P=20\ \text{W/km}^2$$

显然，雷电火花放电功率比太阳辐射功率要小一百万倍。

假如闪电通道上端与大地间的电位差为 $V=10^8$ V，其电荷取典型值 $Q=20$ C，则雷电火花放电释放能量为 10^9(J)$=10^9$(W·s)，而日常生活用电 1 度为 1 kW·h，即为 3.6×10^6 J。因此，雷电火花放电释放能量近似为 300 kW·h，仅可供 30 个 100 W 的灯泡用 100 h。

上述分析表明，雷电火花放电具有高功率特征，但雷电火花放电过程所释放的能量有限。

三、雷电火花放电的物理过程

雷电火花放电的物理过程如图 2.24 所示。从图可知，雷电火花放电的物理过程随时间的演变特征是：形成向下或向上的第一级梯式先导随着时间延长进一步发展，在其发展过程中位移电流同时流入大地，当紧贴先导通道前方的先导头部与连接先导头部会合时，形成传导电流，产生回击现象，导致第一闪击形成；随后箭式先导（也称为直窜先导）产生，回击又产生，导致第二闪击形成；随后又形成各次闪击，而这些闪击一直持续到中和了雷云内原体积中储存的电荷，才停止形成新的闪击。然后，随

着雷云内原体积的电荷形成并储存到一定数量级，又有新的雷电火花放电发生。因此，雷电火花放电的物理过程主要是梯式先导、连接、回击、箭式先导等物理过程。

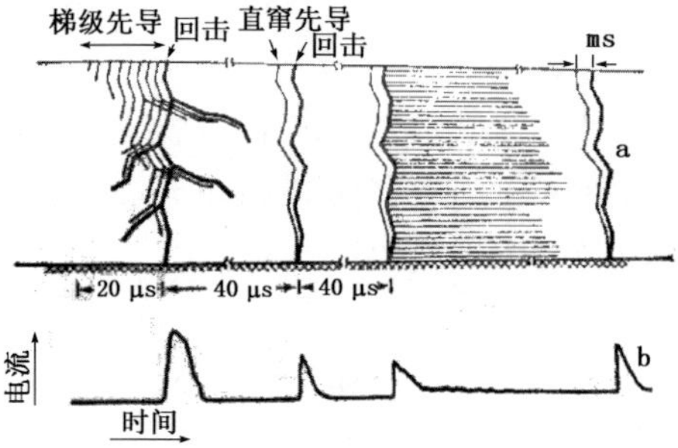

（a）向下闪电及其电流随时间演变

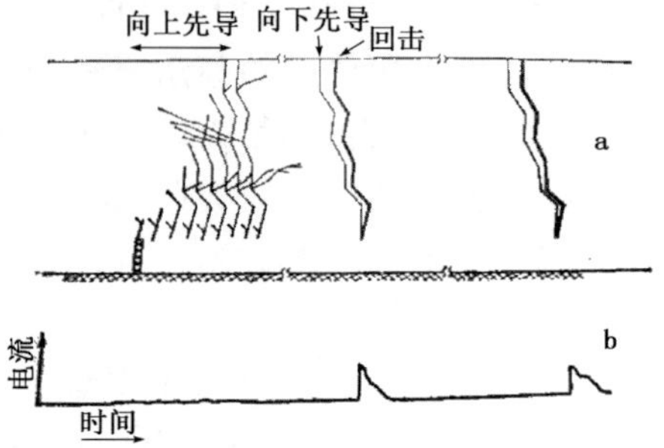

（b）向上闪电及其电流随时间演变

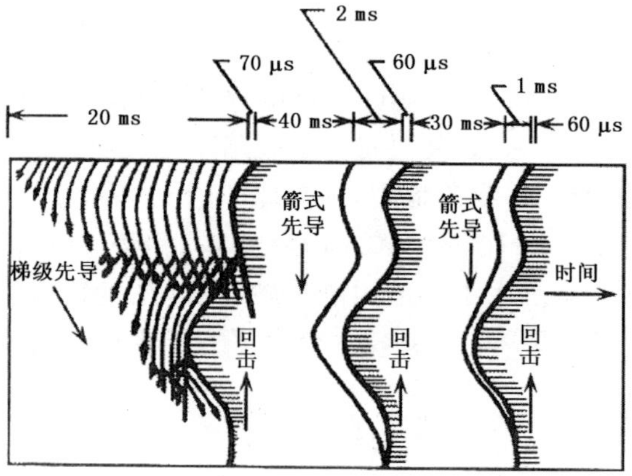

（c）闪电结构 （Uman， 1969）

图 2.24 雷电火花放电的物理过程图

（一）雷电火花放电的梯式先导

1. 闪电的初始击穿

图 2.25 给出了雷雨天气闪电放电过程电荷活动的物理模型。从图 2.25a～b 可知，在雷雨云大气开始击穿的初期，在积雨云下部的负电荷中心与其底部的正电荷中心附近局部地区的大气电场达到 10^4 V/cm 左右时，则该雷雨云大气被初始击穿，负电荷向下中和正电荷，这时从云下部到云底部全部为负电荷区。

(1)闪电初始击穿的时间

1982 年 Beasley 等科学家对闪电初始击穿时间的统计分析表明（表 2.3），闪电初始击穿时间为 0～484 ms，其平均时间为 87 ms。而 1960 年 Kitagawa 和 Brook 等科学家关于闪电最初电场变化的持续时间研究表明，闪电最初电场持续的时间为 10～200 ms ，但主要集中在 30 ms 左右。1957 年 Clarence 和 Malan 等科学家关于

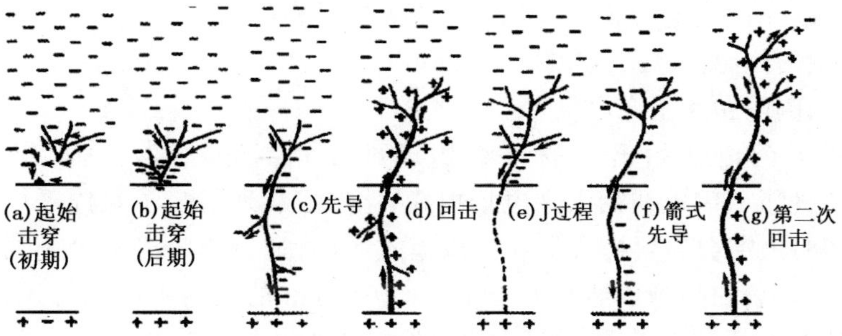

图 2.25　雷雨天气闪电放电过程电荷活动物理过程模型图(Ogawa T,1993)

第一闪击前电场变化的持续时间研究表明,10%持续时间的测量值大于 10 ms,50%持续时间的测量值大于 30 ms,最大持续时间的测量值为 200 ms。

上述分析表明,闪电初始击穿的时间可以从零毫秒到几百毫秒,其典型代表值为几十毫秒。

表 2.3　闪电初始击穿时间统计表

分析事件发生年	样本数量(个)	最短时间(ms)	最长时间(ms)	平均时间(ms)
1976 年	5	18	258	79
1976 年	13	0	373	61
1976 年	4	11	34	24
1976 年	4	0	52	24
1977 年	2	0	90	45
1977 年	26	0	240	61
1977 年	7	123	484	349
1977 年	12	38	254	126
1977 年	6	0	53	12
统计	79	0	484	87

(2)雷云闪电初始击穿的位置

目前,常用的雷云闪电初始击穿位置测量方法是通过测量雷云闪电初始击穿产生的甚高频(VHF)辐射源位置而确定。20 世纪 80 年代初期,Proctor 和 Rustan 等科学家通过测量闪电 VHF 脉冲到达的时间差,确定闪电产生的单个 VHF 脉冲源的位置。例如,在南非一个风暴云中的 19 次云闪和 7 次地闪中,发现闪电产生的初始 VHF 源离地平均高度约为 4.0 km,或海平面之上 5.8 km,所有的闪电开始于地面之上 3～5 km 大气层中,该大气层的温度为－5～－6℃。Rustan 等科学家还发现在佛罗里达州的一次闪电产生的 VHF 初始源是垂直的，在 5.1～7.2 km 高度的大气层中，大气层的气温为 0～－20℃。

(3)雷云闪电初始击穿电场

关于雷云闪电初始击穿的详细物理过程尚不清楚，但 1976 年 Griffiths 和 Phelps 提出的雷云闪电初始击穿电场模式，比较成功地解释了在周围电场很小的情况下直接瞬时击穿会导致梯极先导。该模式表明：通过正流光系统中局地电场的加强，并且局地电场加强趋势能在大于 1.5×10^5 V/m 的电场中向上传播；这些正的电晕电流是从电场达到 2.5×10^5 V/m 处的水凝结物的电晕开始的。电流向上通过 100 m 的闪电通道，并在 2～10 ms 的时间内加强最低点的电场。表 2.4 给出了科学家利用火箭、气球、飞机等测量手段对雷暴电场的测量结果。

表 2.4 雷暴电场的测量

研究者	典型值(V/m)	测量到的最大值(V/m)	测量工具
Winn et al. (1974)	5×10^4～8×10^4	2×10^5	火箭
Winn et al. (1981)	—	1.4×10^5	气球
Kasemir and Peking(1978)	1×10^5	2.8×10^5	飞机
Imyanitov et al. (1972)	1×10^5	2.5×10^5	飞机
Evans(1969)	—	2×10^5	—
Fitzgerald(1976)	2×10^5～4×10^5	8×10^5	飞机

从表可知，雷云闪电初始击穿电场的典型值在 5×10^4～4×10^5 V/m。许多研究还表明，在初始击穿结束或梯级先导开始时，常常能观测到闪电放电发出的频率从 VLF(甚低频)到 VHF 范围的一系列相对比较大的双极脉冲。例如，1979 年 Weidman 和 Krider 详细描述了这种脉冲波形(图 2.26)，图中脉冲波形是以 30～50 km 处的脉冲为例子，以慢(20 μs/div) 和快(4 μs/div)两种时间刻度表示的，其极化波形由向下负电荷和向上正电荷组成。初始极化与地闪闪击电场的变化相同，随后整个形状具有 10 μs 的双极上升到峰值，其间叠加有 2 μs 或 3 μs 宽的脉冲，接着是负半周，整个持续时间为 50 μs；当振幅接近回击时，具有由间隔为 100 μs 的若干脉冲组成的特征序列。

(4)雷云闪电初始击穿形成机制

积雨云中的强电场区相对于 0℃层的位置确定了云中放电位置。若云中的强电场区位于 0℃层以上，则在 0℃层以上区域有大量固态水成物(即冰晶)，图 2.27a～d 表示云中的固态粒子具有突出的棱角，当大气电场达到 10^4 V/cm 时，在冰晶棱角处将形成强电场，产生电晕放电；若云中的强电场区位于 0℃层附近，在该区域存在丰富的大云滴(图 2.27e)，大云滴在电场的作用下向两端伸长而破碎，云滴在伸长的两

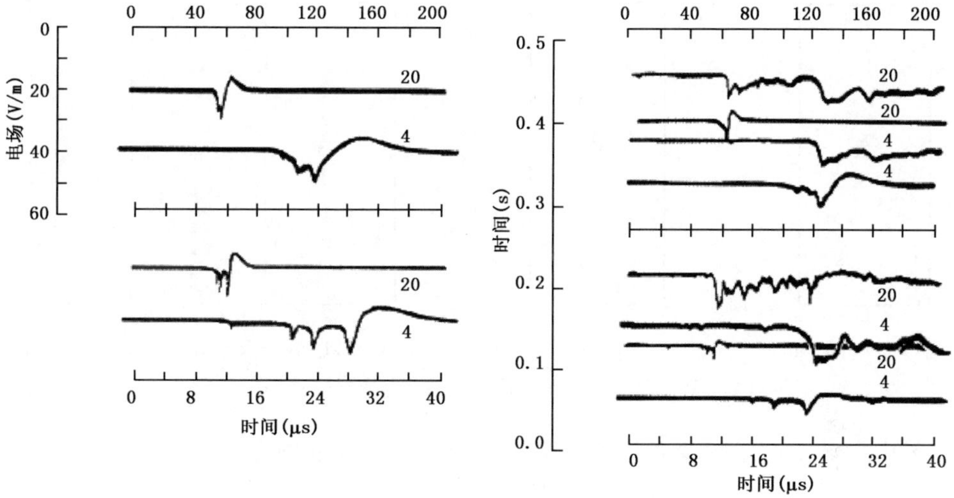

图 2.26 初始击穿结束或梯先导开始时 30～50 km 距离处闪电放电发出的大双极化电场（Weidman and Krider,1979）

端也会形成强电场，产生电晕放电。在云中局部强电场区，特别是云体下负电荷中心与其下方的弱正电荷中心之间的强电场区都会导致云中大气击穿放电，形成流光，并向电场较弱的区域发展，最后由云中向大地发展成地闪。图 2.28 给出了不同电场条件下云滴的不同变形状态，从图可知，随着电场增大，云滴的变形越显著。

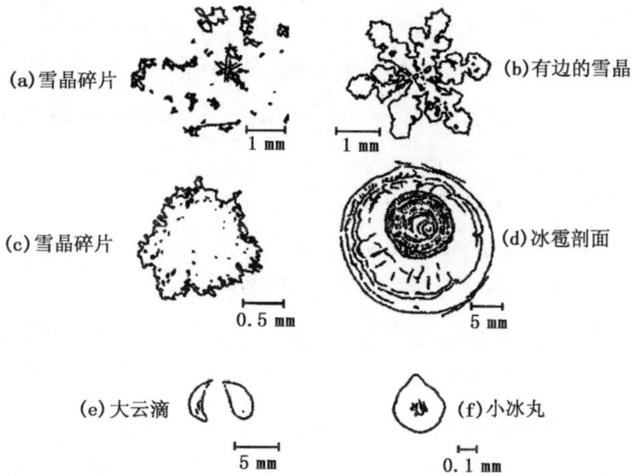

图 2.27 降水粒子类型示意图（Magono,1980）

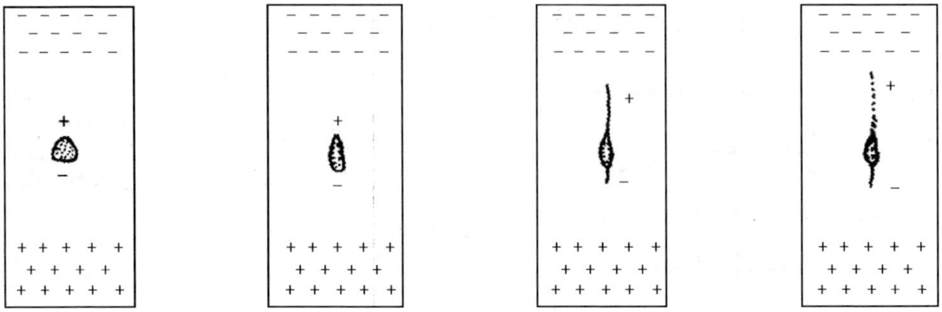

(a)小于 500 kV/m　(b)大于 500 kV/m,小于 1000 kV/m　(c)接近 1000 kV/m　(d)大于 1000 kV/m

图 2.28　不同电场条件下云滴的变形状态(Malan,1963)

云中大云滴产生畸变并导致电晕放电的临界大气电场为

$$E_c = 3875r^{0.5}$$

式中,r——云滴半径(cm);

E_c——临界大气电场(V · cm^{-1})。

2. 梯式先导过程

随大气电场进一步加强,进入起始击穿的后期,这时电子与空气分子发生碰撞,产生轻度电离而形成负电荷向下发展的流光,这些流光表现为一条暗淡的光柱像梯级一样逐级伸向地面,其具体伸向地面方式如图 2.25c 所示,即梯式先导,也常常称为梯级先导。在每一梯级先导的顶端发出较亮的光。梯级先导在大气体电荷随机分布的大气中蜿蜒曲折地行进,并产生许多向下发展的分枝。梯级先导的平均传播速度为 3.0×10^5 m/s 左右,其变化范围为 $1.0\times10^5\sim2.6\times10^6$ m/s,梯级先导由若干个单级先导组成,而单个梯级的传播速度则快得多,一般为 5×10^7 m/s,单个梯级的长度平均为 50 m 左右,其变化范围为 30～120 m。梯式先导通道的直径较大,变化范围为 1～10 m。

(1)梯级先导的类型及其特征

1938 年 Schonland 等科学家的研究表明,梯级先导可分为 α 型梯式先导和 β 型梯式先导两类。α 型梯式先导具有平均传播速度较低(约为 10^5 m/s),但比较稳定的特征;其单个梯级具有长度较短、亮度较暗淡,但也比较稳定的特征。β 型梯式先导平均传播速度较高,开始可达 $8\times10^6\sim2.4\times10^7$ m/s,然后逐渐下降,至接近地面时,其传播速度才约为 10^5 m/s;同时,其先导的上部有丰富的分枝;单个梯级的长度较长,也较为明亮,但在发展过程中其长度逐渐变短,亮度也减弱。表 2.5 给出了 α 型梯式先导和 β 型梯式先导向下速度表。

表 2.5 α 型梯式先导和 β 型梯式先导向下速度

速度（$\times 10^5$ m/s）	α 型梯式先导数	β 型梯式先导数
0.8～2.0	27	
2.0～3.0	9	
3.0～4.0	13	
4.0～5.0	4	
5.0～6.0	3	1
6.0～7.0	2	1
7.0～8.0	2	1
8.0～9.0		3
9.0～10.0		2
10.0～11.0		2
11.0～12.0		2
12.0～13.0		1
17.0～18.0		1
20.0～21.0		1
23.0～24.0		1
25.0～26.0		1

(2)梯级先导的长度和时间

1956 年 Schonland 根据测量结果表明，α 型梯式先导梯级长度范围在 10～200 m，步级间的脉冲时间在 37～124 μs 之后，紧接着是相应脉冲时间的长梯级步长。1966 年 Vogelsanger 得出对于梯级步长为 3～50 m 的脉冲时间为 29～52 μs。1957 年 Kitagawa 从电场观测记录发现，离地远的平均脉冲时间为 50μs 梯级步长，而当梯式先导接近地面时，梯级平均时间减小为 13 μs。另外，Krider，Rada，Cooray 和 Lundquist 等科学家的研究表明，由梯式先导产生的电场脉冲时间平均值为 15 μs，范围为 5～20 μs。图 2.29 显示了相距 20～100 km 佛罗里达四次回击前梯级先导的电场脉冲，图中同一种闪电放电电场波以慢(40 μs/div)和快(8 μs/div)两种方式显示。

当先导接近地面时，电场增强而形成击穿，这时所对应的放电距离可通过棒与棒之间实验测量得出，实验给出平均临界电场强度 E 约为 500 kV/m，如果先导顶端的电位 V 已知，则放电距离 S 为：

$$S = V/E$$

(3)梯级先导的电场脉冲和梯级

有关研究表明，在回击之前的梯级先导在几百毫秒时间内产生 5～20 μs 的电场

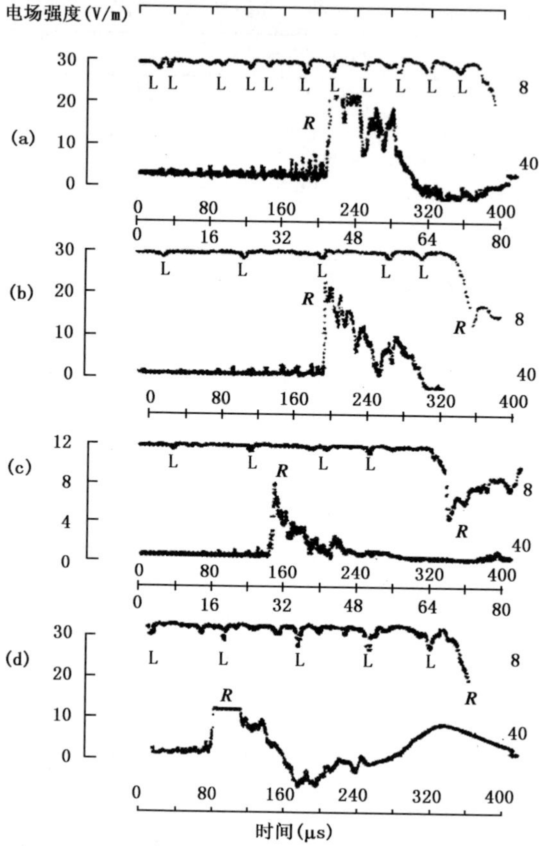

图 2.29　佛罗里达四个闪电放电电场波(Krider et al. ,1977)

脉冲,产生电场脉冲的时间宽度平均为 15 μs;当先导与先导分枝一起到达地面时,电场脉冲时间比只有先导而无先导分枝的先导梯级时间要短。另外,从图 2.29 可看到,梯级先导最后一个脉冲通常是比较大的,平均约为随后回击峰值的 1/10,与回击峰值密切相关;并且梯级先导电场脉冲出现于回击之前几百毫秒内,是单极的,与大的双极化脉冲有较大的差异,它发生于梯级先导开始到回击之前 10～20 ms 的时间范围内,但是大的双极化脉冲、梯级先导脉冲和回击电场的改变随负电荷向下移动时都具有同样的初始极性。上述分析表明,梯级与电场脉冲具有相关性。

(4)梯级先导的电流

1963 年 Williams 和 Brook 对两个梯级先导的远距离测量表明:平均的梯级先导的电流为 50～63 A。1985 年 Thomson 对 62 个梯级先导由电场测量推导得到近地面平均电流为 1.3 kA,其范围在 100～5000 A。1981 年 Krehbiel 对 7 个梯级先导,应用多站电场测量推导得到毫秒间隔的平均电流为 1.3 kA,其范围在 200～3300 A。

(5)梯级先导的电场

梯级先导电场的时间尺度是毫秒级,有关研究表明,梯级为先导电场的持续时间变化范围比较大,可以由几毫秒变化到几百毫秒(表 2.6)。图 2.30 为佛罗里达 9 个风暴、80 个梯级先导总电场变化相对距离的关系图,从图可知,梯级先导在近距离处电场变化是负的,距离愈近,负变化愈大,而在远距离处电场的变化是正的。

表 2.6 梯级先导电场的持续时间变化表

来源	闪电数	距离范围(km)	持续时间(ms)	
			最小	最大
Schonland et al. (1938a)	69	0～24	0～3	66
Pierce(1995)	340	40～100	0～20	525～550
Clarence and Malan(1957)	234	0～80	6	442
Kitagawa(1957)	41	0～15	8	89
Kitagawa and Brook(1960)	290	—	0～10	210
Thomson(1980)	53	6～40	4	36
Beasley et al. (1982)	79	0～20	2.8	120

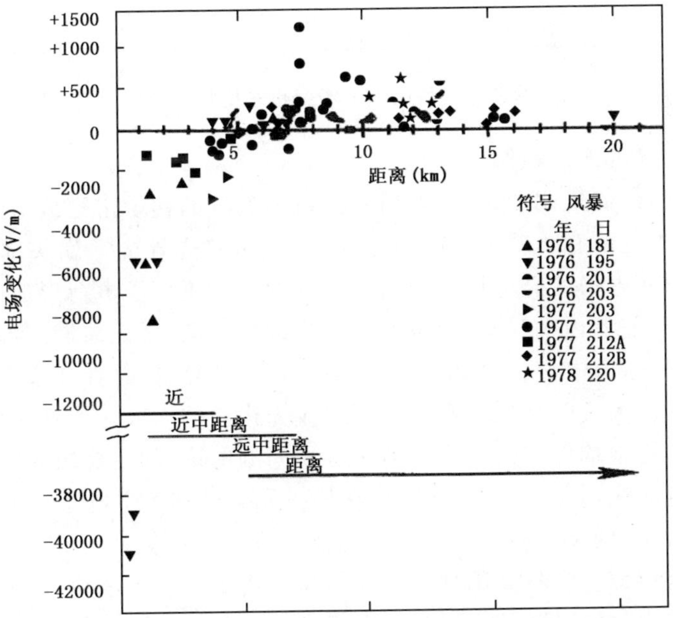

图 2.30 梯级先导电场变化相对距离的关系图(Beasley et al.,1982)

图 2.31 给出了观测到的先导与回击电场变化之比相对距离的关系图，图中实线是 5 km 和 10 km 高度的先导电荷均匀分布条件下由模式计算而得到的曲线。从图中可知，在近距离处梯级先导电场改变小于回击电场的改变。

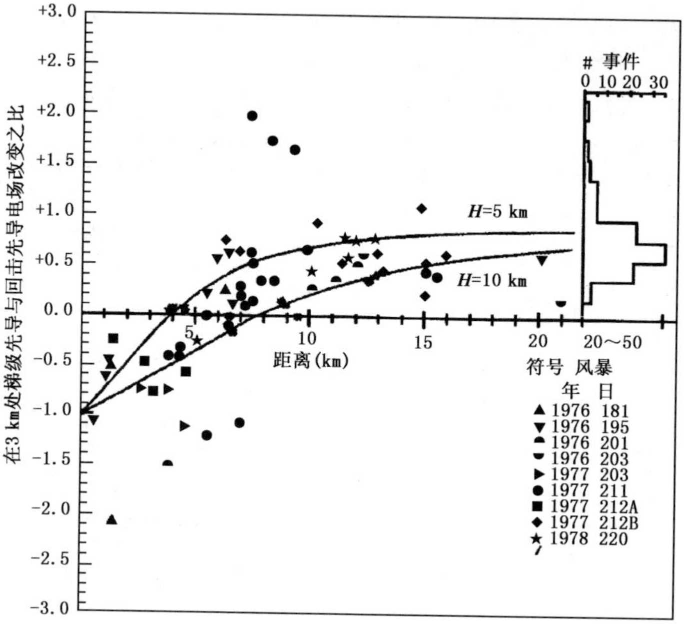

图 2.31　梯级先导与回击电场变化之比相对距离的关系图

(6)梯级先导的形成机制

梯级先导的形成机制如图 2.32 所示。雷云大气的初始击穿放电形成流光，导致在梯级先导形成之前有一看不见的引路先导，在引路先导的雪崩头部电子受到两个电场的作用，即两电极的静电场以及雪崩头部的后方正离子电荷形成的电场的作用。若后一电场大于前者，它们的合成电场为零或改变方向，于是雪崩头部的电子会退缩回正电荷形成的通道中，使局部电场崩溃并产生强烈复合，并在各个方向上产生很强的光电离，故雷云大气的初始击穿放电形成流光构成的梯级先导具有高度电离特征。所以，在梯级先导顶端有与云中负电荷中心相同的电位，即在梯级先导顶端前形成很强的电场，当电场达到 6×10^4 V/cm 时，在梯级先导前端产生电子雪崩，形成热电离，并以大约 10^7 cm/s 的速度向下发展形成引路先导。当引路先导向下传播时，由于引路先导的电场随距离减弱，又因梯级先导顶端聚集了大量正电荷，使梯式先导通道顶端处的电场大为减弱，局部甚至出现反向电场，这时引路先导便停止发展，而梯级先导局部电子会退缩回梯式先导的正电荷区，产生强烈的复合，形成很强的光电离，这时出现由辉光向弧光条件突变。梯级先导负流光便以大约 10^9 cm/s 的高速沿引路先导形成的通道向前发展，从而完成一次梯级过程。此时先导顶端又具有云中负电荷的电位，并在先导顶端重新形成大于 6×10^4 V/cm 的强电场，于是又形成引路先导，并向前发展一有限距离。随之导致梯级先导再向前伸展一梯级，直至地面附近。先导与大地间形成的强电场，将导致从地面发展向上正流光形成连接先导，连接先导与梯式先导会合，从而使梯式先导通道与大地相接。梯式先导中有部分终止于大气，形成梯式先导分枝。梯式先导主通道和分枝中贮存了大量负电荷。

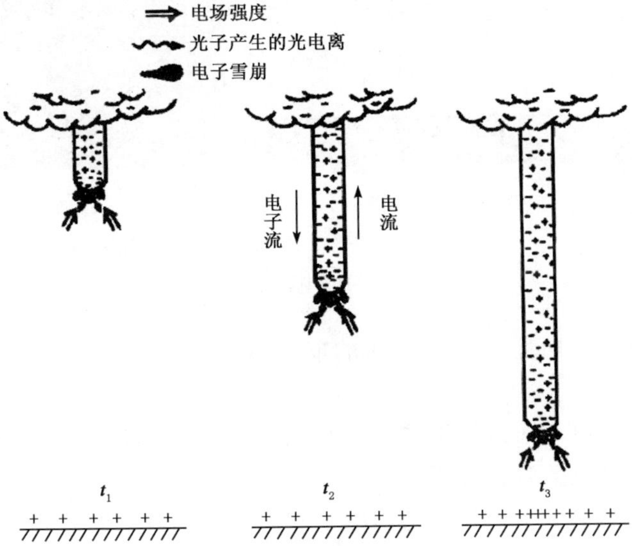

图 2.32　梯级先导流光机制示意图

3. 电离通道过程

(1)电离通道

梯级先导向下发展的过程是一电离过程，在电离过程中生成正、负离子“对”，其正离子被由云中向下输送的负电荷不断中和，从而形成一充满负电荷为主的通道，称为电离通道，也称为闪电通道。图 2.33 给出了人工模拟闪电电离通道和人工观测到的闪电电离通道结构示意图，从图可知，闪电电离通道由主通道、失光通道和分叉通道组成。显然，在闪电放电过程中，主通道起着决定性的作用。

(2)电离通道的形成机制

先导中从电子雪崩转化为电弧状态形成电离通道的物理过程主要有以下几个方面：一是先导顶端的电离，即产生新电子和正离子；二是位于负阵面后的正电荷通道，使电子向后收缩；三是新产生的电子附着在气体分子上，形成负离子；四是负阵面后的收缩空间中，电子和正离子复合；五是电子和离子向外径扩散形成电离通道物理形

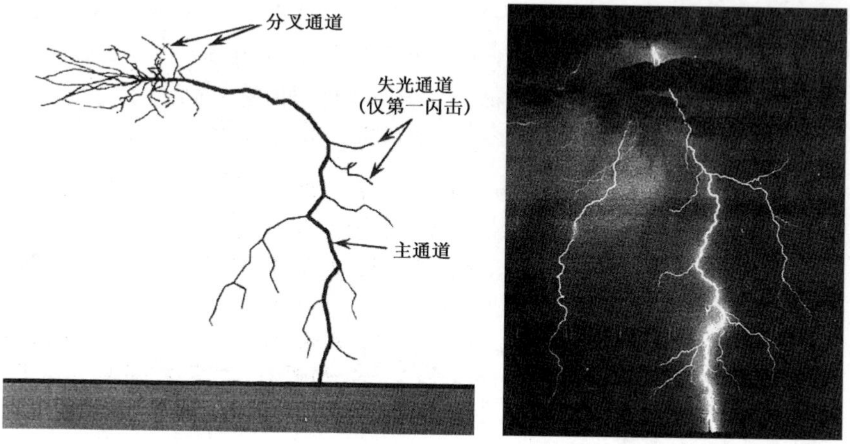

(a)人工模拟闪电电离通道　　(b)人工观测闪电电离通道 (Salanave,1980)

图 2.33　闪电电离通道结构图

态；六是电子、离子和中性气体分子间的能量传递；七是电子导电至电弧导电(热电离)的转化。

下面重点讨论电离通道的扩展半径与通道内电子、离子扩散关系的计算公式和电子导电至电弧导电的转化方程。

①电离通道的扩展半径与通道内电子和离子扩散关系的计算公式

电离通道内电子和离子向外径方向扩散与时间的关系为

$$P^2=4Dt$$

$$D=\lambda v/3$$

式中，P——电离通道的扩展半径；

D——扩散系数；

λ——离子或电子的自由程；

v——离子或电子的平均速度；

t——先导电弧开始起算的时间。

对于标准气体密度为 N_2 离子，可采用下列值：

$\lambda_i=8\times10^{-5}$ cm，$v_i=500$ m/s；所以 $D_i\approx1.33$ cm/s，故 $P_i^2\approx4\times1.33\ t_i$。

因此，对于梯级先导的时间 $t_i=50$ μs，则得 $2P_i=0.32$ mm；对于闪电持续时间 $t_i=0.5$ s，则得 $2P_i=3.2$ cm。

对于标准气体为自由电子时，可采用下列值：

$\lambda_e=4\sqrt{2}\lambda_i$，$v_e=(\lambda_e/\lambda_i)^{0.5}\times(m_i/m_e)^{0.5}\times v_i=380v_i$，所以 $D_e=716\lambda_i$，$v_i=2866$ cm/s，

故 $P_e^2=4\times2866t_e$。

因此，对于梯级先导的时间 $t_e=50\ \mu s$，则得 $2P_e=1.5$ cm；对于闪电前沿时间 $t_e=5\ \mu s$，则得 $2P_e=4.8$ mm。

②电离通道内电子导电至电弧导电的转化方程

电离通道内电晕放电转化为闪电先导时包含了一系列的物理效应及其相互作用，非常复杂。但是，电晕放电转化为闪电先导又是闪电形成的重要环节，因此，科学家们对此进行了一系列研究。Toepler 于 1917 年和 1925 年先后研究了电晕至电弧转化，提出了托普莱(Toepler)第一定律和第二定律，为电离通道内电晕至电弧转化的闪电先导形成研究奠定了理论基础。

a. 托普莱第一定律

托普莱第一定律是假设电晕丝(Corona filament)，即流光的瞬变电阻反比于脉冲电荷，因此有

$$R_w=kL/Q$$

式中，R_w——电晕丝的电阻(Ω)；

k——托普莱常数，一般取值范围为 $3\times10^4\sim8\times10^4$，其典型值为 5×10^4；

L——电晕丝的长度(cm)；

Q——火花形成的脉冲电荷(C)。

从该公式可知，电离通道内的电阻具有显著的瞬变特征，因此，其通道内的电压随时间可从无穷大变化到零。

b. 托普莱第二定律

托普莱第二定律表示正辉光特性和负电弧特性之间的转换。Toepler 给出了在均匀电场中间隔距离为 a(cm)，击穿电压 $V_F=E_F\times a$ 时的转化时间 T_F(即击穿时间)的计算公式为

$$T_F=2\pi ka/V_F=2\pi k/E_F=2\pi/a$$

$$a=E_F/R$$

在非均匀电场时，先导顶部前方和先导通道四周的电晕丝电流必定流过其电容。

托普莱第二定律的意义在于：当大量 1 静电单位的临界电荷通过电晕丝时，沿电晕丝的电压就迅速下降。临界时间 t_C 的近似计算公式为

$$1\text{ 静电单位}=\frac{1}{3}\times10^9\ \text{C}=20\ \text{mA}\times t_C$$

于是，$t_C=1/60\ \mu s$。

4. 连接先导

当具有负电位的梯级先导到达地面附近，离地 5～50 m 时，可形成很强的地面大气电场，使地面的正电荷向上运动，并产生从地面向上发展的正流光，形成连接先

导，其形成机理与梯级先导基本相同。梯级先导与连接先导的会合点称为连接点。连接先导大多发生于地面凸起物处，如地球上的土墩、树木、铁塔或飞行中的飞机等。闪电防护的重要参数"闪击距离"就与连接先导密切相关，"闪击距离"是指先导向下运动的顶端与闪击目标间的距离，即与目标物直接相连的距离。Golde 于 1977 年得到的闪击距离与电流的关系为

$$d_s = 10 \times I^{0.65}$$

式中，d_s——闪击距离(m)；

I——闪击电流(kA)。

从公式可知，随着雷电峰值电流的增加，雷电闪击距离也随着增加(图 2.34)，反之亦然。

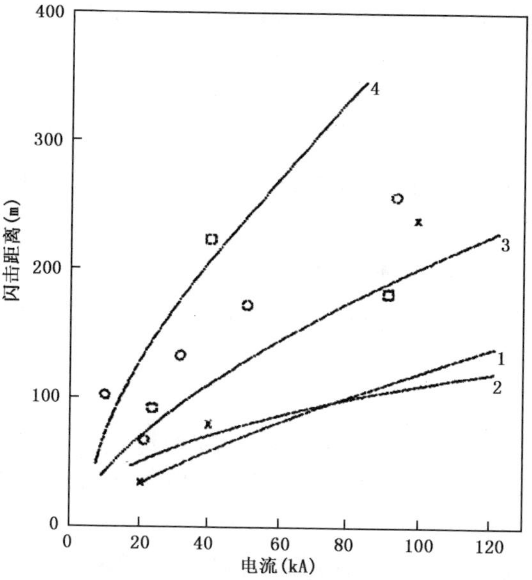

图 2.34　闪击距离与回击峰值电流关系图(Golde，1977)

另外，从闪击时连接先导照片(图 2.35)可知，向下负先导在 A 点与向上流光会合，A 点离塔的水平距离为 40 m，图中先导与塔顶之间的连接是来自分支点 B 点的塔处，向上进行正放电的上行连接先导。一般塔上电流形成的连接先导顶部在几微秒内向上升到几千米高度处，在随后几微秒中上升达到十几千米。1982 年 Orville 和 Idone 从带条纹的照相机获得的连接先导照片，推导得到三次放电的连接先导长度分别为 20 m、20 m 和 30 m。

(二)雷电火花放电的回击

从图 2.25d 可知，当梯级先导与连接先导会合，会形成一股明亮的光柱，沿着梯

图 2.35 连接先导照片(Berger,1977)

式先导所形成的电离通道由地面高速冲向云中,这称为回击。回击起始于连接点,其显著特征是梯级先导与连接先导中的电流剧增,并且回击比先导亮得多,回击的传播速度也比梯式先导的速度快得多,平均为 5×10^{7} m/s,变化范围为 $2.0\times10^{7}\sim2.0\times10^{8}$ m/s。回击通道的直径平均为几厘米,其变化范围为 0.1～23 cm。回击具有较强的放电电流,峰值电流强度可达 10^{4} A 量级,因而发出耀眼的光亮。地闪放电所中和的云中负电荷,绝大部分已在先导放电时贮存在先导主通道及其分枝中,在回击传播过程中便不断中和贮存在先导主通道和分枝中的负电荷。

闪电的回击是云与大地间最重要的放电过程,此时出现强的电磁场突变,发出最强的光和最强的电流,其向上回击放电模型如图 2.36 所示。从图可知,电晕区内充满(负)电荷,在电晕区内有一从地面向上发展和向外迅速扩展的流光区,流光区内中心部分为沿着先导形成的闪击弧光核心向上传播的回击弧光柱,并向侧向放电。

1. 回击的电磁场

回击的电磁场变化可分为回击的垂直电场和水平电场变化,其时间间隔以毫秒级或次毫秒级计算。从不同距离 D 与第一闪击及随后闪击的电磁场变化关系曲线来看(图 2.37),对于 1.0 km,2.0 km,5.0 km 等近距离回击的电磁场变化是几十微秒以后,在几千米范围内总电场以静电场分量为主,在同一时间,闭合磁场是以总磁场的静磁场为主,形成一隆起的磁场分量(图的右部分)。而对于 10.0 km,15.0 km,50.0 km,200 km 等远距离电磁场具有相同的波形,并且是双极的,所构成的电磁场

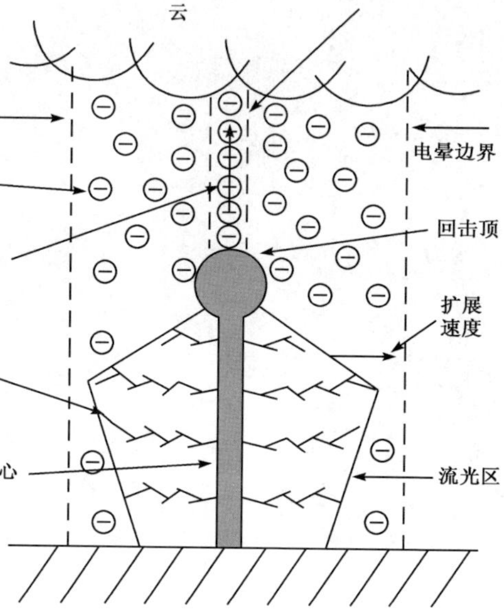

图 2.36　回击放电的模型图(Takagi et al.,1998)

实际是辐射场分量。除 10 km 之外,电磁场波形的主要特点是具有明显的初始电磁场峰值。另外为便于比较分析,对不同回击产生的初始峰值,以 10 km 为基准,将其乘以 $S/10^5$(S 为闪击距离,单位是 m)进行了归一化调整处理。

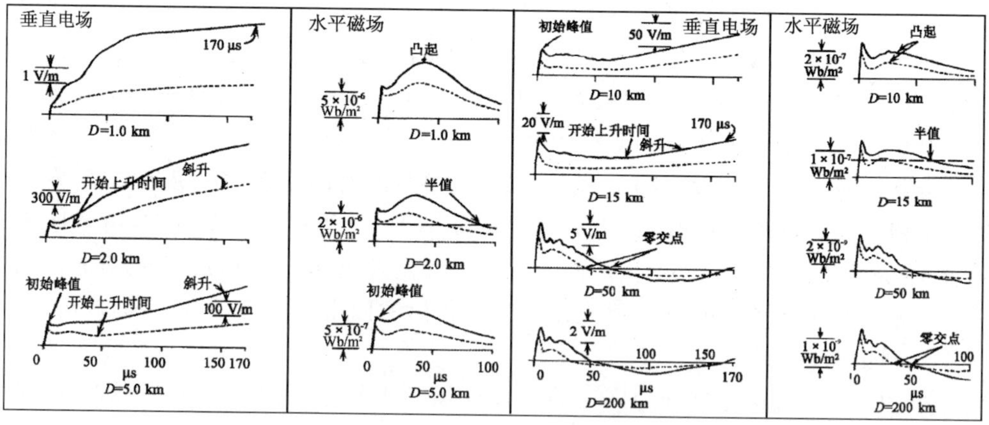

图 2.37　不同距离 D 与第一闪击及随后闪击的电磁场变化关系图

—— 第一闪击;------随后闪击

从佛罗里达 20 km 之内闪电对于 100 km 为标准的初始峰值电场的直方图可以看到(图 2.38),对于第一闪击的电场范围为 6～8 V/m,对于随后闪击的电场范围为

4～6 V/m。

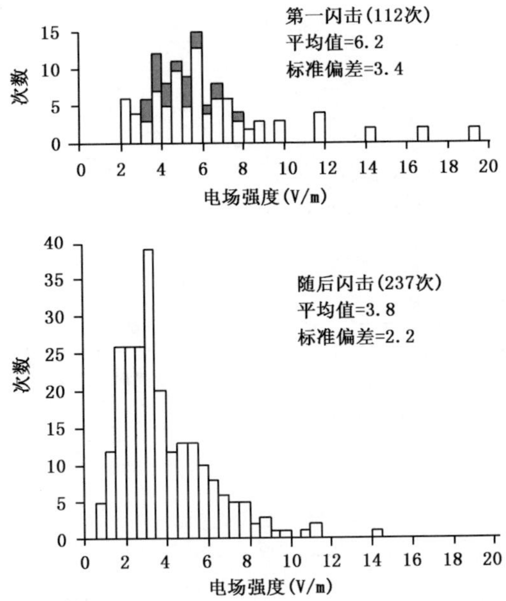

图 2.38 对于 100 km 为标准的回击垂直峰值电场图(Master,1984)

较高的观测平均值表明,观测电场仪的触发阈值电平太高,对于小的闪击电场值就可能观测不到。1984 年 Peckham 等科学家的实验研究表明,对于固定阈值电平的平均标准初始峰值电场随距离由 25～75 km 的 7 V/m 增加到 100～150 km 的 9 V/m。

图 2.39 显示了闪击电场的精细形状和初始峰值后的精细结构,从图中可以看到回击前的梯级先导脉冲,第一回击电场具有一在几微秒上升相对比较缓慢的 F 阶段,即"慢峰 F",然后由"慢峰 F"迅速"突变"上升到峰值电场的 R 阶段,即"峰值 R"。1984 年 Master 等科学家发现,当第一回击电场为初始峰值电场的 30%,平均"慢峰 F"持续时间为 2.9 μs。20 世纪 80 年代 Coray 和 Lundquist 的研究报告表明,当第一回击电场为初始峰值电场的 40%,平均"慢峰 F"持续时间为 5 μs。1978 年 Weidman 和 Krider 求得,当第一回击电场为初始峰值电场的 40%～50%,平均"慢峰 F"持续时间为 4.0 μs。"慢峰 F"之后的"峰值 R"的上升时间为 0.1 μs 其峰值为初始峰值电场的 10%～90%。20 世纪 80 年代 Weidman 和 Krider 的研究报告表明,对于 125 次第一闪击平均上升时间为 90 ns,标准偏差为 40 ns。从图中看到,随后闪击具有类似第一闪击的快速突变,突变时间较第一闪击更短,为 0.5～1 μs,仅为总峰值的 20%。

2. 回击电流

地闪电流以脉冲回击电流最强,其危害最大。回击电流特征不仅与地闪的类型

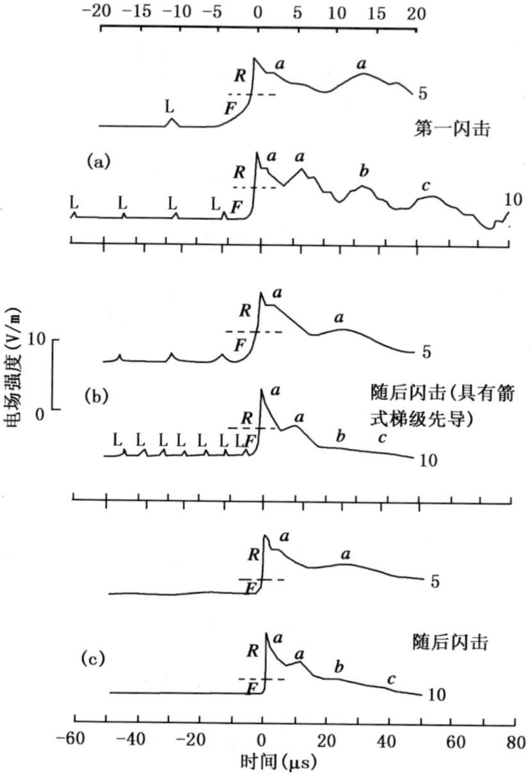

图 2.39　闪击电场的精细形状和初始峰值后的精细结构图(Weidman and Krider,1978)

和闪击类型有关,还与地形和土壤电导率等地理条件,以及不同类型的气象条件等因素有关。一般回击电流具有单峰形式的脉冲电流波形,电流波形的前沿十分陡峭,而电流波形的尾部变化则较为缓慢。描述回击电流的波形的参量,主要有峰值电流、电流上升率、峰值时间等。

1975 年 Berger 等科学家应用高速阴极射线示波器记录了 101 次负的第一闪击和 26 次正的第一闪击,并给出了这些闪击合计的第一负闪击、随后负闪击和正闪击的电流峰值累积概率分布曲线(图 2.40),图中虚线是最佳拟合直线。从图可以看出,累积概率与雷电参数比较表(表 2.1)列出的雷电参数基本一致,第一闪击电流峰值的平均范围在 20～40 kA,发生 200 kA 的概率为 1%;随后闪击的峰值电流值只为第一闪击的 1/2,但两者的概率分布十分相似。

1972 年 Popolansky 统计了 624 次第一负闪击和第一正闪击,给出了这些闪击合计的雷电流峰值的累积概率分布曲线(图 2.41),从图可知,雷电流峰值的累积概率分布曲线具有最佳拟合直线及 95%的置信区,并且该曲线的中值为 28 kA。

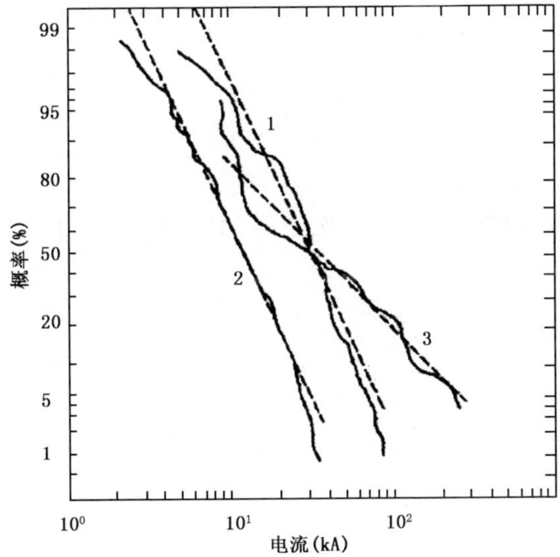

图 2.40 电流峰值累积概率分布曲线图(Berger et al. ,1975)
1—第一负闪击;2—随后负闪击;3—正闪击

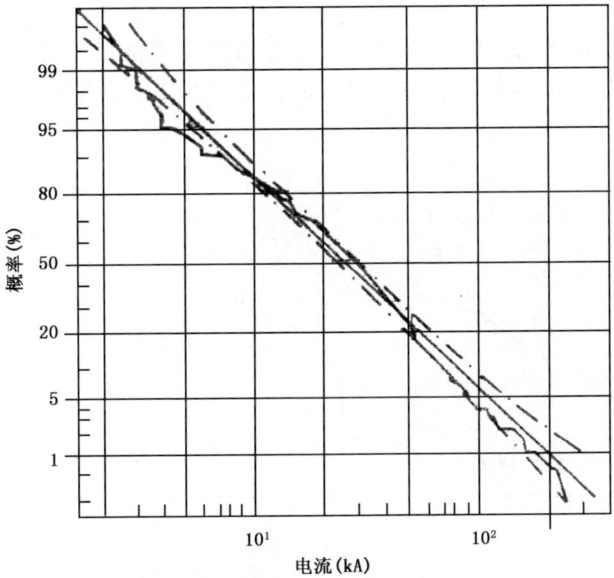

图 2.41 雷电流峰值的累积概率分布曲线图(Popolansky,1972)

由于回击起始于连接点,其特征是向下先导和向上连接先导中的电流剧增,因此闪电通道可看成是一导体,作一级近似,设冲击阻抗为 Z 的导体向下先导,而电感为

L 的良导体(击穿火花)表示连接先导,已知先导电位 V,则可由下式算出基本电流 i 和初始上升率 $\mathrm{d}i/\mathrm{d}t$。

$$I=V/Z$$

$$\mathrm{d}i/\mathrm{d}t=V/L$$

取 $V=50\ \mathrm{MV}$,$Z=500\ \Omega$,$L=100\ \mu\mathrm{H}$,则求得 $i=10^5\ \mathrm{A}$,$\mathrm{d}i/\mathrm{d}t=500\ \mathrm{kA}/\mu\mathrm{s}$。

对于一次闪击消耗的电量 $-\mathrm{d}Q$ 正比于时间间隔 $\mathrm{d}t$、云中的电量 Q 和电荷消耗系数 a,即

$$\mathrm{d}Q=-a\cdot Q\cdot \mathrm{d}t$$

或

$$\mathrm{d}Q/Q=-a\cdot \mathrm{d}t$$

如果闪击之前的初始电荷量为 Q_0,并且电荷消耗系数 a 为常数,则

$$Q=Q_0\mathrm{e}^{-at}$$

3. 回击的速度

由于回击流光波峰具有随高度而变的形状,因此不能将不同高度的回击看成是同样的流光。1935 年 Schonland 和 Collens 利用照相法测量了回击速度,其测量分析结果表明:通道底的第一闪击速度大约为 1×10^8 m/s,而通道顶的速度为 5×10^7 m/s。1957 年 Lundholm 和 1963 年 Wagner 分别用不同的方法研究了回击速度,图 2.42 给出了 Lundholm 和 Wagner 研究的回击速度随回击电流的变化曲线。图中的变化曲线是在假设回击通道半径为 3 cm,并且回击电流取 100 kA、电晕半径取 9 m 的条件下,通过模型计算得到的。从图可知,回击的速度显然小于光速。

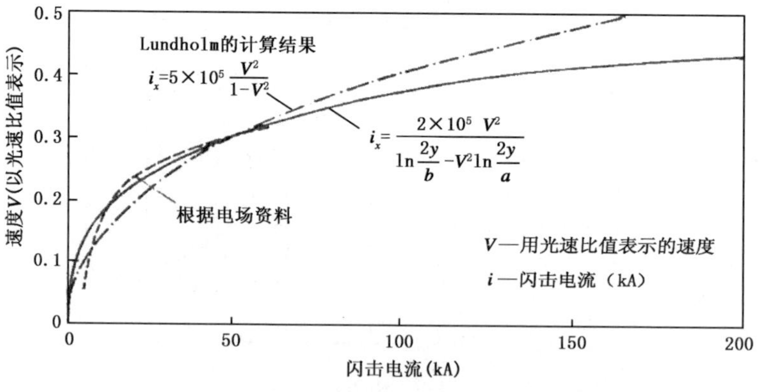

图 2.42 回击速度随回击电流变化曲线图

由于回击速度和峰值电流与先导通道内单位长度的荷电量和先导通道内由荷电引起的电势密切相关,因此,有关实验研究表明,回击速度和峰值电流的关系式为

$$U=c[1+(W/i_p)]$$

式中，W——常数，一般取值为 40 kA；

i_p——峰值电流(kA)；

c——光速(m/s)。

1982 年 Idone 和 Orville 分析了 17 次第一闪击和 46 次随后闪击，得到回击的速度与回击的次数关系图(图 2.43)，其分析结果表明，回击速度的变化范围在 $2.0\times10^7\sim2.5\times10^8$ m/s，在地面上 1.3 km 内第一闪击平均速度为 9.6×10^7 m/s，随后闪击的速度为 1.2×10^8 m/s，并且第一闪击和随后闪击的速度随高度减小。1984 年 Idone 等科学家分析了由人工触发的闪电中 56 次接近地面的随后闪击的回击速度，分析结果表明，平均三维速度为 1.2×10^8 m/s，变化范围在 $6.7\times10^7\sim1.7\times10^8$ m/s。

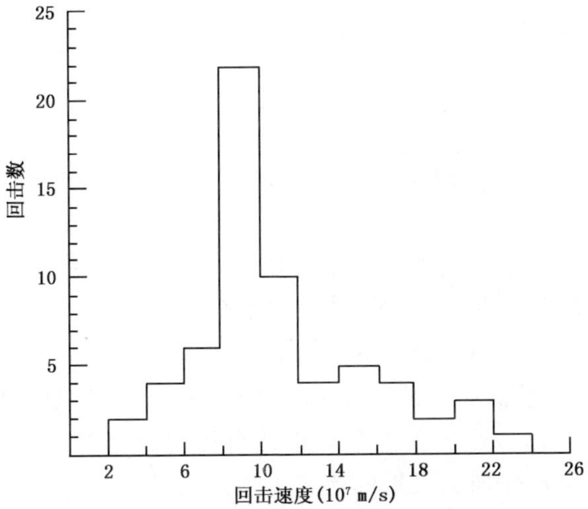

图 2.43　回击速度与回击次数关系图

4. 回击的形成机制

回击的形成机制如图 2.44 所示。充满负电荷的梯式先导通道与向上连接先导相接的瞬间，便出现明亮的回击，从而完成了第一闪击过程，回击实为向上的正流光，携带大量的正电荷，并在预先电离的梯式通道中迅速发展，因此，其传播速度高达 $10^9\sim10^{10}$ cm/s，这时梯式先导通道中的大量电子，在回击顶端强电场作用下，高速到达回击顶端，并形成电子雪崩，从而出现高达 10^4 A 的峰值电流，使回击通道加热并发出耀眼的光亮。回击通道在向上发展过程中，不断中和梯式先导主通道和分枝通道中的大量负电荷。

(三)雷电火花放电箭式先导

紧接着第一闪击之后，约经过几十毫秒的时间间隔，形成第二闪击。这时又有一条

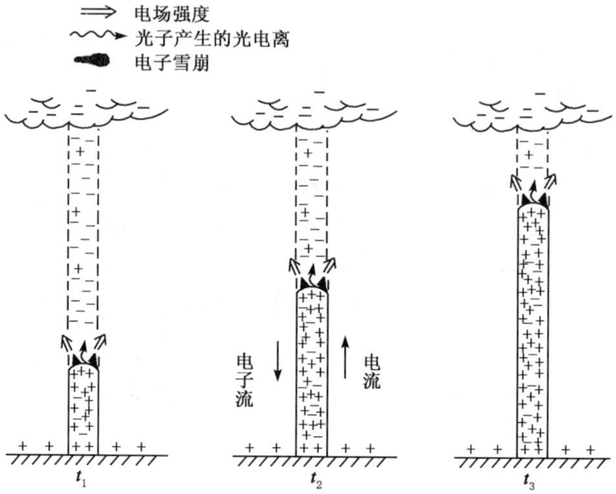

图 2.44　回击流光机制示意图

平均长为 50 m 的暗淡光柱，沿着第一闪击的路径由云中直奔地面，这种流光称为箭式先导。箭式先导是通过照相法发现的，其在照片上表现为一条发亮的由云中直奔地面的流光线，具有类似急速或突发的火箭发射特征，因此，常常称之为直窜式先导。箭式先导是沿着预先电离了的路径通过的，并将电荷贮存于前一次的闪击电流留有电荷的通道内，为随后闪击提供相对于地球更高的电势，但是箭式先导没有梯式先导的梯级结构。箭式先导的传播速度大于梯式先导的平均传播速度，其平均值为2.0×10^6 m/s，变化范围为 $1.0\times10^6\sim2.1\times10^7$ m/s。箭式通道直径的变化范围为1～10 m。当箭式先导到达地面附近时，又产生向上发展的流光由地面与其会合，随即产生向上回击，以一股明亮的光柱沿着箭式先导的路径由地面高速驰向云中。由箭式先导到回击这一完整的放电过程称为第二闪击，第二闪击的基本特征与第一闪击是相同的，而以后各次闪击的情况与第二闪击的情况基本相同。图 2.45 给出了利用高速旋转相机摄取的箭式先导照片，图中箭式先导表现为一条细长的亮线，而成片的亮区则是回击。

1. 箭式先导的步长

1934 年 Schonland 和 Collens 利用照相法第一次测量箭式先导的步长度，通过对 9 个发光的箭式先导步长的条纹状箭式先导图片分析，发现先导步长变化范围为 25～112 m，其平均长度为 54 m。1982 年 Orville 和 Idone 对 11 个箭式先导作了类似分析，得到先导步长变化范围为 7～75 m，其平均值为 34 m。另外，有关人工触发闪电研究发现，人工触发闪电的箭式先导步长变化范围为 15～90 m，其平均长度为 50 m。

2. 箭式先导的速度

1935 年以来，Schonland 等科学家先后研究了箭式先导的速度（表 2.7），通过对

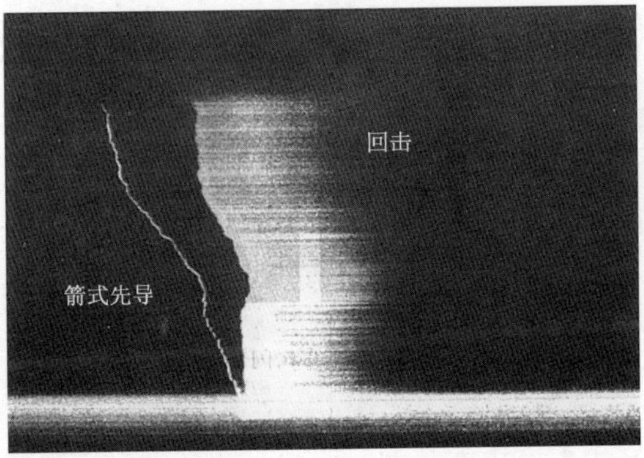

图 2.45 人工观测的箭式先导照片(Malan,1963)

不同的箭式先导的速度分析,发现箭式先导速度的平均值在 $9.0\times10^6\sim11.0\times10^6$ m/s。1982 年 Orville 和 Idone 对发生在佛罗里达和新墨西哥州的 28 次箭式先导传播速度与出现次数的关系进行了统计分析,其分析结果如图 2.46 所示。从图可知,箭式先导传播速度范围在 $2.0\times10^6\sim2.6\times10^7$ m/s。

表 2.7 不同科学家先后研究的箭式先导的平均速度

科学家	样品数	平均速度($\times10^6$ m/s)
Schonland et al. (1935)	55	5.5
McEachern(1939)	17	11.0
Brook and Kitagawa(1965)	103	9.7
Berger(1967)	80	9.0
Hubert and Mouget(1981)	10	11.0
Orville and Idone(1982)	21	11.0

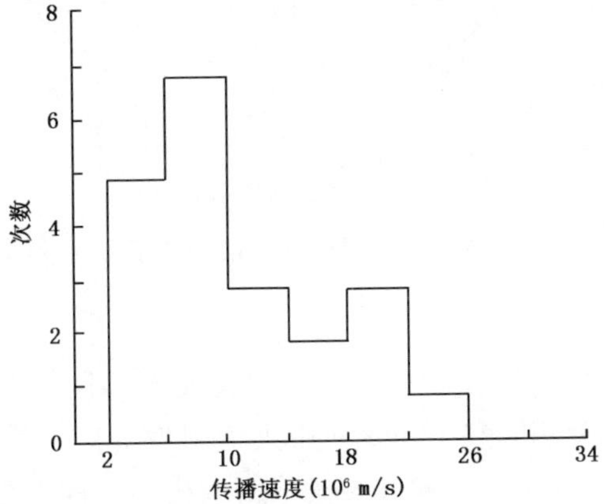

图 2.46 箭式先导的速度分布图(Orville and Idone,1982)

1935 年 Schonland 等科学家还研究了箭式先导和随后闪击的其他特性，如表 2.8 所示。

表 2.8 箭式先导和随后闪击的特性(Schonland, 1935)

箭式先导数	与前一闪击的时间间隔(s)	平均时间间隔(s)	速度($\times10^6$ m/s)	平均速度($\times10^6$ m/s)	回击强度	平均强度
5	0.005～0.12	0.044	15～22	19	0.3～0.8	0.46
5	0.07～0.48	0.17	1.7～2.8	2	1.2～5.0	2.2

说明：以第一闪击的强度为单位。

研究表明：高的箭式先导速度与前一次闪击间的短时间间隔相联系，而低的箭式先导速度与前一次闪击间的长时间间隔相联系，并且较长的闪击时间间隔的随后闪击流光更强烈。这些研究结论与 1965 年 Brook 和 Kitagawa 测量 103 次箭式先导的速度与闪击之间的时间间隔的关系基本相同(图 2.47)。

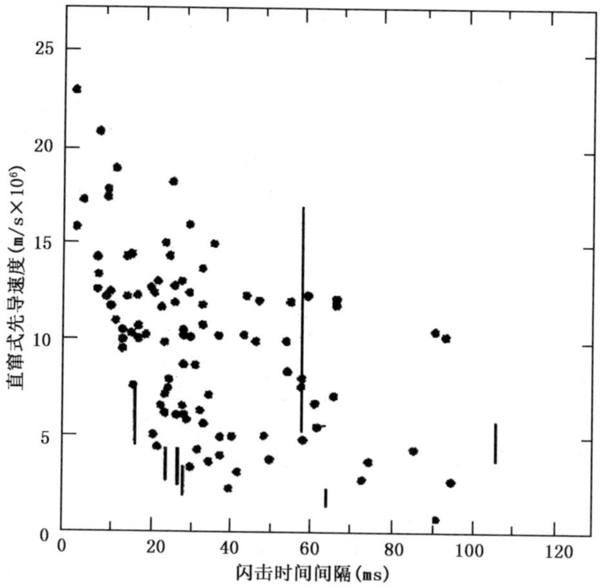

图 2.47 箭式先导速度与闪击时间间隔的关系分布图(Winn, 1965)

3. 箭式先导的电流

1984 年 Idone 用火箭引发闪电试验，发现箭式先导传播速度与随后的回击电流存在正相关。1985 年 Orville 和 Idone 利用火箭引发的闪电用两种不同的光学方法估算了箭式先导的峰值电流。一种方法是取箭式先导与回击电流的比与箭式先导与回击速度的比相等，即假定在每一过程的单位长度电荷相同的电荷简单模式中，速度比和回击电流是可测的，则可求出箭式先导的电流；另外一种方法是将回击峰值电流 I_R 与回击峰的相对光强 L_R 之间的两个关系($L_R=1.5I_R^{1.6}$，$L_R=6.4I_R^{1.1}$)中的一个，应用于闪电中箭式先导相对光强，确定箭式先导电流。两种不同的光学方法估算的结果很相似，其箭式先导电流分别为 1.6 A 和 1.8 A，范围在 100～6000 A。

4. 箭式先导的电场及其电荷分布

1951 年 Malan 和 Schonland 研究了箭式先导的电场变化(图 2.48)，图中左边第一列是梯式先导和第一回击，之后是箭式先导和回击。在 5～8 km，多次闪击和第一次箭式先导产生正的电场变化，而后则开始负极性的钩状电场改变。对于负的电场改变，在图中以箭头表示，Malan 和 Schonland 认为这是由于随后的先导起源于云中较高处的荷电中心，并且发现具有垂直放电的随后闪电的高度约为 0.7 km。1979 年 Krehbiel 等科学家对箭式先导电场波形观测表明，电场波形状与箭式先导的几何形状和水平先导的发展密切相关，多站测量表明，云内回击荷电位置的水平位移，会使随后的箭式先导更向水平方向伸展，"表观"先导高度(也称为垂直方向上先导的高度)就是总的箭式先导高度。1962 年 Brook 等科学家应用箭式先导电场变化的测量分析了箭式先导的电荷量，其研究表明：第一随后闪击的最小荷电量为 0.21 C，但大多数第一随后闪击的荷电量在 0.5～1 C，因此，箭式先导的电流量级为 1 kA，显然，箭式先导的荷电量和电流量级比梯式先导的小。1938 年 Schonland 通过对 46 个箭式先导电场和 26 个梯式先导电场的变化与回击电场的变化的比值分析，推断出箭式先导通道内的电荷分布趋向于均匀。

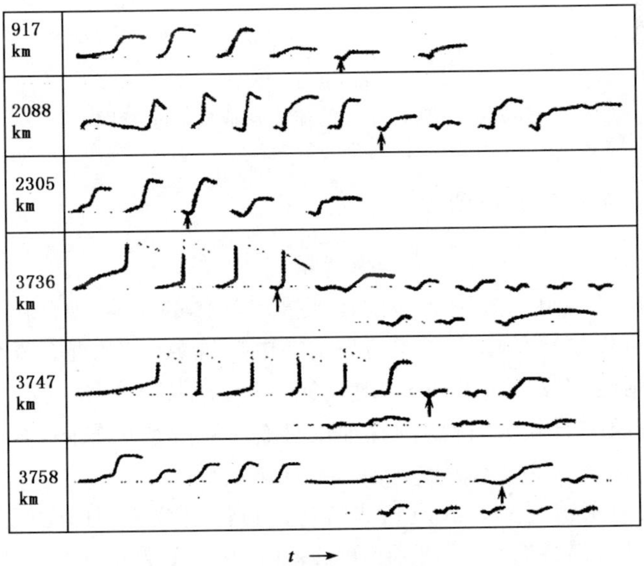

图 2.48 多次闪击中先导与回击的电场变化图(Malan and Schonland，1951)

5. 箭式先导的形成机制

箭式先导的形成机制如图 2.49 所示，其形成机制与梯级先导比较相似，均为向下的负流光过程，只是箭式先导形成前的引路先导是沿着前一次闪击所形成的通道发展的，由于原通道中剩余带电离子的影响，引路先导发展十分迅速，使箭式先导就像连续发展的负流光过程，即一小段发光光柱连续向大地发展。箭式先导的发展速度达 10^7 cm/s 左右，比梯级先导的发展速度平均要大一个数量级，并且箭式先导可以直接向下发展与地连接，也可以与向上的连接先导相接，当充满电荷的箭式先导通道与大地相接的瞬间，又重复出现明亮的回击，从而完成随后闪击过程。

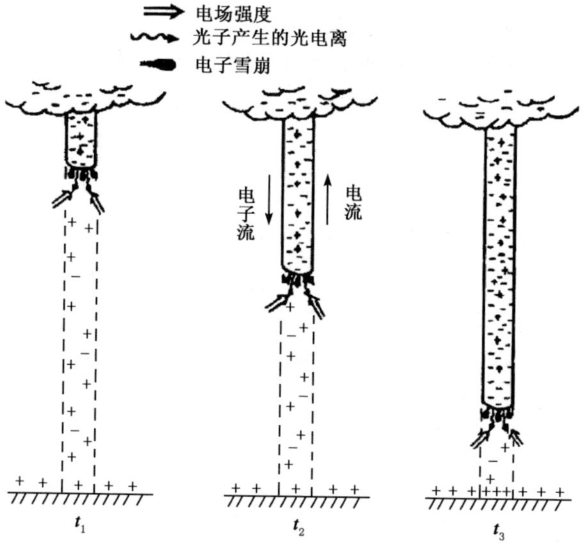

图 2.49　箭式先导的流光形成机制示意图

四、雷电火花放电的流注理论

(一)雷电火花放电的流注理论产生背景

在低气压时，汤森放电理论能够很好地描述气体的击穿，如气压、极距等对击穿电压的影响，还可以解释负电性气体的高击穿电压现象，以及混合气体中的彭宁效应等；但在大气压附近($Pd>70$ Pa・m)时，汤森理论所描述的放电形成时延及击穿电压等均与实验现象差异较大，说明汤森理论具有不可克服的缺陷，其局限性主要表现在以下几方面：

一是关于放电形成时延。放电从非自持向自持过渡所需的时间过程通常称为击穿的形成时间延后(简称时延)。根据汤森理论，正离子轰击阴极产生二次电子发射是放电的必要条件，所以放电时延应具有与离子渡越时间相同的量级。通过计算，在低气压放电中，其延长时间大约为 50 μs，但火花放电的时延要小于 10^{-7}s，与电子通过电极间距所需的时间（电子渡越时间）具有不同的量级，当间隙上加击穿阈值电压以上的电压时，可以记录到 10^{-8} s 的形成时延，这一现象用汤森理论的任何一种二次作用都不能解释。这样短的时间排除了正负离子运动的参与，以及形成几代电子崩的可能性。在这样短的时间（10^{-8} s）内，正离子与负离子可以认为是不动的；即使是电子也不能移动很长距离，在大气压下，它也不能走完极距。上述现象是汤森理论不能解释的。

二是关于放电起始位置。汤森理论认为，气体的击穿是正离子轰击阴极表面而造成二次电子发射的结果。所以，放电起始位置一定是阴极。实验中，通过对火花放电观察发现，电子雪崩不仅仅来自阴极，流注还可以从阳极甚至极间任何一个位置传播开来，这结果是汤森理论根本不能解释的。另外，根据汤森理论，电离应该在电场内均匀进行，但通过对火花放电之前的瞬间拍摄，发现电极间有几根很细的发光流注，这也是汤森理论不能解释的。

三是关于光照的影响。按照汤森理论，由外来光照射引起的阴极光电流越大，则与击穿有关的空间电荷变化也应该进行得越快，因此击穿完成的时间也应该越短。在 Pd 小的时候，这种情况是对的；但在大气压下，当外部照射的强度在相当大的范围内变化时，击穿时间只有很小的变化，例如，照射光的强度增加 10^5 倍，火花的击穿电压仅仅变化 10%，而照射光强度减小到 1/500 时，火花形成的时间总共也只增加 2 倍，这说明光照射对火花放电的阴极过程影响不大，这一点也与汤森理论相矛盾。

四是汤森理论没有考虑电子崩引起的空间电荷的效应。电子崩正离子的浓度可以达到很高的值，使原来的电场发生很大的畸变，引起局部电子能量的加强，加剧了电离。电子碰撞电离系数（电离度）α 的值高于原来静态电场的值，而这一点对放电发展是很重要的。

五是在 Pd 值较大时，电火花通道是曲折的，有时是有分枝的。这种现象汤森理论不能解释。

六是在不均匀电场中，特别是在大 Pd 值较大时，除了放电通道不是直线外，阴极材料对击穿电压值的影响很小，或是没有影响。这种现象汤森理论不能解释。

虽然汤森理论有上述许多困难，但并不是找一个击穿机制来代替它，而是在补充它不能适合的情况。最初，科学家在雾室中研究电火花，发现气体火花放电除了产生电子崩外，还有其他的过程参与，并且在不均匀电场中更为明显。显然气体火花放电的电离通道形成与汤森的电子崩有着明显的不同，因此，必定存在另一种过程的发生。科学家把电离通道具有线状、分枝特征，且在电极不对称、电压不是很高的情况下，电离通道开始发展而且可以伸展到较长距离的现象称为“流注（Streamer）”或流光。由流注转为击穿电火花，称为“流注击穿机制”（Streamer breakdown mechanism)。Meek,Loeb 和 Reather 分别建立了流注转为击穿电火花放电发展的流注理论。这一理论也是雷电火花放电的基本理论,它提出了电子碰撞电离及空间光电离是维持自持放电的主要因素,并强调了空间电荷畸变电场的重要作用。

(二)雷特—米克判据

1. 雷特(Reather)判据

Reather 的研究成果表明:当云雾室中观测到的离子浓度达到 $10^6 \sim 10^8$ 时,电子崩的发展会减弱($dn/dx < e^{\alpha x}$),这种(低于指数增长速度)情况的发生主要是因为正极性空间电荷削弱了外加电场对电子的加速作用,从而降低了电子的电离能力。当离子浓度超过 10^8 时,间隙电流急剧增加,随后间隙击穿。因此,Reather 认为在这个阶段,正离子形成的空间电荷场足够强,可以激发流注形成。所以,电子数 $e^{\alpha x} > 10^8$ 是流注形成的条件,也是云雾室中气体自持放电的条件,当然在均匀电场时也是气体间隙击穿的条件。参考汤森理论,将其表面电离系数 γ 改为空间光电离作用的系数,则有

$$\alpha d = \ln(1 + \frac{1}{\gamma}) \quad 或 \quad \alpha d = \ln \frac{1}{\gamma}$$

式中,α—电子碰撞电离系数(电离度);

D—击穿气体电极之间的极距;

γ—空间光电离作用系数。

上述公式即为电子崩过渡到流注的临界条件,也即气体自持放电的临界条件。

Reather 的研究成果还表明:当空间电荷场近似等于外加电场时,电子崩开始过渡为流注。若此时假定一个电子雪崩中的电子全部集中在电子雪崩头部的一个球状体积中,且崩内电场 E_r 是半径为 r 的球面场,那么在均匀电场 E 中,球状体积中电子数将是 $e^{\alpha x}$,即 $\exp(\alpha x)$,崩内电场 E_r 的计算公式为

$$E_r = \frac{e \cdot \exp(\alpha x)}{r^2}$$

式中,e——电子电荷;

α——电离系数(电离度);

x——电子雪崩长度;

r——球体半径,r 可从扩散方程求得。

电子在球内的分布情况不清楚,且没有一定的边界,所以 r 只能取电子离球心的平均距离,则

$$r^2 = 4Dt$$

式中,D——电子的扩散系数,可由爱因斯坦关系得到 $D = \frac{\mu_e k T_e}{e}$;

t——电子从零点漂移到 x 的时间，$t=\frac{x}{v_e}=\frac{x}{\mu_e E}$（$\mu_e$ 为电子的迁移率，E 为均匀作用的电场强度）。

因此有

$$r^2=\frac{4kT_e x}{eE}$$

对于电子能量有 $eU=\frac{3}{2}kT_e$，于是 $r^2=\frac{8Ux}{3E}$。所以可得

$$E_r=\frac{3e\cdot\exp(\alpha x)}{8Ux}E$$

对上式变形可得

$$\frac{E_r}{E}=\frac{3e\cdot\exp(\alpha x)}{8Ux}$$

可见，$\frac{3e\cdot\exp(\alpha x)}{8Ux}$ 表示电子的电荷电场 E_r 与作用电场 E 的比值。

当 $E_r/E=0.1$ 时，空间电荷场对作用电场畸变开始起作用。

当 $E_r/E=1$ 时，作用电场已经畸变得非常厉害了。

当 $E_r/E=1$ 时，即 $\frac{3e\cdot\exp(\alpha x)}{8Ux}=1$，是电子崩的临界长度 x 满足的关系式。

根据 Reather 的研究成果，对于空气有 $U=1.5$ V，于是 x_e 满足以下关系式：

$$\exp(\alpha x_e)=10^8 x_e$$

因此

$$\alpha x_e=18.4+\ln x_e$$

对于一般的 x_e 可简化为

$$\alpha x_e=20$$

所以，$\alpha x_e=20$ 可作为一个电子崩是否能够发展到产生流注的条件，也是火花间隙的长度是否足以允许流注发展的判据。

另外，可依据 $\alpha x_e=20$ 及 α 的计算公式（$\frac{a}{p}=A\mathrm{e}^{-U_iAP/E}$）推导出击穿电压的计算公式。由于自持放电条件和汤森理论中的形式相同，因此，击穿电压的公式与汤森理论中的击穿电压公式完全一样。这表明不论 Pd 值为多少，击穿过程中电子碰撞电离总是起着关键的作用。它们在计算击穿电压时具有形式上的相同之处，但从放电发展过程来看又是不同的。因此可以认为，流注形成之前放电发展过程完全服从汤森碰撞理论，而流注形成之后应用汤森碰撞理论解释就存在很大差异。所以形成流注的判据就成为流注理论的核心。

2. Meek 判据

流注的形成直接取决于初始电子崩头部的电荷，即当空间电荷增加到一定数量时，电场畸变而加强到一定强度并造成足够的空间光电离后，才能转为流注。为此Meek 与 Reather 一样，在假设空间电荷周围的径向电场强度近似等于外加场强的基础上，提出了电子崩转变成流注的判据。

空间电荷周围的径向电场强度近似等于外加场强的关系式为

$$E_r = KE, K \approx 1$$

式中，E_r——处于电子崩头部的体积为$\frac{4}{3}\pi r^3$ 的球体中，密度为 N 的电荷 e 产生的球表面电场。

因此

$$E_r = \frac{4}{3}\frac{\pi r^3 Ne}{r^2} = \frac{4}{3}\pi r Ne$$

在距阴极距离为 x，底面积为 πr^2，高为 $\mathrm{d}x$ 的圆柱中含有的 N 为

$$N = \frac{\alpha \exp(\alpha x)\mathrm{d}x}{\pi r^2 \mathrm{d}x} = \frac{\alpha \exp(\alpha x)}{\pi r^2}$$

因此有

$$E_r = \frac{4}{3}\frac{e\alpha \exp(\alpha x)}{r}$$

根据气体的扩散特性，按三维展开可得

$$r = \sqrt{6Dt}$$

式中，D——电子的扩散系数；

t——电子到达 x 点的时间，$t = \frac{x}{v_e} = \frac{x}{\mu_e E}$。

所以

$$E_r = \frac{4e\alpha \exp(\alpha x)}{3\sqrt{(6D/\mu_e)(x/E)}}$$

对于空气，代人常数后，并由于 $D/\mu \propto T_e \propto E/P$，可计算得

$$E_r = 5.27 \times 10^{-5}\frac{\alpha \exp(\alpha x)}{\sqrt{(x/P)}}(\mathrm{V/cm})$$

式中，P——气体压强，单位为 mmHg。

$E_r = E$ 是变成流注的条件，因此，当电子崩穿越整个间隙时，可用 $E_r = E$ 的关系求出最小击穿电压。在实际应用中，一般用 E 代替 E_r，d 代替 x，则有

$$\alpha d + \ln\frac{\alpha}{P} = 14.5 + \ln\frac{E}{P} + \frac{1}{2}\ln\frac{d}{P}$$

再利用 α/P 和 E/P 之间的关系，用逐次逼近法求解此方程，在给定 P 和 d 的情况

下，选择对应于 E/P 的 α/P 值，直到满足这一方程为止。

无论是 Meek 准则还是 Reather 准则，本质上都是经验性的准则，但其计算结果在均匀场的情况下能很好地与测量结果相吻合(表 2.9)。

表 2.9 计算的与试验的击穿电压比较

极距 d(cm)	击穿场强 E_b(kV/cm)		
	试验数据	Reather 击穿判据计算数据	Meek 击穿判据计算数据
2.0	29.8	28.9	29.0
6.0	27.4	25.7	25.8
10.0	26.4	24.9	24.9
10.0	25.8	24.1	23.8

虽然理论值和试验结果很接近，但是不能认为这些计算是十分满意的，例如，决定电子崩头的半径时，只考虑了热扩散作用，而忽略了双极扩散，计算时又假设空间电荷集中在一个球里，实际情形也并不完全如此。

(三)流注的发展机理

由于流注有正、负流注之分，并且其发展机理也存在显著差异，因此，下面分别讨论正、负流注的发展机理。

1. 负流注的发展机理

Reather 提出的负流注形成及其发展过程如图 2.50 所示。从图可知，Reather 提出的负流注形成及其发展是以气体的容积光电离和崩头前方强电场的形成为基础的，当负流注的主电子崩 Ⅰ 以速度 v 从阴极向外扩展，在它前方由光电离形成的自由电子是新电子崩 Ⅱ、Ⅲ、Ⅳ…的发源地，a_1，b_1，c_1…点是由电子崩中被激发原子发出的光子，而 a_2，b_2，c_2…点是气体原子被光子辐照而发生的光电离，波形线表示光子沿 a_1a_2，b_1b_2，c_1c_2…扩展，经过一定时间，Ⅱ 与 Ⅰ 汇合，Ⅴ 与 Ⅳ 汇合，这些新电子崩汇合形成迅速向阳极发展的强大负流注，并且这里的流注扩展速度远大于电子崩的扩展速度。上述过程既为负流注形成及其发展过程，也是负流注的发展机理。

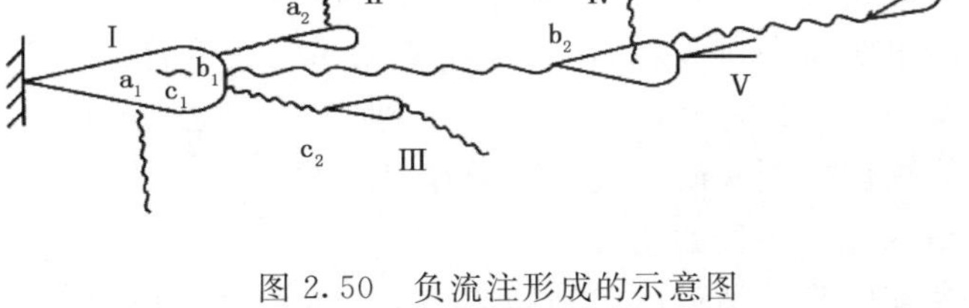

图 2.50 负流注形成的示意图

2. 正流注的发展机理

Loeb 和 Meek 提出的正流注形成及其发展过程如图 2.51 所示。从图可知,由外电离因素从阴极释放出的电子向阳极运动形成电子崩(图 2.51a)并向前发展,其头部的电离过程越来越强烈。当电子崩走完整个间隙后,头部空间电荷密度很大,大大加强了尾部电场,并向周围放射出大量光子(图 2.51b),这些光子将在气体中被吸收,有的引起空间光电离,新形成的光电子被主崩头部的正空间电荷所吸引,在变到畸变而加强的电场中,又造成了二次电子崩,二次电子崩中新形成的光电子由于空间电荷畸变了原来的电场,不一定在原来的电子崩路径上,并且许多电子差不多同时产生,这导致电子崩路径的分支产生。当然,原来的电场仍是电子崩路径的主干方向。同时二次电子崩向主电子崩汇合,其头部电子进入主崩头部的正空间电荷区,形成负离子。大量的正、负带电粒子构成了等离子体,即流注产生(图 2.51c)。由于大量二次崩汇集,流注头部前方电场很强,电离过程迅速发展,向周围放射出大量的光子,继续引起空间光电离,从而造成新的二次崩,它们被吸引到流注头部,进而延长了流注通道,当流注发展到阳极后,整个间隙被低阻抗等离子体所贯通(图 2.51d)。

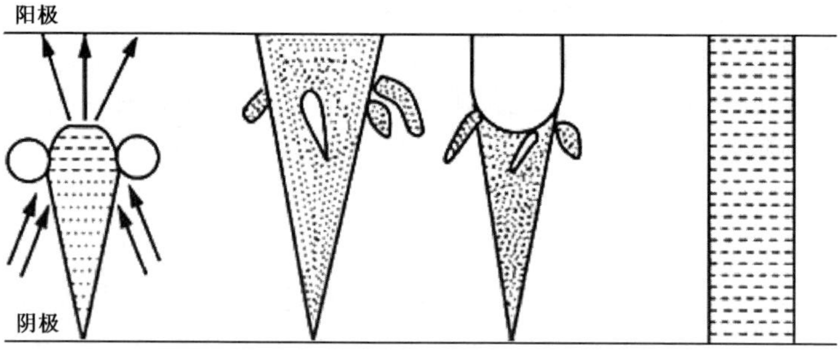

(a)形成电子崩　(b)放射大量光子　(c)形成流注　(d)被阻抗等离子体贯通

图 2.51　正流注发展的示意图

(四)流注的形成机理

雷特—米克判据认为:只要雪崩的场强达到作用场强的一定数值,就可能引起气体的火花击穿,这样,放电从非自持状态过渡到自持状态。但雷特—米克判据并没有提及这种放电是怎样发生的,为什么会发生,其分析中仅仅认为雪崩向流注过渡必然会导致流注向等离子体状态过渡,即认为存在从雪崩到流注再到火花的发展过程,并没有提及雪崩发展到临界尺寸后怎样才能过渡到击穿的物理过程。因此,有必要在雷特—米克判据的物理模型基础上建立流注形成过程的数学模型,利用数学方法进一步讨论电子崩头部附近各处的电场。

假设电子崩头部电荷球体内的电荷数为 N,则距离电荷球中心任意距离 y 处的

电场强度为

$$E_y = \frac{eN}{y^2}$$

如果电荷球的半径为 r，电荷密度为 n'，并取 $n' = \frac{\alpha \exp(\alpha x)}{\pi r^2}$，则

$$N = n'\left(\frac{4}{3}\pi r^3\right) = \frac{4r\alpha \exp(\alpha x)}{3}$$

将 N 代入 E_y 计算公式可得

$$E_y = \frac{4er\alpha \exp(\alpha x)}{3y^2}$$

该公式是以正空间电荷为中心的径向电场矢量幅度计算。显然，空间任意一点上的电场为 $E+E_y$。由于 α 随 E 变化很大，E_y 会增强各点的电场强度，因而形成了次雪崩。

由于次雪崩是由光电子建立的，而光电子是主雪崩中的光子在气体中产生光电离效应引起的，如果认为主雪崩中产生光子的激发态"雪崩"与气体中光电离而产生离子是相互陪伴成对的，则光子数值可以取为离子数值。

因此可取 $f=\theta/\alpha$，θ 是在电场方向单位长度上由电子碰撞气体分子产生的激发态数目，则在半径为 r 中心在离阴极 x 处的球体内产生的激发态数目为 fN，即产生的光子数目为

$$fN = f\,\frac{4}{3}\alpha r \exp(\alpha x)$$

由于光子在所有方向上发射，因此，图 2.52 中投射到半径为 y 的球面和半径为 α 的圆柱相交部分的光子数为 $fN\left(\frac{a^2}{4y^2}\right)$。

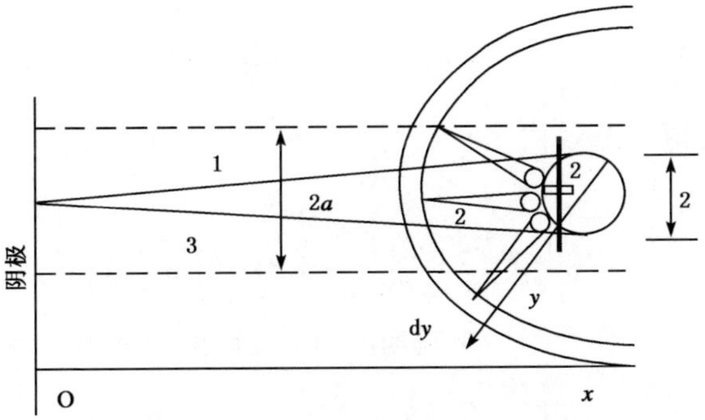

图 2.52 正空间电荷的伸长示意图

1—初次电子崩；2—光电子引起的次雪崩；3—有效光子的空间

从图可知，从阴极发出的初始电子所形成的主电子雪崩头，其形成的正离子由阳极向阴极方向运动，同时由光电子产生的次雪崩不断加入，形成由阳极向阴极推进的正流注。另外，图中的有效光子空间是指该空间包含对正离子空间电荷前进有效应的光电子的子电子崩范围，即只有在以 α 为半径的圆柱体空间内的光电子，它们产生的次雪崩才能汇入主电子崩以形成流注，而圆柱体外面的光子对于雪崩的发展影响不大，因为由它们产生的电子并不会受增强的电场支配，对空间电荷团向阴极传播不起什么作用。

假设 μ 是吸收系数，则在相交区域且厚度为 $\mathrm{d}y$ 的球壳内被吸收的光子数为

$$fN\ \frac{a^2}{4y^2}\mathrm{e}^{\mu y}\mu\,\mathrm{d}y$$

在这些被吸收的光子中只有一小部分（P 部分）才能产生光电子，显然它与辐射的电离概率有关。如果假定所有光子都有相同频率，则在厚度为 $\mathrm{d}y$ 的球壳内产生的光电子数为

$$pfN\ \frac{a^2}{4y^2}\mathrm{e}^{\mu y}\mu\,\mathrm{d}y$$

由于流注是靠光电子产生的次雪崩发展起来的，在次雪崩中正离子浓度 $n''=\frac{\alpha\mathrm{e}^{\alpha x}}{\pi r^2}$，而此处的电场不再是外界作用电场，应是 $E+E_y$，而且 α 受电场控制，因此在次雪崩头部的离子密度为

$$n''=\frac{1}{\pi r'^2}\alpha_{(y)}\exp\left(\int_r^y\alpha_{(y)}\,\mathrm{d}y\right)$$

式中，r'是第二次雪崩的头部半径。如果主雪崩和次雪崩电子具有相同的漂移速度和扩散系数，那么当击穿时，即主雪崩长度等于极间距离时，可以得到 r'与 r 的关系式为

$$\frac{r'^2}{r^2}=\frac{y}{x}=\frac{y}{d}$$

将 r'与 r 的比值关系式代入 n''的计算公式可得，在一个次级雪崩里产生的正离子总数为

$$\frac{4}{3}\pi r'^3n''=\frac{4r}{3}\sqrt{\frac{y}{d}}\alpha_{(y)}\exp\left(\int_r^y\alpha_{(y)}\,\mathrm{d}y\right)$$

因为有更多次雪崩都会到达主雪崩头部，而且假设所有产生雪崩的光电子都向头部聚集，因此产生的离子总数为

$$\int_r^d\frac{4r}{3}\sqrt{\frac{y}{d}}\alpha_{(y)}\exp\left(\int_r^y\alpha_{(y)}\,\mathrm{d}y\right)\cdot pfN\ \frac{a^2}{4y^2}\mathrm{e}^{\mu y}\mu\,\mathrm{d}y$$

当这些次雪崩产生的空间电荷数大于或等于主雪崩产生的空间电荷数时，就认

为可发生流注的击穿，因此这个判据可写成：

$$\frac{pfa^2 r\mu}{3\sqrt{d}}\int_r^d \alpha_{(y)} y^{-3/2} \exp\left(\int_r^y \alpha_{(y)} \mathrm{d}y\right)\cdot \mathrm{e}^{-\mu y} \mathrm{d}y = 1$$

取 $\alpha=r$，可简化为

$$\frac{pfr^3 \mu}{3\sqrt{d}}\int_r^d \alpha_{(y)} y^{-3/2} \exp\left(\int_r^y \alpha_{(y)} \mathrm{d}y\right)\cdot \mathrm{e}^{-\mu y} \mathrm{d}y = 1$$

汤森的非自持放电向自持放电过渡的条件为：

$$\gamma^{e\int \alpha \mathrm{d}x} = 1$$

比较流注的击穿条件与汤森的非自持放电向自持放电过渡的条件，可以看出两者非常相似。只是流注的击穿条件包含了更多重要的物理因素，而这些物理因素直接与流注的形成和传播有关，并且与气压、气体性质密切相关，因此，要求解流注的击穿条件的计算公式，从而得到一个简单的流注击穿判据是非常困难的。

第三节　雷电电弧放电的基本性质

一、雷电电弧放电的定义

虽然前面论述的雷电火花放电通道形成的初级阶段，存在从电子雪崩转化为电弧状态形成电离通道的物理过程，电离通道内电子导电至电弧导电的转化，以及正辉光特性和负电弧特性之间的转换，为电离通道内电晕至电弧转化的闪电先导形成研究奠定了理论基础。但是，电晕至电弧转化属于单纯的气体放电现象，没有金属电极参与的概念。而本节讨论的雷电电弧放电是指具有小电流（10^2 A 级）、长时间（ms～s级）、高能量（10^2C 级）、连续性和稳定性特征的 C 分量（C 分量见图 2.21）形成的雷电流先导顶部与被雷击对象金属构件之间发生的电弧放电现象，以及该雷电流在被雷击对象金属构件传导过程中发生在金属构件之间因接触不良形成间隙的电弧放电现象。显然，该电弧放电现象明显区别于无金属阴极、阳极的雷电火花放电通道形成初级阶段的电晕至电弧转化的单纯气体放电现象，又与具有金属阴极、阳极的单纯气体电弧放电现象有一定差异。

二、雷电电弧放电的特征

由于雷电电弧放电包含雷电先导顶部与金属构件之间的电弧放电现象和金属构件之间间隙的电弧放电现象，因此，雷电电弧放电特征既具有气体电弧放电特征，又具有自身固有特性，具体表现在以下几方面。

（一）雷电电弧放电的小电流特征

雷电电弧放电具有小电流特征，其电弧放电通道的电流数量级在10^2A以下，常用mA～A表示电流单位。例如，依据《建筑物防雷设计规范》(GB 50057—2010)推荐的建筑物，其遭受长时间雷击的平均雷电流值为200～400 A，比雷电火花放电的大电流小1个数量级以上。

(二)雷电电弧放电的高低电位特征

依据《建筑物防雷设计规范》(GB 50057—2010)推荐的建筑物，其接地装置冲击接地电阻R_i在10～30 Ω，接地装置冲击接地电阻与工频接地电阻的转换系数A在1.0～3.0，即建筑物接地装置工频接地电阻R在10～90Ω；电气、电子等强电与弱电设施的接地装置工频接地电阻R在1.0～4.0 Ω，假定雷电电弧放电通道空气临界击穿电位V等于雷电电弧放电通道刚刚击穿空气的电位，由于击穿空气的雷电电弧放电通道电阻为零，故此时的电位可近似为IR。因此，建筑物遭受长时间雷击的雷电电弧放电通道空气临界击穿电位为2000～36000 V，电气、电子等强电与弱电设施遭受长时间雷击的雷电电弧放电通道空气临界击穿电位为200～1600 V。所以，遭受长时间雷电流先导顶部与被雷击建筑物金属构件之间发生电弧放电的电位在2～36 kV，虽然比雷电火花放电的高电位小2个数量级，但仍然具有高电位特征；而长时间雷电流通过电气、电子等强电与弱电设施的金属构件之间因接触不良形成间隙而发生电弧放电的电位在0.2～1.6 kV，比雷电火花放电的高电位小3个数量级。另外，依据《建筑物防雷设计规范》(GB 50057—2010)推荐的电阻电压降的空气击穿强度E=500 kV/m，当长时间雷电流通过电气、电子等强电与弱电设施的金属构件之间因接触不良形成间隙距离在μm数量级以下时，其电弧放电的电位仅仅为几伏到几十伏。上述分析表明，雷电电弧放电的电位可从几伏变化到几十千伏，具有明显的高电位和低电位特征。

(三)雷电电弧放电的长时间特征

雷电电弧放电具有长时间特征，依据《军用飞机雷电防护鉴定试验方法》(GJB3567)给出的标准雷电流波形，其电弧放电的时间范围在0.25～1.0 s，常用s表示时间单位。而《建筑物防雷设计规范》(GB 50057—2010)推荐的建筑物，其长时间雷击时间典型值为0.2 s$<T_{long}<$1 s，其代表值为0.5 s，显然两者基本相同。因此，雷电电弧的放电时间在10^{-1}s数量级以上。

(四)雷电电弧放电的雷击电流波头低陡度特征

从图2.21a中“一个完整的雷电试验波形”来看，雷电波形C分量最后部分向D分量过渡时有一定的波动，但这个波动与整个C分量比较，显得非常微弱。因此，图2.21e“C分量持续时间最短试验波形”和图2.21f“C分量持续时间最长试验波形”给出了C分量持续时间在0.25～1 s，其传递的电荷量在160～240 C，即C分量最后部分向D分量过渡时电流值的微量波动范围在80～320 A。所以，雷电电弧放电的雷击电流波头的平均陡度非常低，几乎无陡度，其电弧放电通道的电流对地面被雷击对象的雷击电流波头的平均陡度(dI/dT)在 80～1280 A/s。显然，与《建筑物防雷设计规范》(GB 50057—2010)推荐的建筑物遭受短时雷击的雷击电流波头的平均陡度(在 10～200 kA/μs)比较，雷电电弧放电的雷击电流波头陡度非常低。因此，雷电电弧放电的雷击电流波头具有低陡度特征，常用 A/s 表示单位。

(五)雷电电弧放电的连续性和稳定性特征

从图 2.20e“长时间雷击参数定义(典型值 2 ms$<T_{long}<$1 s)”来看，长时间雷击的波头和波尾幅值在其峰值电流 10%以下部分分别存在一定的上升陡度和下降陡度，而在波头及波尾幅值为峰值 10%以上部分的雷电电弧放电电流长达 T_{long} 的时间间隔内处于稳定状态。因此，图 2.21e“C 分量持续时间最短试验波形”和图 2.21f“C 分量持续时间最长试验波形”给出了 C 分量持续电流分别稳定在 800 A 和 200 A，其持续时间为 0.25～1 s，所以雷电电弧放电的时间具有 10^{-1}s 数量级的连续性和稳定性特征。

(六)雷电电弧放电的高温特征

雷电电弧放电时呈现弧状白光并产生高温，依据雷电电弧放电通道的亮度和对它发出能量的测定表明，电弧放电通道里的气体的典型温度为 4000～6500 K。

(七)雷电电弧放电的微间隙特征

雷电电弧放电的高低电位特征表明，建筑物金属构件遭受长时间雷击的雷电电弧放电通道空气临界击穿电位为 2～36 kV，电气、电子等强电与弱电设施遭受长时间雷击的雷电电弧放电通道空气临界击穿电位为 0.2～1.6 kV。电阻电压降的空气击穿强度计算公式如下：

$$E=V/d$$

式中，E——电阻电压降的空气击穿强度(kV/m)，《建筑物防雷设计规范》(GB 50057—2010)推荐值为 500 kV/m；

V——雷电电弧放电通道空气临界击穿电位(kV)；

d——遭受长时间雷击的雷电电弧放电通道空气临界击穿的空气间隙距离(m)。

根据上述公式，可得到建筑物金属构件遭受长时间雷击的雷电电弧放电通道空气临界击穿的空气间隙距离为 0.4～7.5 cm，电气、电子等强电与弱电设施金属构件之间因接触不良形成间隙在遭受长时间雷击的雷电电弧放电导致空气临界击穿的间隙距离为 0.4～3.5 mm。

上述分析表明，雷电电弧放电的间隙在 cm 数量级以下，与雷电火花放电通道长度 km 数量级比较，具有明显的微间隙特征。

(八)雷电电弧放电的高能量特征

雷电电弧放电能量依据《军用飞机雷电防护鉴定试验方法》(GJB 3567)给出的

标准，雷电流波形 C 分量传递的电荷量为 160～240 C，而《建筑物防雷设计规范》(GB 50057—2010)推荐的建筑物遭受长时间雷击的电荷量在 100～200 C。因此，高雷电电弧放电能量对建筑物金属构件极易形成电弧热损伤，导致金属构件表面及其附近发生金属熔化或蒸发现象。因此，雷电电弧放电具有明显的高能量特征。

(九)雷电电弧放电的单金属电极与双金属电极特征

当建筑物金属构件遭受长时间雷击的雷电电弧放电时，其放电过程是雷电电弧放电通道内气体电弧先导顶部为一电极与被雷击的金属构件为另一电极的电弧放电过程。由于雷电电弧放电通道内气体电弧先导有正负之分，因此建筑物金属构件的极性也有正负之分。气体电弧放电正先导顶部对应金属构件为负电极，气体电弧负先导顶部对应金属构件为正电极，所以，此类雷电电弧放电具有单金属电极特征。当长时间雷击的雷电流通过建筑物金属构件之间和电气、电子等强电与弱电设施金属构件之间的间隙发生电弧放电现象时，其间隙两边的金属构件作为电弧放电的不同极性电极，与具有金属阴极、阳极的双金属电极之间电弧放电特征完全相同，因此，此类雷电电弧放电具有典型的双金属电极特征。

(十)雷电电弧放电电流的高密度特征

由于雷电电弧放电具有金属电极特征和高温、高能量特征，因此，当建筑物金属构件遭受长时间雷击的雷电电弧放电时，或长时间雷击的雷电流通过建筑物金属构件之间和电气、电子等强电与弱电设施金属构件之间的间隙发生电弧放电时，金属构件表面及其附近发生电弧热损伤，导致金属蒸发，形成喷射的金属粒子，喷射的金属粒子参与雷电电弧放电的导电机制，产生更大的雷电电弧放电的电流密度，一般雷电电弧放电正柱区的电流密度可达 10^6 A/m^2 或更高，因此，雷电电弧放电电流具有高密度特征。

三、雷电电弧放电的类型

雷电电弧放电的类型主要分单金属极性雷电电弧放电和双金属极性雷电电弧放电两类。

(一)单金属极性雷电电弧放电

单金属极性雷电电弧放电是指雷电电弧放电的电流先导顶部与被雷击对象金属构件之间发生的电弧放电现象，其电弧放电的宏观结构如图 2.53 所示，而微观结构与图 1.12 论述的低压放电管直流放电回路进行电弧放电的结构基本相同。

从图 2.53 可知，单金属极性雷电电弧放电又可分为正极性单金属电极雷电电弧放电(也称为单金属阳极雷电电弧放电)和负极性单金属电极雷电电弧放电(也称为单金属阴极雷电电弧放电)两种，由雷电电弧放电负(正)流注先导、雷电电弧放电通道、正(负)极性单金属电极组成。雷电电弧放电通道存在三个明显区域：对于负极性

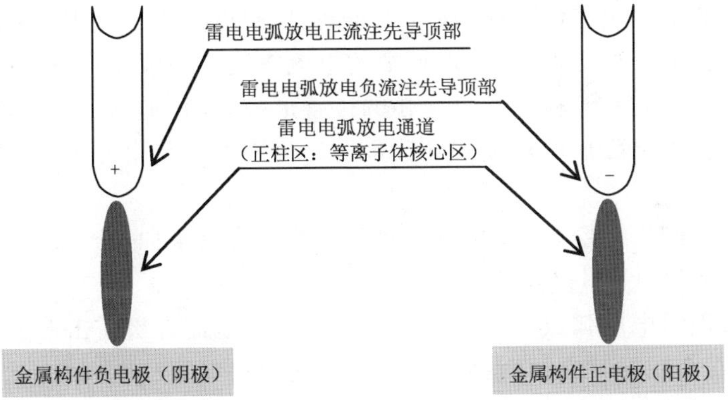

(a)单金属阴极雷电电弧放电　　(b)单金属阳极雷电电弧放电

图 2.53　单金属极性雷电电弧放电结构示图

单金属电极雷电电弧放电，这三个区域是阴极区（阴极、阴极斑点、阴极鞘层）、正柱区、雷电电弧放电正流注先导顶部；对于正极性单金属电极雷电电弧放电，这三个区域是阳极区（阳极、阳极斑点、阳极鞘层）、正柱区、雷电电弧放电负流注先导顶部。

1. 单金属阴极雷电电弧放电的阴极区

单金属阴极雷电电弧放电的阴极区是维持放电必不可少的区域，它包括阴极、阴极斑点和阴极鞘层。通常靠热电子发射和场致发射两种模式来产生电子并维持放电电流。阴极温度高达 10^3 K 数量级。

阴极斑点是阴极上一个或多个高电流密度、高温的等离子附着点。在阴极斑点内电流密度达 $5\times10^6\sim1\times10^8$ A/m^2，是单金属阴极雷电电弧放电热损伤导致金属构件表面及其附近发生金属熔化的具体区域。

阴极鞘层也叫阴极位降区，厚度通常小于 1 mm，阴极位降一般为 10 V 左右。

2. 单金属极性雷电电弧放电的正柱区

单金属极性雷电电弧放电的正柱区起着传导电流的作用，在此区域内电压降落比较小，它的长度取决于电极间的距离和气压。正柱区也是一个等离子区，它分成等离子体核心和等离子体晕两个区域。

等离子体核心是热等离子体的基本部分。在此区域中，大部分气体被电离，并有电弧热损伤，导致金属蒸发形成喷射的金属粒子，参与雷电电弧放电的导电机制，其温度高达 10^3 K 数量级。

3. 单金属阳极雷电电弧放电的阳极区

阳极区是紧靠阳极表面的很小区域，包括阳极、阳极斑点、阳极鞘层，一般只有一个电子平均自由程。与阴极区相反，阳极区起着被动的作用，通过调解阳极位降的大小，使阳极接收的电子流满足外电路所需的电流数值。

阳极是收集电子电流的电极，在气压较高时，阳极温度高达 10^3 K 数量级。

阳极斑点比阴极斑点面积大，斑点中的电流密度比阴极斑点小一些，且通常只存在一个阳极斑点。它在阳极上接近电弧的位置形成，并且随总电流的增加反向扩大，是单金属阳极雷电电弧放电热损伤导致金属构件表面及其附近发生金属熔化的具体区域。

阳极鞘层与阴极鞘层类似，在阳极鞘层内电场将电子加速到阳极斑点上。

（二）双金属极性雷电电弧放电

双金属极性雷电电弧放电是指雷电电弧放电的电流在被雷击对象金属构件传导过程中，发生在金属构件之间因接触不良形成间隙的电弧放电现象，其电弧放电的宏观结构如图 2.53 所示，而微观结构与图 1.12 论述的低压放电管直流放电回路进行电弧放电的结构基本相同。由于双金属极性雷电电弧放电的方式与被雷击对象金属构件间隙两边金属构件形状及其布置型式密切相关，而被雷击对象金属构件不论是圆形的钢筋和圆钢、扁形的扁钢、异形的角钢和工字钢、板形的金属构件，还是其他形状的金属构件，相对于雷电电弧放电的金属构件间隙，均可以将间隙两边金属构件形成的电极关系看作棒与棒、棒与板、板与板的电极关系，即间隙两边构成电极的金属构件形状可以认为只有棒与板两种形状。因此，双金属极性雷电电弧放电方式可分为**—**型布置棒—棒电极、**┤**型布置棒—棒电极、**//**型布置棒—棒电极、**—**型布置棒—板电极、**┤**型布置棒—板电极、**//**型布置棒—板电极、**┤**型布置板—板电极、**//**型布置板—板电极、**—**型布置板—板电极等九种（图 2.54）。这九种双金属极性雷电电弧放电均是由雷电电弧放电的电流、金属阴极、雷电电弧放电通道、金属阳极组成。雷电电弧放电通道存在三个明显区域：阴极区（阴极、阴极斑点、阴极鞘层）、正柱区、阳极区（阳极、阳极斑点、阳极鞘层）。

四、雷电电弧放电的物理过程及电极射流形成机制

雷电电弧放电的物理过程与雷电电弧放电的类型密切相关，不同雷电电弧放电类型的放电物理过程存在显著差异。而双金属极性雷电电弧放电的物理过程与第一章第四节电弧放电的结构及其特性基本相同，因此，本节重点论述单金属极性雷电电弧放电的物理过程和金属电极射流形成机制。

（一）单金属极性雷电电弧放电的物理过程

单金属极性雷电电弧放电的物理过程与普通双金属电极电弧放电的物理过程的差异在于，单金属极性雷电电弧放电只有一个金属电极，而另外一个电极是雷电电弧放电正或负流注先导顶部，即气体态的正或负流注先导顶部。因此，单金属极性雷电电弧发展分为两个阶段，首先是气体态电弧放电，然后过渡到有金属粒子参与的金属蒸气态电弧放电。对于正流注气体态电弧放电，单金属极性雷电电弧放电具有典型

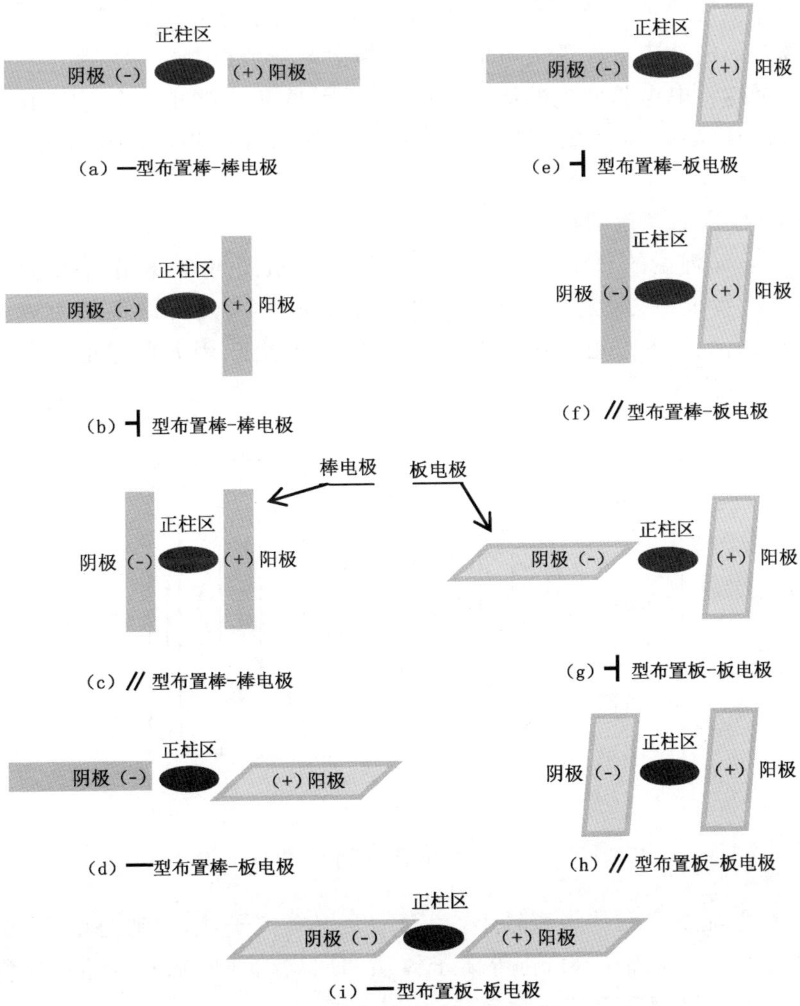

图 2.54　双金属极性雷电电弧放电结构示图

的阴极型电弧放电特征；对于负流注气体态电弧放电，单金属极性雷电电弧放电具有典型的阳极型电弧放电特征。

有关研究表明，气体态电弧放电过渡到有金属粒子参与的金属蒸气态电弧放电存在一个临界间隙距离 r_c，此距离受到雷电电弧放电电流 I 和被雷击对象金属构件周围环境气体压强 p 的显著影响。电弧电压发生突变仅是在有金属粒子参与的金属蒸气态电弧放电的外部表现，从宏观方面看，则反映了电弧区域传导电流的带电粒子的来源和成分发生了变化，即有金属粒子参与电弧导电机制。金属蒸气电弧内部传输电流的带电粒子主要由被雷击对象金属构件的金属蒸气电离而产生，而气体态电弧内部传输电流的带电粒子则主要由周围环境气体分子电离而产生。

（二）单金属极性雷电电弧放电的金属电极射流形成机制

单金属极性雷电电弧放电的物理过程中，电弧靠近金属电极处紧缩到较小的直径，电弧直径的缩小引起背离电极方向电极射流，其形成的物理机制可用 Bennett 箍缩理论来解释。

1. Bennett 箍缩理论的箍缩效应

Bennett 箍缩理论的箍缩效应如图 2.55 所示。从图可知，两个平行导体流过同向电流时，会产生吸引力，这个力与流过的电流成正比，并与导线间的距离的平方成反比。由于电离气体通过电流后可以形成较强大的电流，因此可以把它分割成截面积较小的若干电流线。

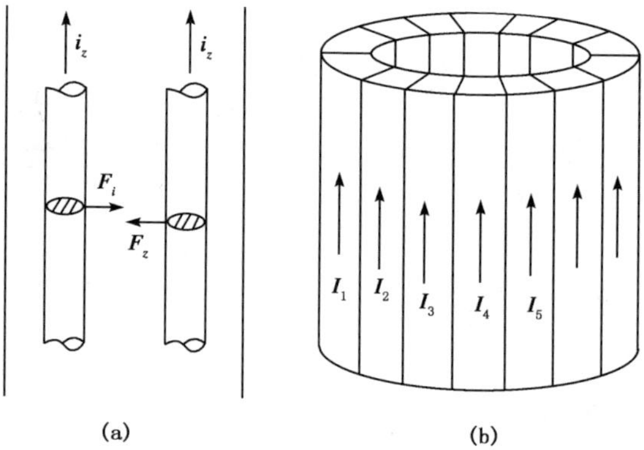

图 2.55　Bennett 箍缩理论的箍缩效应示意图

由于这些电流线之间的距离较小，特别是高温等离子体，而通过的电流又很大，故将产生一个巨大的向轴压力，将等离子体从四周均匀地向轴心压缩。这种向轴心压缩称为 Bennett 箍缩理论的箍缩效应。

当等离子体向轴心箍缩时，等离子体的直径缩小而密度增大，电流产生的热效应也随着增加，导致温度升高，此时，将等离子体看成一种电阻很小的导体，通过电流使其加热。这种加热等离子体的方法称为欧姆加热。

由于等离子体内部存在动压强 $P_K = NKT$，因此，箍缩效应不可能使等离子体的直径无限缩小。随着等离子体的箍缩效应增强，其密度 N 不断增强，温度 T 也不断升高，导致动压强 P_K 不断上升；当向轴心的洛伦兹力与 P_K 相等时，箍缩效应就停止。等离子体箍缩效应受力如图 2.56 所示。

Bennett 认为电弧中存在高的电流密度，往往存在着磁流体力学效应。当外加磁场或自身磁场较强时，电弧受到洛伦兹力作用。

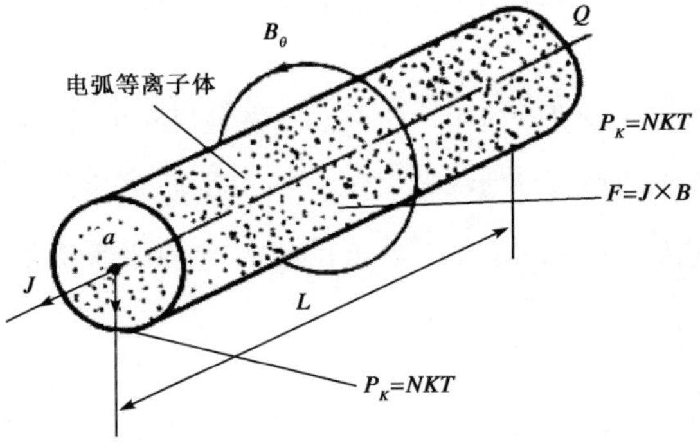

图 2.56 半径为 a 的圆柱形电弧等离子体上的径向体积力示意图

大的径向洛伦兹力 $F=J\times B=F_r=-0.5\times\mu_0 J_z 2r$，作用于等离子体上，此洛伦兹力沿径向指向内部，力图把电弧箍缩到较小的直径，而具有恒定电流密度的电弧中，角向磁场为

$$B=0.5\times\mu_0 J_z r$$

式中，J_z 为轴向电流密度；μ_0 为自由空间磁导率，其值为 $4\pi\times10^{-7}$ H/m，若不考虑任何电极附着、外部气体压强或对流稳定的作用，即稳定态下，在轴上的等离子体膨胀，动力压强与向心径向体积力达到平衡，称这种现象为 Bennett 箍缩。

$$\nabla p=F=J\times B$$

对于一个轴对称圆柱电弧，得到 $r\leqslant a$ 时，电弧内径向压强分布为

$$p(r)=\frac{1}{4}\mu_0 J_z^2(a^2-r^2)=\frac{\mu_0 I^2}{4\pi^2 a^4}(a^2-r^2)$$

轴向压强：$p_0=p(0)=\frac{1}{4}\mu_0 J_z^2 a^2=\frac{\mu_0 I^2}{4\pi^2 a^2}$

得到 Bennett 箍缩的平衡半径：$a=\frac{1}{2\pi}\sqrt{\frac{\mu_0}{p_0}}$

弧柱轴上的动力压强：$p_a=\frac{\mu_0 I^2}{4\pi^2 a^2}$

在阴极处，电弧直径收缩到小得多的半径 $r_{\max}=b$，故在轴上的动力压强比较大，其计算公式为

$$p_b=\frac{\mu_0 I^2}{4\pi^2 b^2}$$

如果径向电弧边界 $b<<a$，则在点 b 处的动力压强远大于弧柱中的动力压强 P_a，故产生轴向压强梯度为

$$\Delta p=p_b-p_a=\frac{\mu_0 I^2}{4\pi^2}\left(\frac{1}{b^2}-\frac{1}{a^2}\right)\approx\frac{\mu I^2}{4\pi^2 b^2}$$

此轴向压强梯度驱使气体和金属蒸气沿轴离开电极。轴向压强梯度的抽运作用将吸入从电极旁边流过的外界气体。

由上式给出的压强差等于动力学(滞止)压强就可以估计电极射流速度,假如电极射流对着一平面的表面滞止下来,会产生一动力学滞止压强 $\frac{1}{2}\rho V_0^2$,其中,V_0 是以 m/s 为单位的射流速度,ρ 是以 kg/m^3 为单位的等离子体质量密度。

因此,$\Delta p \approx \frac{\mu_0 I^2}{4\pi^2 b^2} = p_0 = \frac{1}{2}\rho V_0^2$

可估计射流速度 $V_0 = \left[\frac{\mu_0 I^2}{2\pi^2 b^2 \rho}\right]^{\frac{1}{2}} = \frac{1}{\pi b}\sqrt{\frac{\mu_0}{2\rho}}$ (m/s)

其典型速度从每秒几米到每秒几百米。

电极鞘层中,轴向电场是非常强的,大约在 1 cm 范围内,其余为中等强度,在弧柱中最低的总电弧电压为

$$V_I = V_C + V_A + \int_{d_C}^{L-d_A} E\mathrm{d}_z$$

式中,V_C,V_A 分别为阴极和阳极的电位降,通常一电弧必须有最小的总外加电压 V_I,否则电弧就会熄灭。

第三章

雷电电弧放电形成机理研究

第一节 雷电的电弧放电自然现象研究

随着经济社会的发展与科学技术的进步，各种结构的建(构)筑物和不同类型的电气、电子等强电和弱电设施的应用越来越多，使用寿命也不断延长，雷电防护越来越重要。但由于对雷电的电弧放电自然现象认识不清楚，导致目前对雷电灾害形成机理及其防护技术的研究不深入，许多与防雷有关的理论研究人员和工程技术人员普遍对雷电灾害的认识还停留在一次性雷击直接引起灾害事故是雷击灾害事故的观念上，未能深刻理解《建筑物防雷设计规范》(GB 50057—2010)定义的雷击具有短时首次雷击、首次以后短时后续雷击、长时间雷击等三种危害方式的物理意义，不清楚长时间雷击对建(构)筑物和不同类型的电气、电子等强电和弱电设施的雷电电弧放电效应及其危害机理。因此，有必要对雷电的电弧放电自然现象及其灾害事故调查进行深入研究，为雷电电弧放电效应及其危害机理和防护技术的研究提供基础性资料。

一、建筑物接闪杆的雷电电弧放电现象分析

重庆市防雷中心于 1989 年在重庆市行政区域开展防雷装置安全性能年度检测以来，经常发现外部防雷装置被雷击高温熔化损害的现象，尤其以外部防雷装置接闪杆的顶部及其附近被雷击高温熔化损害的现象比较普遍。例如，重庆市防雷中心在 2000 年检测位于重庆市九龙坡区陈家坪五台山上的重庆市气象局业务大楼(海拔高度为 351 m，大楼的高度为 32 m)外部防雷装置时，发现安装的法国杜尔—梅森生产的“Satelit＋提前放电避雷针”的针顶部被雷击高温熔化损害，为了进一步观测，专门派人将该避雷针取下分析研究(图 3.1)。对“Satelit＋提前放电避雷针”的针顶部被雷击高温熔化损害的分析表明：“Satelit＋提前放电避雷针”的针尖端已被长时间持续雷电流的电弧放电的高温熔化损害，其高温熔化损害如图 3.1c～d 和图 3.2 所示。图中，针尖顶部虚线部分为雷击烧蚀熔化处，此处的高度及体积计算如下。根据三角

形几何原理,避雷针针尖雷击前的高度 H 的计算公式为:

$$\frac{H-50}{H}=\frac{12}{20}$$

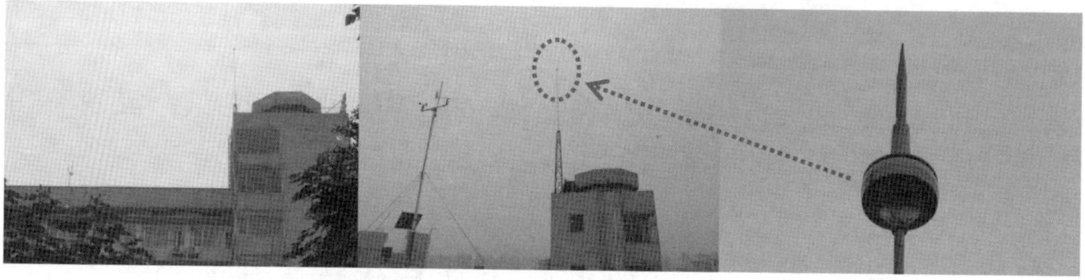

(a)避雷针在气象局业务大楼的宏观布置示意图

(b)进一步分析针顶部雷击熔损的避雷针拆卸过程示意图

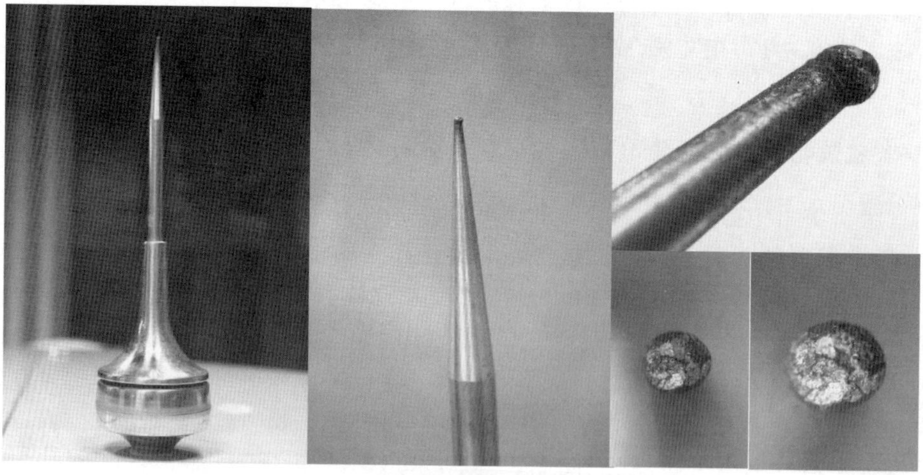

(c)避雷针顶部高温熔损宏观图

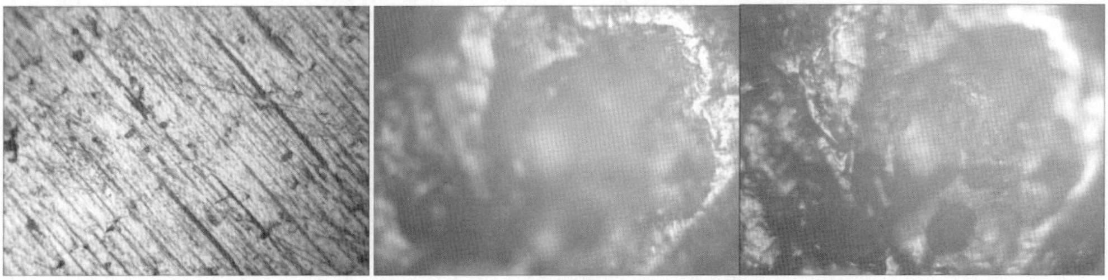

未被雷击部分　　　　　　　　　针顶部被雷击高温熔损部分

(d)避雷针未被雷击部分与针顶部被雷击高温熔损部分微观比较图

图 3.1　避雷针的针顶部被雷击高温熔化损害示意图

计算得到避雷针针尖雷击前的高度 H 为 125 mm。

测量雷击后避雷针针尖高度 L 为 110 mm,因此,避雷针针尖遭受雷击烧蚀损失高度 l 为:

$$l = H - L = 15\ \text{mm}$$

由圆锥体积计算公式:

$$\Delta V = \frac{1}{3}\pi r^2 l$$

可计算出避雷针针尖遭受雷击损失的体积 ΔV 为 62.8 mm^3。

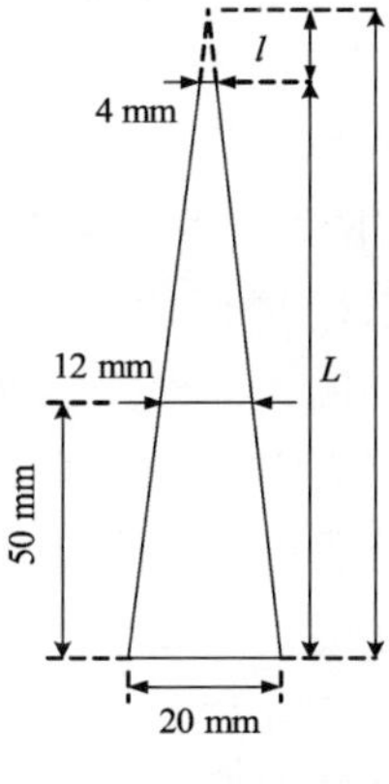

图 3.2　避雷针尖雷击烧蚀损失高度示意图

另外,“Satelit+提前放电避雷针”的针尖遭受雷击后,在针尖雷击处的两侧还存在两段相对应的雷电电弧放电的弧痕,其形状如图 3.3 所示,可近似地看成是三角形形状,因此,雷击弧痕面积计算如下。

由三角形面积计算公式可得弧痕的面积分别为 $S_A = 62.0\ \text{mm}^2$ 及 $S_B = 78.8\ \text{mm}^2$。

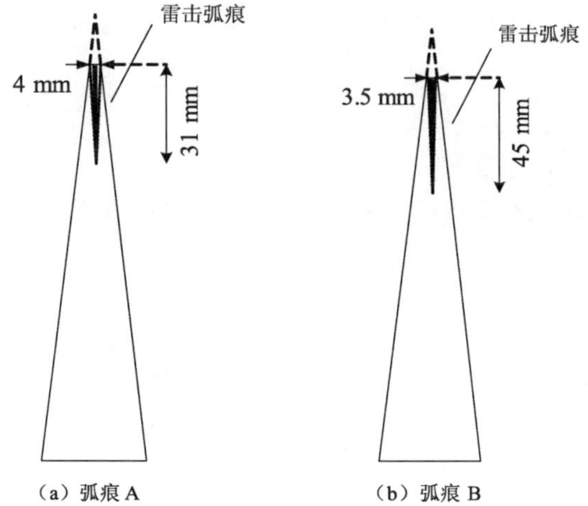

图 3.3　避雷针针尖雷击弧痕的形状示意图

对避雷针顶部高温熔损部分进行宏观检查和微观检测，发现高温熔损部分有黑斑点和熔渣及熔渣留下的痕迹，并且避雷针未被雷击部分的微观结构与针顶部被雷击高温熔损部分的微观结构存在显著的差异。

1996 年夏季，美国新墨西哥州矿业技术学院 Langmuir 大气研究实验室(Langmuir Laboratory for Atmospheric Research, New Mexico Institute of Mining and Technology)的 C. B. Moore, William Rison, James Mathis 和 Graydon Aulich 等科学家用 4 个钝的铝避雷针做云—地雷电放电试验时，观测到 2 个钝的铝避雷针被自然雷电击，并将铝避雷针半球形顶部熔损形成焊接标记。1997 年，他们又用 4 个钝的铝避雷针做火箭人工引雷试验，发现其中 2 个钝的铝避雷针的顶部及其附近被火箭人工引发的雷电击中后，在半球形避雷针顶部高温熔损形成焊接标记，其焊接标记具体形态如图 3.4 所示。从图可知，图中左边的避雷针在长时间持续雷电流的电弧放电作用下，其顶部的高温熔损斑点坑相对图中右边的要深；而图中右边的避雷针在长时间持续雷电流的电弧放电作用下，其顶部的高温熔损斑点坑直径又比图中右边的要大，并且部分被高温熔化金属凝结在避雷针顶部之下附近的避雷针杆上。

图 3.5 给出了日本电气与电子设备雷电防护研究委员会提供的避雷针尖端在长时间持续雷电流的电弧放电作用下，避雷针尖端产生高温熔损的图片。

虽然上述分析中提出了自然界的确存在长时间持续雷电流的电弧放电对避雷针顶部高温熔损的现象，但仅仅是定性提出，也没有回答短时雷击雷电流对避雷针顶部高温熔损是否有意义。因此，下面将详细论述短时雷击能量、长时间雷击能量在避雷针顶部高温熔损所起的作用。

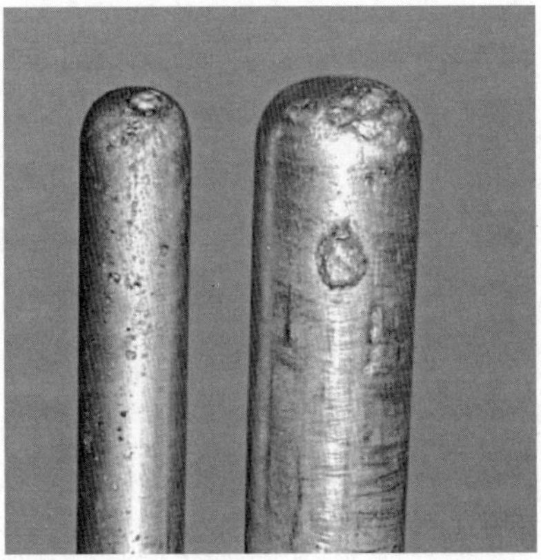

两避雷针均安装在 6.1 m 的杆顶上，左避雷针直径为 12.7 mm，右避雷针直径为 19 mm

图 3.4 美国避雷针顶部的高温熔损照片（Moore et al.，1999）

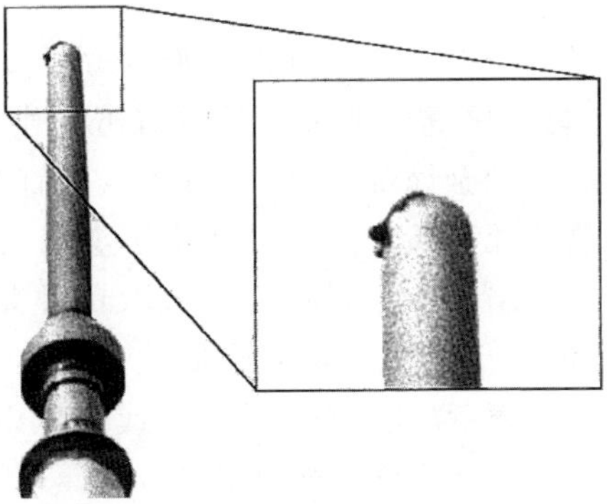

图 3.5 日本避雷针顶部的高温熔损图

（日本电气与电子设备雷电防护研究委员会，2011）

（一）短时雷击能量对避雷针顶部高温熔损的分析

依据《建筑物防雷设计规范》（GB 50057—2010）推荐 IEC（国际电工委员会）62305－1，2010 的计算雷电流导致导体温升的公式为：

$$\Delta\theta = \frac{1}{a}\left[\exp\frac{\frac{W}{R}\times a\times\rho_0}{q^2\times\gamma\times C_W}-1\right]$$

式中，$\Delta\theta$——导体的温升，单位为 K；

a——电阻温度系数，单位为 K^{-1}，对软钢，其值为 $6.5\times10^{-3}\ K^{-1}$；

W/R——冲击电流的单位能量，单位为 J/Ω，一类防雷建筑物的值为 10.0×10^6 J/Ω、二类防雷建筑物的值为 5.6×10^6 J/Ω、三类防雷建筑物的值为 2.5×10^6 J/Ω；

ρ_0——导体在环境温度下的电阻率，单位为 Ωm，对钢导体其值为138×10^{-9} Ωm；

q——导体截面积，单位为 m^2，取 Φ10mm 钢导体的截面积为 78.5×10^{-6} m^2；

γ——导体的密度，单位为 kg/m^3，对软钢，其值为 7700 kg/m^3；

C_W——热容量，单位为 J/(kg·K)，对软钢，其值为 469 J/(kg·K)。

假设雷电脉冲电流流入二类、三类防雷建筑物，取 Φ10mm 钢导体，其能量等效于消耗在导体中的能量，该能量为冲击电流的单位能量（W/R）与导体电阻（R）的乘积（W/R）×（R：导体电阻）。并且由于雷电流持续时间短，还可假设导体向外界散失的热量极少，消耗的能量全部用来使导体温度升高。基于此假设条件下，应用雷电流导致的导体温升计算，可得到二类、三类防雷建筑物 Φ10mm 钢导体在环境温度的基础上分别升温 38.96 K 和 16.31 K。由于低碳钢的熔化温度为 1530℃、不锈钢的熔化温度为 1500℃、铜的熔化温度为 1080℃、铝的熔化温度为 658℃，这个升温值显然不可能将被雷击的避雷针顶部高温熔化。因此，短时雷击不可能将避雷针的针顶部高温熔化。

（二）长时间雷击能量对避雷针顶部高温熔损的分析

长时间雷击接触点的高温熔损，应从长时间雷击产生的电弧放电形成的高温热损伤角度思考。在防雷装置的金属部件上，电弧斑点处有大量热能注入，并且大电流密度可引起电阻密集发热。几乎所有热能都产生于金属表面及其附近。发生在与电弧直接接触的区域的热量超出了由金属传导所吸收的热量，而这部分多出的热量可能转变为辐射光，也可能消失于金属熔化或金属蒸发过程中。假设电弧斑点处所产生的所有能量仅用于熔化金属（简化方法：用阳极或阴极电压降模型），则依据《建筑物防雷设计规范》（GB 50057—2010）推荐 IEC 62305－3，2010 的计算长时间持续雷电流的电弧放电导致的金属导体高温熔损的体积公式为：

$$V=\frac{u_{ac}Q}{\gamma}\times\frac{1}{C_W(\theta_s-\theta_u)+C_s}$$

式中，V——被熔化金属的体积量，单位为 m^3；

u_{ac}——电弧阳极或阴极表面的电压降，单位为 V，一般假设为常量，其值为 30 V；

Q——雷电流的电荷量，单位为 C；

γ——被熔化金属材料的密度，单位为 kg/m^3；

C_W——比热容，单位为 J/(kg·K)；

θ_s——金属的熔化温度，单位为℃；

θ_u——金属导体所处的环境温度，单位为℃；

C_s——金属导体熔化潜热，单位为 J/kg。

表 3.1 给出了防雷装置中常使用的几种金属材料的相关参数。

表 3.1　防雷装置中常使用的金属材料的物理特性

特性	材质类型			
	铝	低碳钢(软钢)	铜	不锈钢
ρ_0(Ωm)	29×10^{-9}	120×10^{-9}	17.8×10^{-9}	700×10^{-9}
a (K^{-1})	4.0×10^{-3}	6.5×10^{-3}	3.92×10^{-3}	0.8×10^{-3}
γ(kg/m^3)	2700	7700	8920	8000
θ_s(℃)	658	1530	1080	1500
C_s(J/kg)	397×10^3	272×10^3	209×10^3	—
C_w(J/(kg·K))	908	469	385	500

说明:不锈钢为非磁性奥氏体。

将表 3.1 给出的防雷装置中常用金属材料的相关参数应用于导体高温熔损的体积公式计算,可得到长时间雷击每库仑(C)能熔化不同类别建筑物防雷装置中常用金属材料的体积,如表 3.2 所示。

表 3.2　长时间雷击的电弧放电导致金属材料熔损的体积表

金属材料	雷击单位库仑的金属熔损体积(mm^3/C)	不同防雷建筑物类别的熔损体积(mm^3)		
		一类	二类	三类
铝	11.6	2320	1740	1160
低碳钢(软钢)	4.0	800	600	400
铜	5.5	1100	825	550

上述分析表明,现场观察到的避雷针顶部被雷击高温熔化损害的能量只能来源于长时间雷击能量。

二、光纤复合地线的雷电电弧放电现象分析

随着光纤通信的快速发展,架设光纤复合架空地线(OPGW)线路日益增加,OPGW 遭雷击的现象也日益严重,国内外发生了多次 OPGW 光缆雷击断股事故,影响了通信的可靠性和安全性。例如,2004 年 2 月 9 日,运行中的 500 kV 惠汕乙线在 N337 塔小号侧方向约 100 m 处,发现 OPGW 光缆断股脱落,断股数量为 7 股。该 OPGW 光缆为日本藤仓公司生产的不锈钢管层绞式结构。从事故现场检查记录发现,外层 12 股 AA 线中有 7 股断裂脱落,断点处 AA 线表面有发黑、不光滑平整及严重熔化的现象;由断点向两侧延伸约 1 m,内层多股 AS 线也发现有不同程度的发黑及熔化现象;在断点附近约 400 mm 范围内,出现多处损伤点。根据故障现象分析,结合雷电定位系统资料,故障原因确定为能量较大且长时间的直击雷使 OPGW 光缆

外层 AA 线熔化断裂，在长时间的 OPGW 光缆重力和风力震动等共同作用下逐渐脱落，造成光缆断股故障。2004 年 7 月 19 日，巡线人员发现 500 kV 惠汕乙线在 N117 塔小号侧约 80 m 处的 OPGW 光缆断股脱落，断股数量为 1 股。从事故现场检查记录发现，断点处 AA 线表面有发黑、不光滑平整及熔化的现象，断点附近和相邻铝合金绞线出现几处损伤点。根据故障现象分析并结合雷电定位系统资料，故障原因确定为直击雷使 OPGW 光缆外层 AA 线熔化断裂后，在 OPGW 光缆重力和风力震动等外力作用下逐渐脱落，造成光缆断股故障。2003 年 9 月 28 日，运行中的 220 kV 河义线 N174—N175 塔号段，巡检人员发现 OPGW 光缆断股脱落，断股数量为 6 股。该 OPGW 光缆为中天日立光缆有限公司生产的 24 芯 OPGW 光缆，外层结构为 13 股 2.75 mm 铝合金缠绞线，内层为 5 股铝包钢丝加 1 根 SUS 管缠绞线，中心为 1 根铝包钢线。从事故现场检查记录发现，外层 13 股 AA 线中有 6 股完全断裂脱落，断点处 AA 线表面有发黑、不光滑平整及严重熔化的现象，断裂的 AA 线及断点附近的 AA 线表面都有多处严重的损伤点，内层的 AS 线表面也有发黑和几处损伤点。根据故障现象分析，结合雷电定位系统资料，故障原因确定为时间较长的直击雷使 OPGW 光缆外层 AA 线熔化断裂，在长时间的 OPGW 光缆重力和风力震动等外力作用下逐渐脱落，造成光缆断股故障。

导致 OPGW 光缆雷击断股事故的高温能量来源于雷击避雷线的雷电流，当雷电流落在输电线路上的架空避雷线，即 OPGW 光缆时，将引起 OPGW 光缆线体瞬间发热产生故障。根据《建筑物防雷设计规范》(GB 50057—2010)，主要有短时雷击和长时间雷击。从理论上讲，OPGW 光缆的雷电流比热容值不足以对 OPGW 光缆产生影响。然而，在实际工作中仍然多次发生断股，甚至断芯的事故。其原因在于，以上述稳定热容(I^2t)作为 OPGW 光缆的设计选型条件，是基于雷电流产生的热量均匀分布在 OPGW 光缆的截面上。然而，由于雷电活动的随机性，雷击 OPGW 光缆时，雷击点可能只作用在一根或数根单丝的某一小段上，使雷击点电流最大，将产生大量热量。如果雷电流为短时雷击的脉冲电流，因其持续时间极短，火花放电很快就会结束，热量来不及深入到金属材料内部，不会使金属材料熔化，一般只引起 OPGW 光缆的外层绞线表面熔化，产生深度较浅、面积较大的熔斑痕迹。若长时间雷击的持续准直流电流，其幅值虽然低，但持续时间长，长时间的持续电流能够维持电弧稳定燃烧，产生自持放电现象，导致长时间电弧产生的热量能够深入到金属材料内部，引起深层金属熔化，使 OPGW 光缆的外层绞线熔化断裂。同时，电弧产生的高温热量由雷点沿 OPGW 光缆向周围和中心扩散，在扩散过程中，若遇到电阻不均匀变化(显著增大)时，在不均匀变化处也将产生大量热量，大量热量产生的瞬时高温可达 600℃，甚至更高。而 OPGW 光缆的结构复杂，通常情况下由外层到内层的排列是，铝合金线(AA 线)、铝包钢线(AS 线)、铝骨架或不锈钢管和非金属光纤，各部分的物理参数不同,在发热过程中各部分达到的温度也不一样。雷击点处温度最高,而这一部分恰好是熔点只有 660℃的铝合金线(AA 线),此时,雷电流在雷击点产生的瞬时高温就完全可能把 OPGW 光缆外层部分绞丝熔断。即长时间雷击的电弧放电产生的高温是可能把 OPGW 光缆外层绞丝完全熔断,或使外层绞丝在熔融状态下拉伸断裂。因此,只要证明长时间雷击电流电弧放电产生的高温是造成 OPGW 光缆外层断股的外因,那么也就证明自然界的确存在大量的雷电电弧放电现象。下面从现场调查、雷击试验、微观分析等三个方面研究 OPGW 断股的机理。

(一)OPGW 光缆雷击断股事故的现场调查分析

OPGW 光缆雷击断股事故的现场调查的案例与发表的文章很多,前面也介绍了几个 OPGW 光缆雷击断股事故现场调查分析的结论。这些雷击断股事故都与长时间雷击电弧放电密切相关。下面以何有钧等(2009)对"无锡扬名变 220 kV 扬梅 I/II 线 2K80/2K89 保护通道因 OPGW 光缆断股引起中断"事故的现场调查为参考,应用排除法分析讨论该事故产生的原因。

1. 扬梅线 OPGW 光缆事故现象

2007 年 4 月 23 日中午 12 点 40 分左右,220 kV 扬梅 I/II 线 2K80/2K89 扬名变保护通道出现部分中断情况。经测试,发现保护光纤通道所使用的 12 芯光缆中共有 4 芯出现中断,220 kV 扬梅线双回路线路保护使用的光纤通道的备用通道已经全部中断,其故障点发生在离扬名变继电保护屏 278 m 处的 OPGW 光缆从杆塔引下的部分,其雷击故障点具体位置如图 3.6 所示。

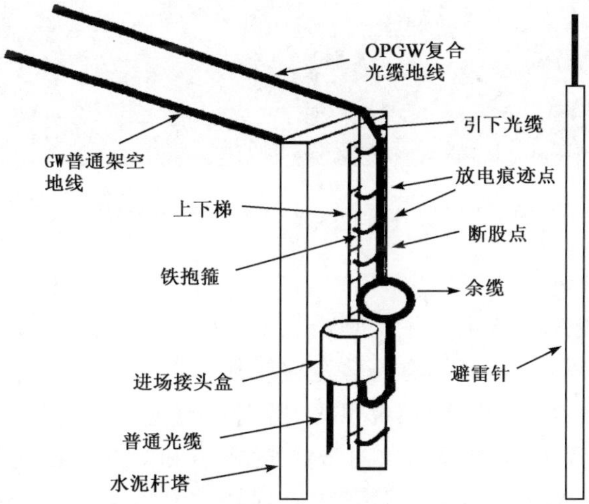

图 3.6 OPGW 光缆从杆塔引下部分示意图

现场调查情况:扬梅 2K80/2K89 光缆 OPGW 型号规格为 OPGW—281/36(M148/R95—189),光纤规格为 36×G.652,直径为 16.1 mm、截面积为 148 mm^2,其结构如表 3.3 所示;同塔的分流地线为 LLBJ—95/55(钢芯铝绞线),外径为 16.0 mm,截面积为 152.81 mm^2。全线 OPGW 和分流地线杆塔逐基接地。登杆对 OPGW 引下线进行检查,发现在 OPGW 引下线部分有几处放电痕迹,OPGW 出现散股现象,并有熔穿不锈钢管芯的现象(图 3.7)。故障点的具体位置为 OPGW 光缆引下线与扬名变线路构架的金属抱箍互相接触的地方。接触点放电后造成 OPGW 金属外层断股、散股和内芯 OPGW 光缆的断裂。

表 3.3 光缆结构表

层序	名称	根数	线材直径(mm)
中心层	20%AS 线	1	4.10
第一层	20%AS 线	5	3.00
	AA 线	1	3.00
	SUS	1/36	3.00
第二层	20%AS 线	0	
	AA 线	13	3.00

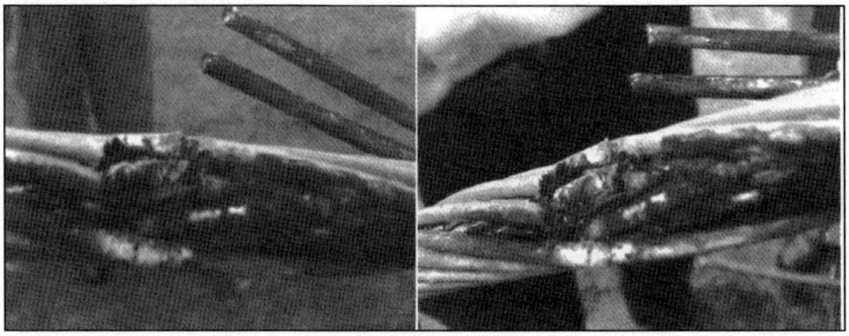

图 3.7 扬名变 OPGW 光缆断股和散股照片

2. 事故原因分析

目前,大多数光缆断股损坏主要是由直击雷引起,而扬名变光缆故障现场被熔断股的位置处于变电站内部,周围有许多避雷针都高于光缆故障点,因此直击雷引起的可能性较小,而雷电绕击的可能性也很小,所以雷电直击、绕击到光缆断股处的 2 个因素被排除。可能是 OPGW 避雷线上的短时雷击和短时雷击之后的长时间雷击的雷电行波,通过杆塔向大地放电的过程中碰到杆塔上的铁梯向抱箍放电;或是短时雷击和短时雷击之后的长时间雷击到变电站避雷针,引起地电位反击造成地电位升高,杆塔上金属构架与 OPGW 光缆地线之间产生电位差,引起拉弧放电。但根据现场察看，扬名变 OPGW 光缆断股有其独特的地理环境原因：OPGW 光缆引下线与金属构架不是固定连接，而是紧靠在一起。若是短时雷击造成事故，根据短时雷击能量对避雷针顶部高温熔损分析和大量文献资料报道，短时雷击的雷电流持续时间小于等于 500 μs，只可能产生一个表面较小的熔斑痕迹，不可能造成断股，并且扬名变故障现场断股点由于 OPGW 引下光缆是处于一种悬挂状态，风一吹就会引起摆动，只有当短时雷击发生时正好由于风摆原因，使放电点两边产生一个适当的距离，那么才能有电弧放电发生并产生熔化能量很大的燃弧，温度大大超过 600℃ 足以把光缆外层甚至内层的股线熔断，但是短时雷击的雷电流持续时间太短，发生上述现象的可能性非常小，因此短时雷击造成事故因素可以被排除。长时间雷击的雷电流持续时间在 0.25～1 s，其持续电流为 200～800 A，传递的电荷量在 160～240 C，当长时间雷击发生时，正好由于风摆，放电点两边会产生一个适当的距离，并且现场发现的 OPGW 光缆与变电站内杆塔电弧放电处的杆塔上金属抱箍烧损痕迹如图 3.8 所示，从金属抱箍和钢板烧损痕迹判断只有很大能量产生的高温才可能形成如此的烧损痕迹，而只有长时间雷击才可能提供这样大的电弧放电热量，使其产生的温度足以把 OPGW 光缆外层的铝丝烧断股，把内层不锈钢缆芯烧穿，继而把部分光缆纤芯烧断。即现场的 OPGW 光缆与杆塔上金属抱箍烧损痕迹为长时间雷击发生时正好由于风摆作用，使放电点两边产生一个适当的距离的可能性提供了证据。

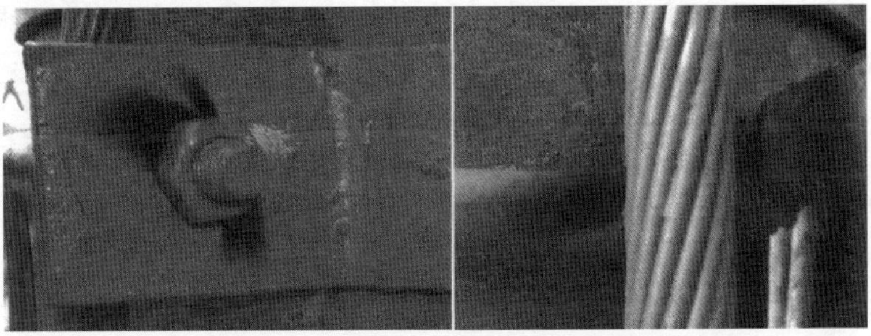

图 3.8　OPGW 光缆与杆塔上金属抱箍烧损现场照片

因此，此次 OPGW 光缆雷击断股事故原因是长时间雷击发生时正好由于 OPGW 光缆被风摆导致 OPGW 光缆与变电站内杆塔电弧放电处的杆塔上金属抱箍两边产生了适当的距离形成电弧放电，造成 OPGW 光缆外层的铝丝烧断，内层不锈钢缆芯烧穿，继而部分光缆纤芯烧断的事故发生。

（二）OPGW 光缆雷击断股事故的雷击试验分析

为了进一步研究 OPGW 光缆雷击断股事故的机理，国内外科学家开展了一系列的实验室模拟雷击电流对 OPGW 光缆进行雷击试验。下面以 Liuis-R Sales，Josep Martin，Allesandro Ginocchio 等人对“OPGW 雷击试验及分析”的研究为参考，讨论短时雷击与长时间雷击在 OPGW 光缆雷击断股事故的作用机制。

1. 雷击试验波形

实验室模拟雷击电流对 OPGW 光缆进行雷击试验的目的是模拟天然雷击所造成的损害。雷击试验波形是依据 IEC 60794－4－1 标准的附件 F，四个雷击组成部分的参数要求如表 3.4 所示。

表 3.4 雷击组成部分的参数表

参数 / 组成部分	I_{peak}(kA) 峰值电流	I_{mean}(kA) 平均电流	$\int I^2 t$(kA²·s) 累计作用积分	脉冲宽度 (ms)	上升时间 (μs)	转移电荷 (C)
A	120±10%	—	2±10%	0.5	25	—
B	—	2±10%	—	5.0	—	10±10%
C	—	协商确定	—	协商确定	—	协商确定
D	100±10%	—	0.25±10%	0.5	—	—

为了获取组成部分 *A*，*B*，*C*，*D* 综合雷击作用对光缆的损坏程度，采取一系列不同组成部分单独或组合的波形进行试验。其基本试验步骤是用 *A*，*B*，*C* 单独波形和组合波形 *A*＋*BCD*(其中“＋”表示 *A* 与 *BCD* 分开来做，*BCD* 则连续起来做)对不同缆型的两个样品进行试验，并且组成部分 *C* 使用两级电荷转移量，即 *C*1 为 100 C(即 200 A× 500 ms)，*C*2 为 200 C (即 400 A× 500 ms)。所有试验均为负极放电。

2. 试验用 OPGW 规格

光缆长度：12 m；

光缆张力：13±3% RTS；

钨棒(电极)：直径 3 mm，半球形顶端；

电极与光缆间隙：(5±1) cm；

光缆温度：(40±5)℃；

冲击次数：1 次冲击/每根光缆做两个样品；

雷击试验后，做抗拉强度试验直到光缆拉断，以研究光缆的残余抗拉强度。试验用 OPGW 缆型参数如表 3.5 所示。

表 3.5 试验用 OPGW 缆型参数

#	OPGW	类型	铠装#×绞线 Φ (mm)	光缆直径 Φ (mm)	RTS (kg·F)	UTS (kg·F)	试验
S1	88A21z	SSCT	(4AS＋3AA)×2.60	8.8	3076	3814	试验组成部分 *A*，*B*，*C*，*D* 各项和 *A*＋*BCD*
S2	32C50s	AL	15AS×2.20	13.2	7150	9368	
S3	50H71z	AL	12ACS×3.0	15.0	10726	12746	

续表

#	OPGW	类型	铠装#×绞线 Φ (mm)	光缆直径 Φ (mm)	RTS (kg·F)	UTS (kg·F)	试验
S4	27C36z	AL	(6AS+7AA)×2.40	12.7	4414	5341	只试验组成部分 *C*
S5	51E67z	AL	14AS×2.70	15.1	10240	12513	
S6	30B50z	AL	13AS×2.44	13.0	7615	8992	
S7	80A21z	SSCT	9AS×2.00	8.0	3547	4235	
S8	88A26z	SSCT	8AS×2.40	8.8	4526	5680	
S9	99A34z	SSCT	7AS×3.00	10.0	5963	7035	
S10	51D57Ds	SSST	1AS×3.45 5AS×3.30+SST 15AA×2.52	15.1	8848	10520	

说明:①SSCT—不锈钢中心束管结构;②AL—铝管结构;③SSST—不锈钢管层绞式结构;④AS—铝包钢线;⑤AA—铝合金线。

3. 不同试验方法对光缆损坏的分析

(1)雷电组成部分 *A* 分量的试验

雷电组成部分 *A* 分量试验发现,雷电 *A* 分量对不同结构光缆的影响是:仅仅在光缆的表面产生轻微黑斑,不同结构光缆的残余抗拉强度与原来相比几乎没有变化,也没有发生光缆断股现象(图 3.9)。因此,雷电组成部分 *A* 分量对不同结构光缆的光学和机械性能产生了轻微的可以忽略不计的影响。

(2)雷电组成部分 *B* 分量的试验

雷电组成部分 *B* 分量试验发现,雷电 *B* 分量对不同结构光缆的影响是:仅仅在光缆的表面产生较大黑斑,不同结构光缆的残余抗拉强度与原来相比,发生了 1%～14%的变化,没有发生光缆断股现象(图 3.10)。因此,雷电组成部分 *B* 分量对不同结构光缆的机械性能有轻微影响,但对光学性能无影响。

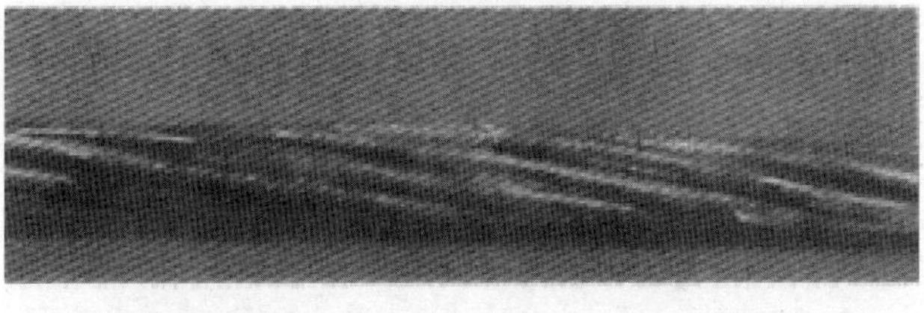

(a)S1 光缆残余抗拉强度为原来的百分比:100%～100%

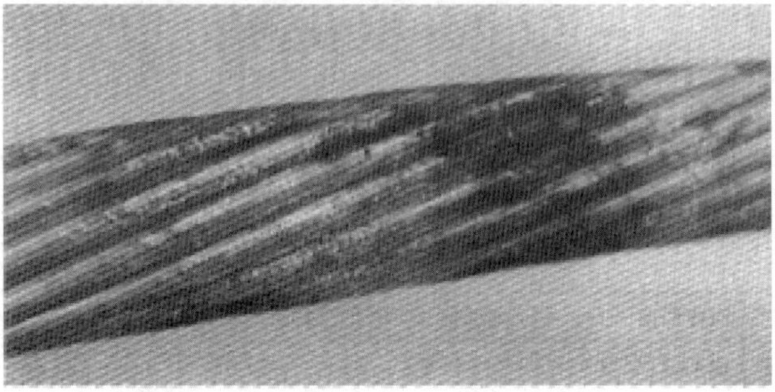

(b)S2 光缆残余抗拉强度为原来的百分比：100％～100％

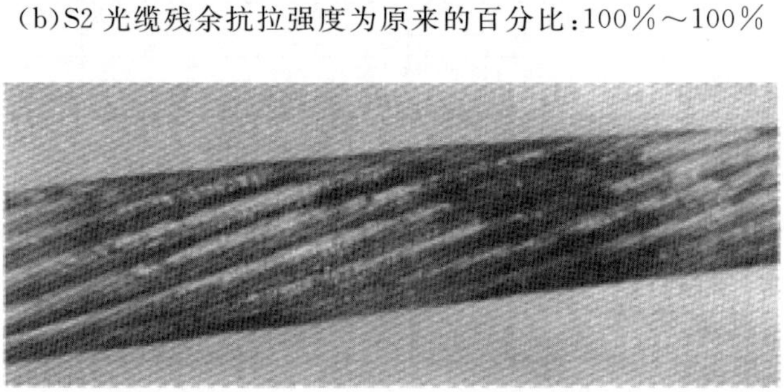

(c)S3 光缆残余抗拉强度为原来的百分比：100％～99％

图 3.9　雷电组成部分 A 分量试验结果图片

(3)雷电组成部分 C 分量的试验

①C 分量为 100 C 的试验

雷电组成部分 C 分量为 100 C 的试验发现，雷电 100 C 的 C 分量对不同结构光缆的影响是：在光缆的表面产生熔蚀斑，不同结构光缆的残余抗拉强度与原来相比，发生了 36％～44％的变化，并且发生了光缆断股现象(图 3.11)。因此，雷电组成部分为 100 C的 C 分量对不同结构光缆的机械性能造成不同程度的损坏，同时对光学性能的影响很大程度上取决于光缆的直径和工艺，并且断股现象主要发生在较小直径的光缆上。

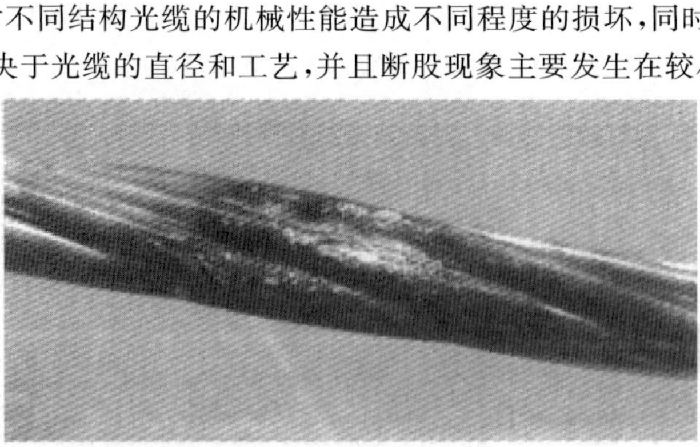

(a)S1 光缆残余抗拉强度为原来的百分比：86％～93％

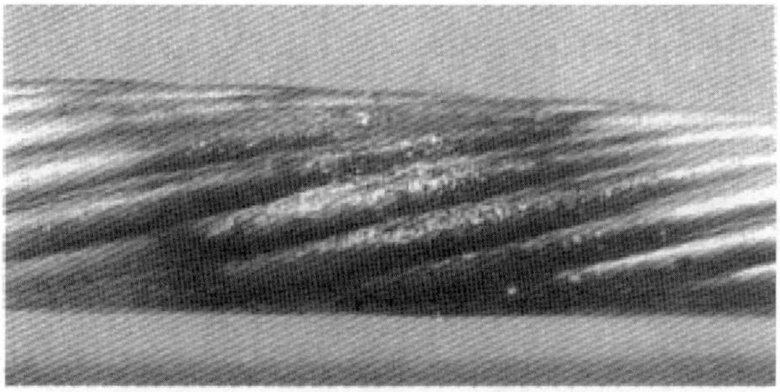

(b)S2 光缆残余抗拉强度为原来的百分比：92%～92%

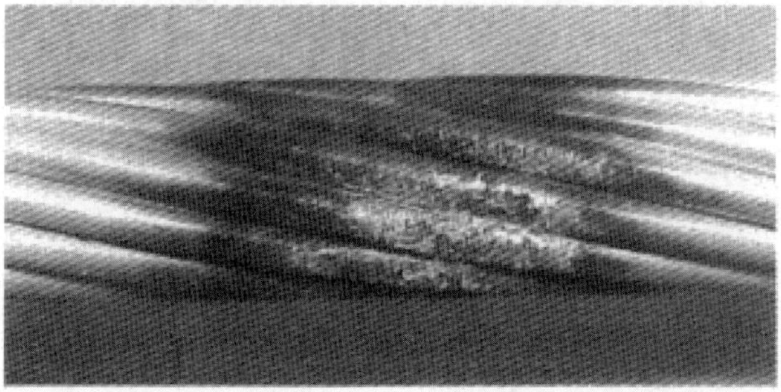

(c)S3 光缆残余抗拉强度为原来的百分比：96%～99%

图 3.10 雷电组成部分 B 分量试验结果图片

(a)S1 光缆残余抗拉强度为原来的百分比：60%～64%

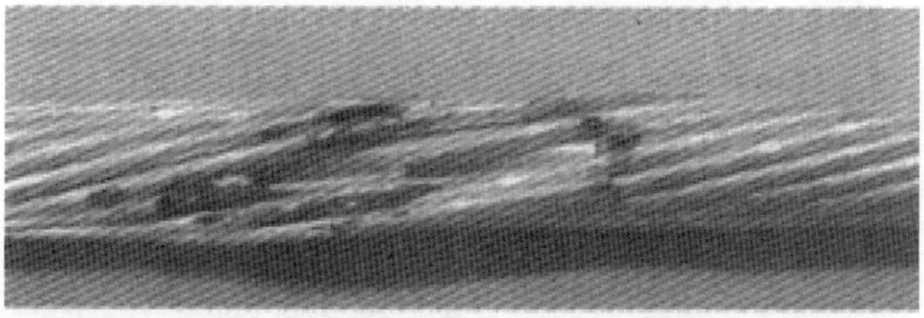

(b)S2 光缆残余抗拉强度为原来的百分比：46%～47%

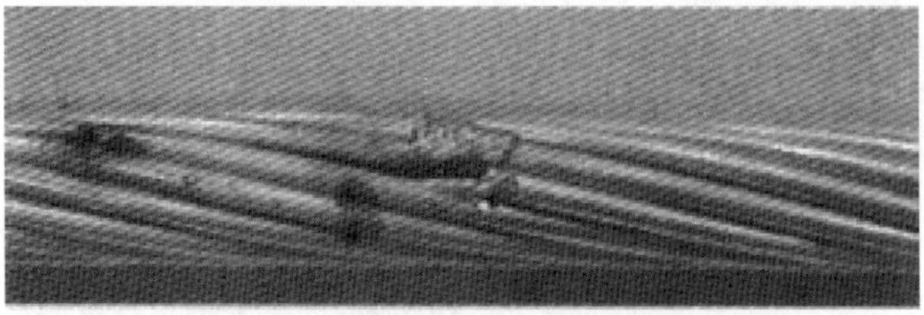

(c)S3 光缆残余抗拉强度为原来的百分比:60%～64%

图 3.11 雷电组成部分 C 分量(100 C)试验结果图片

②C 分量为 200 C 的试验

雷电组成部分 C 分量为 200 C 的试验发现,雷电 200 C 的 C 分量对不同结构光缆的影响是:在光缆的表面产生比较大的熔蚀斑,不同结构光缆的残余抗拉强度与原来相比,发生了 49%～100%的变化,并且发生了光缆断股现象(图 3.12)。因此,雷电组成部分为 200 C 的 C 分量对不同结构光缆的机械性能造成比较严重的损坏,同时对光学性能的影响很大程度上取决于光缆的直径和工艺,并且直径较小的不锈管 OPGW 被完全击断。

③C 分量为不同转移电荷量的试验

雷电组成部分 C 分量为 53～225 C 等不同电荷转移量的试验发现,雷电不同电荷转移量的 C 分量对 7 种不同结构光缆的影响如表 3.6 所示,其残余抗拉强度与不同电荷转移量(C)的关系如图 3.13 所示。从表和图可知,不同结构光缆的残余抗拉强度与原来相比,发生了 22%～71%的变化,随着电荷转移量增加,其残余抗拉强度具有显著的下降趋势,并且发生了显著的光缆断股现象。

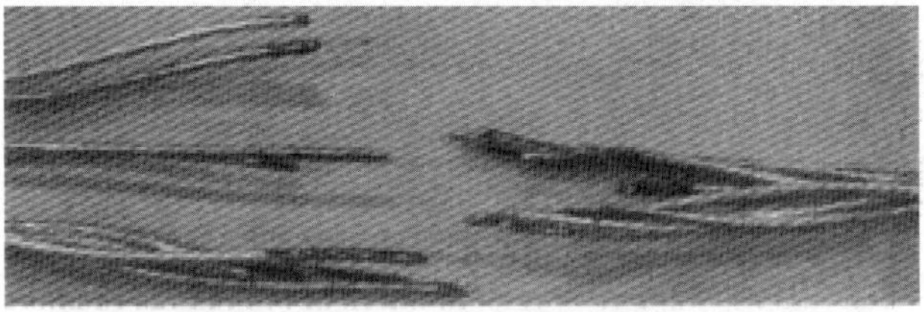

(a)S1 光缆残余抗拉强度为原来的百分比:0%～21%

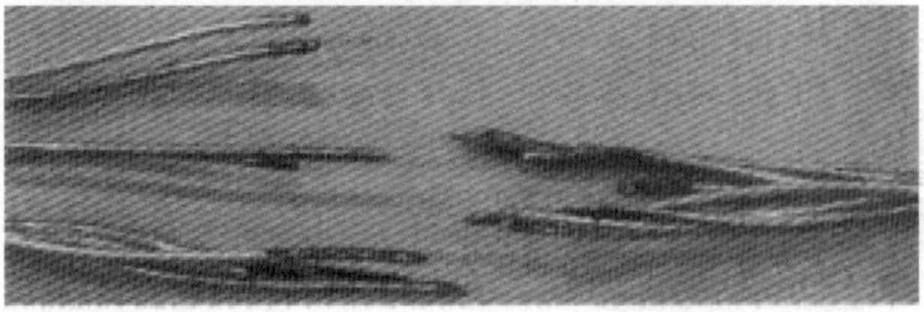

(b)S2 光缆残余抗拉强度为原来的百分比:29%～53%

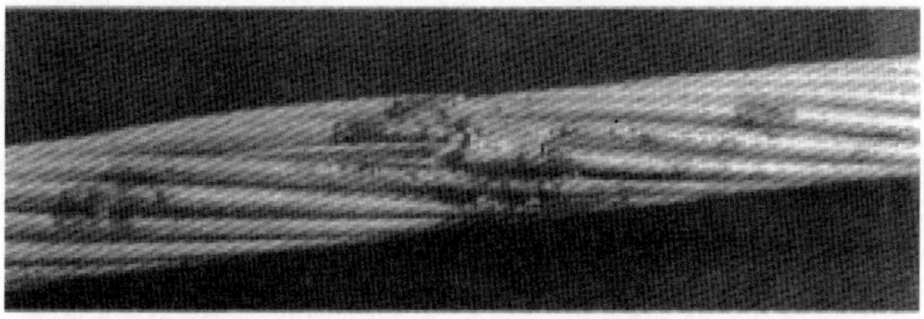

(c)S3 光缆残余抗拉强度为原来的百分比:52%～59%

图 3.12　雷电组成部分 C 分量(200 C)试验结果图片

表 3.6　7 种光缆在不同电荷转移量条件下的试验结果

OPGW	第一次冲击			第二次冲击		
	转移电荷量(C)	断股数	残余抗拉强度	转移电荷量(C)	断股数	残余抗拉强度
27C32z　S5	53	1AS+1AA	62%	49	1AS	61%
	101	1AA+2AS	61%	101	3AA+2AS	45%
	153	3AA+2AS	59%	213	3AA+2AS	56%
S1E67z　S5	92	0	55%	111	3	59%
	149	2	58%	152	3	57%
	185	4	43%	187	4	57%
30B50z　S6	51	1	70%	54	1	68%
80A21z　S7	47	2	51%	49	3	53%
	91	3	47%	102	4C44%	—
	110	5	22%	155	5+SS(*)	30%
	153	4	36%	—	—	—
88A26z　S8	53	2	56%	52	0	61%
	106	1	48%	102	1	43%
	167	3	40%	140	2	41%
	225	5	34%	208	4+SS(*)	40%
99A34z　S9	52	1	64%	55	1	65%
	110	2	56%	106	2	56%
	138	1	53%	141	2	45%
	211	3	40%	204	4	29%
51D57Ds　S10	48	1 AA	77%	54	3 AA	74%
	98	2 AA	50%	90	2 AA	78%
	158	6 AA	55%	140	6 AA	52%
	213	5 AA	72%	194	7 AA	52%

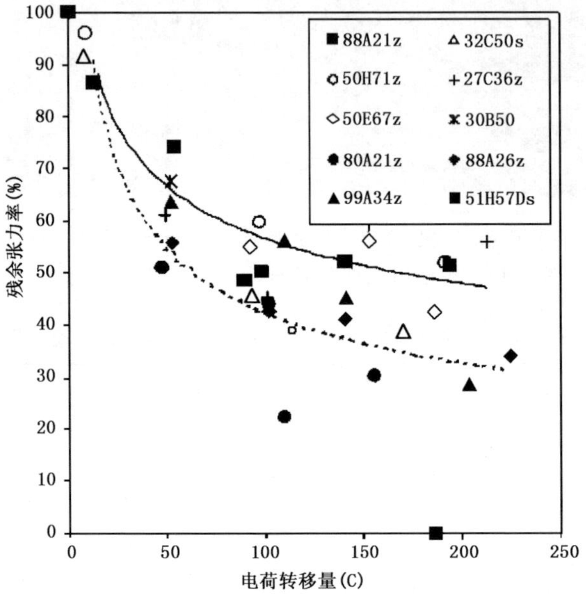

图 3.13　不同光缆直径的残余张力率与电荷转移量的关系曲线图

(4)雷电组成部分 $A+BCD$ 波形及 C 分量为 200 C 的试验

雷电组成部分 $A+BCD$ 波形及 C 分量为 200 C 的试验发现，$A+BCD$ 波形及 200 C 的 C 分量对不同结构光缆的影响是：在光缆的表面产生比较大的熔蚀斑，不同结构光缆的残余抗拉强度与原来相比，发生了 42%～100%的变化，并且发生光缆断股现象(图 3.14)，其试验结果与单独做 C 分量为 200 C 的试验结果几乎完全相同。因此，雷电组成部分 $A+BCD$ 波形及 200 C 的 C 分量对不同结构光缆的机械性能造成比较严重的损坏，同时对光学性能的影响在很大程度上取决于光缆的直径和工艺，并且直径较小的不锈管 OPGW 被完全击断。

4. 试验结论

(1)试验组成部分 A 和 D 不会对光缆造成损坏。

(2)组成部分 B 只对光缆造成轻微损害。

(3)组成部分 C 对光缆造成损害最大，转移电荷量越大，对光缆的损害也越大。

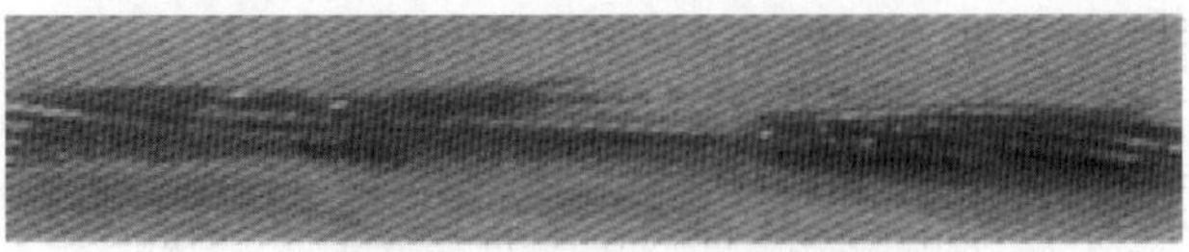

(a)S1 光缆残余抗拉强度为原来的百分比：0%～0%

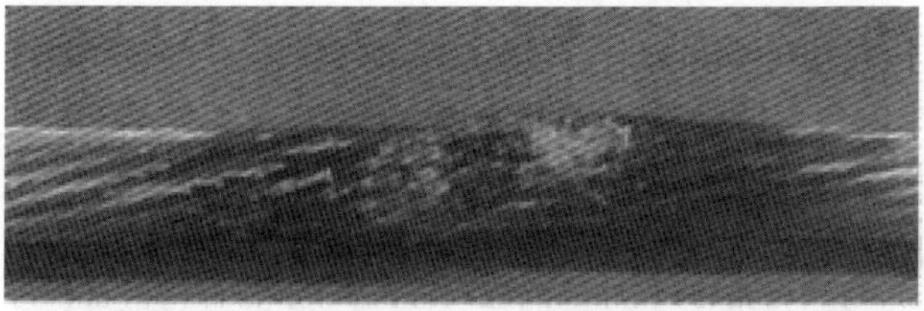

(b)S2 光缆残余抗拉强度为原来的百分比:34%～44%

(c)S3 光缆残余抗拉强度为原来的百分比:50%～58%

图 3.14 雷电组成部分 $A+BCD$ 波形及 C 分量为 200 C 的试验结果图片

(4)对同一样品做 A,B,C,D 所有组成部分要求的试验结果,与只做组成部分 C 的试验结果,没有太大的差别。

(5)不需要将组成部分 C 与 AB 和 D 组合在一起做,其影响没有太大区别。

(6)有时,即使绞线表面上并没有太大的损坏,但在拉力试验中,发现光缆抗拉强度已有较大的降低。

(7)当转移电荷量在 50～200 C 时,双层绞线的不锈钢管结构 OPGW 与单层绞线的铝管结构 OPGW 受到的损坏程度相当。

(8)在 200 C 转移电荷量时,当光缆直径大于 12 mm 时,平均残余张力率达到 50%RTS;当光缆直径小于 10 mm 时,平均残余张力率达到 30%RTS。

(9)四根不锈钢管 OPGW 中的三根直径小于 9 mm,光纤单元在转移电荷大于 100 C 时受到了损害。

另外,武汉大学王建国教授关于"光纤复合架空地线(OPGW)雷击断股试验"分析研究得到"对 OPGW 外层单丝断股起破坏作用的主要是连续电流部分。尽管连续电流部分幅值水平不高,但由于持续时间最长,电荷转移量最大,因此得到对 OPGW 形成断股起主要作用"的相同结论。图 3.15 是王建国教授给出的雷电流不同部分雷击试验结果图片。

(三)OPGW 光缆雷击断股事故的微观分析

为了进一步研究 OPGW 光缆雷击断股事故的机理,国内外科学家开展了一系列雷击断股事故的现场调查和实验室模拟雷击电流对 OPGW 光缆进行雷击试验等宏

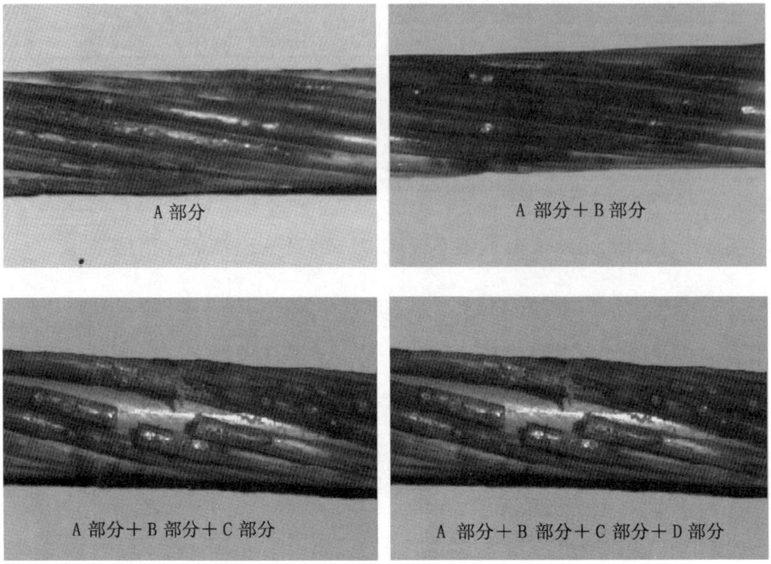

图 3.15　雷电流不同部分雷击试验结果图片

观分析研究，还充分利用日本 Olympus PAD10AD 体视显微镜、日本 JSM-35C 扫描电镜、德国 Zeiss 金相显微镜等微观分析手段研究了 OPGW 光缆雷击断股事故的机理。下面以胡毅等(2005)对 OPGW 光缆雷击断股事现场取回的 OPGW 雷击断股样品进行微观检测及其机理分析为例，从微观角度讨论 OPGW 光缆雷击断股的原因。

1. OPGW 雷击断股样品的断口分析

从多处 OPGW 光缆雷击断股事故现场取回的 OPGW 雷击断股样品中(样品外层绞线为铝合金绞线)选择 2 个具有典型断口的样品，截取断口制成断口分析样品，应用 Olympus PAD10AD 体视显微镜和日本 JSM-35C 扫描电镜对断口样品进行微观分析，取得了一系列的断口样品微观图。

从图 3.16～3.17 可知，断口处有大量气孔、熔坑和熔渣，断头一边较对称、较圆，另一边则不对称、较斜平。而熔斑、熔渣、气孔和融球状断口是高温熔融的主要特征，因此可以说明断口处都曾经受过高温熔融。

从图 3.18 和图 3.19 可知，2 个断股样品离断口 10 mm 处 OPGW 导线外部的表面形貌。图中宏观显现的黑色斑是熔融斑，说明线股表面经受过高温烧蚀。比较图 3.16～3.19 可看出，样品断口的断头形态和熔融程度与导线外部黑色熔斑的严重程度相对应。1＃样品断头熔融程度较 2＃样品轻，其导线外部的熔斑严重程度亦较 2＃样品轻。2 个样品断口及外部均有多重电击熔坑、熔瘤或熔渣遗留痕迹，说明曾受过多次烧蚀和高温熔溅。由图可知，在同一副断股对中，球头边的熔斑、熔渣、气孔

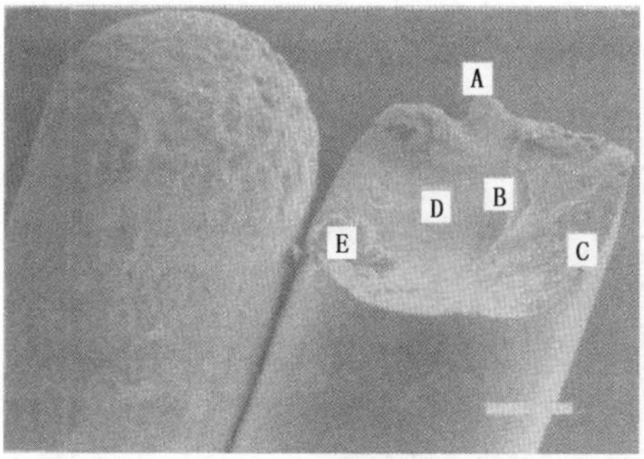

图 3.16　1＃样品断口图(标尺 1000 μm)
A—一次熔融；B—熔融扩展区；C—滑移痕
D—斜断区；E—二次熔融区

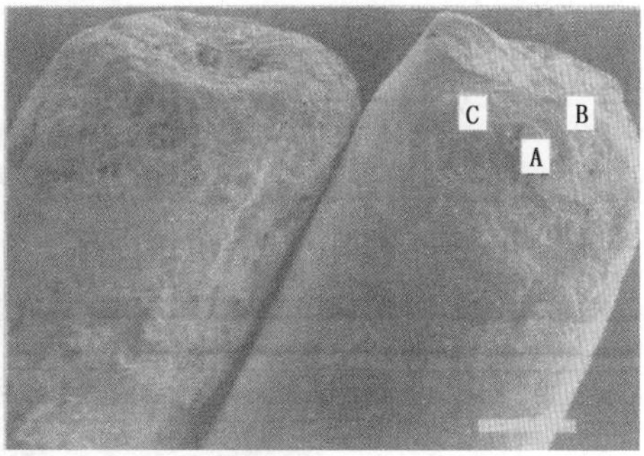

图 3.17　2＃样品断口图(×20,标尺 1000 μm)
A—熔化区；B—拉伸区；C—拉伸缩颈

比平头边多，相应导线外部的熔融斑也较严重，说明球头边比平头边受热高、热熔融严重，是大电流电荷转移的主通道。

图 3.18　1＃样品的导线外部图
(标尺 1000 μm)

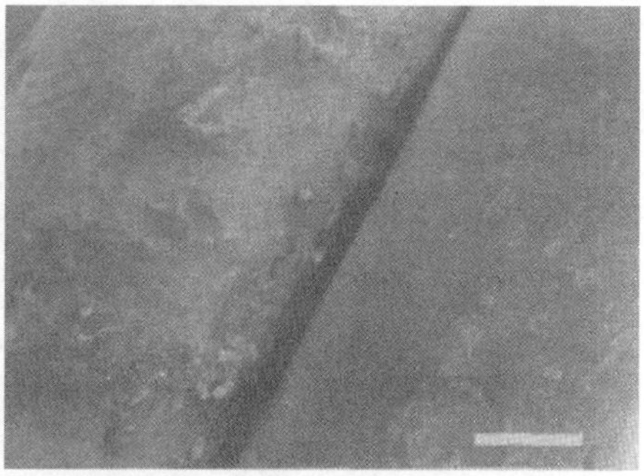

图 3.19　2＃样品的导线外部图
(标尺 1000 μm)

从图 3.20 可知，1＃样品具有明显的热熔后冷拉的斜断口特征。

从图 3.21 可知，1＃样品显示圆断头上熔融圆球状断口、大量气孔和熔融物，表明高温熔融是断股的首要原因。

从图 3.22 可知，1＃样品显示斜断头上滑移线和斜断面上再次溅有熔融瘤斑，表明单股拉扭断裂后溅上了邻股熔融的瘤斑。

从图 3.23 和图 3.24 可知，1＃样品显示斜断头边缘的高温熔融和常温拉扭特征，并且图 3.24 还显示 1＃样品斜断头边缘受力滑移痕迹。

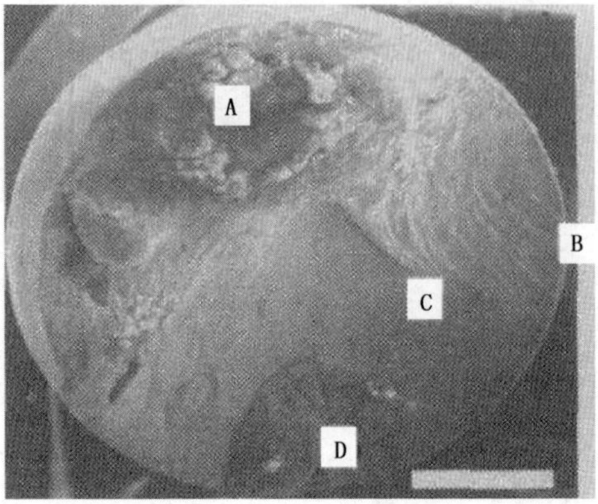

图 3.20　1♯样品斜断头图(标尺 1000 μm)
A——一次熔融;B—滑移痕;C—斜断区;D—二次熔融瘤

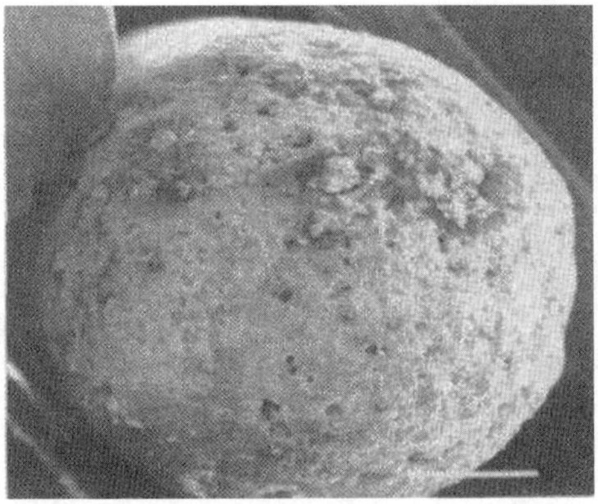

图 3.21　1♯样品斜断头上熔融物和大量气孔图(标尺 1000 μm)

图 3.22　1♯样品斜断头上滑移线和斜断面上再次溅有熔融瘤斑图(标尺 1000 μm)

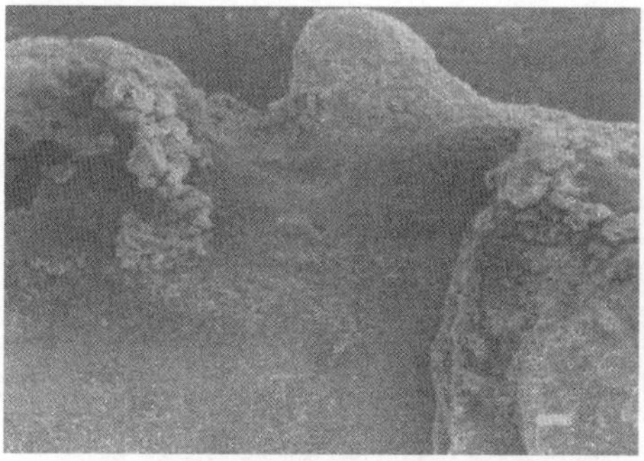

图 3.23 1#样品斜断头边缘的高温熔融特征图(标尺 1000 μm)

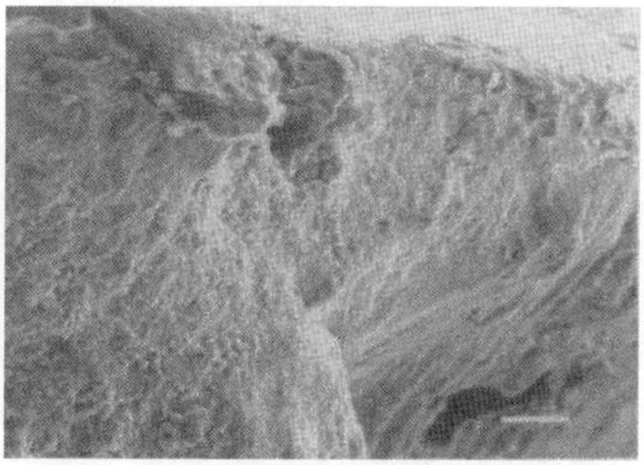

图 3.24 1#样品斜断头边缘受力滑移痕迹融特征图(标尺 1000 μm)

从图 3.25 可知，1#样品显示导线外部具有较浅的熔融坑和气孔特征。

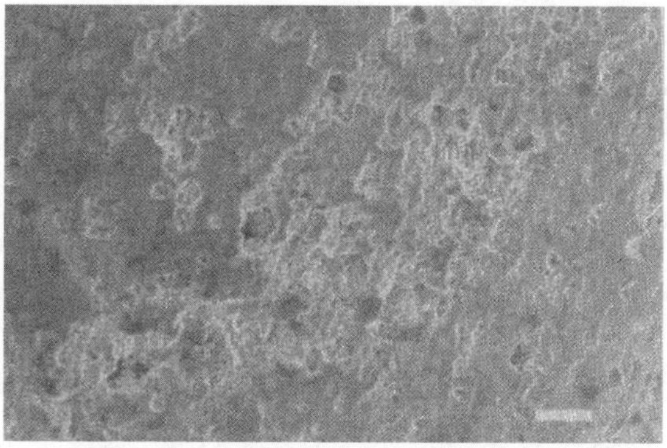

图 3.25 1#样品球头杆部较浅的熔融坑和气孔图(标尺 1000 μm)

上述分析表明:1#样品圆断头上有大量高温熔融坑、气孔和导线外部较浅的熔融坑和气孔,显示 1#样品烧蚀范围较集中;1#样品高温熔融程度较轻,其断股是在局部高温熔融后,在较低温度下受较大拉应力经过滑移过程产生斜断,线股表面局部熔融造成线股强度降低,这是断股的首要原因。

从图 3.26～3.29 可知，2#样品断口主要是高温熔融,少量滑移。大量气孔和熔渣证明高温熔融是断股的主要原因。即 2#样品受高温熔融严重,其断股是在较高温度下、较大范围内、熔融态几乎未经滑移过程而正断的,大电流造成整股高温熔融是断股的主要原因。

综上所述,样品破坏的主要原因是高温熔断。熔融来自导线外的局部、短时高温,损伤由外向内,而不是整股导线内的长时过载缓慢温升。

2. OPGW 雷击断股样品的金相分析

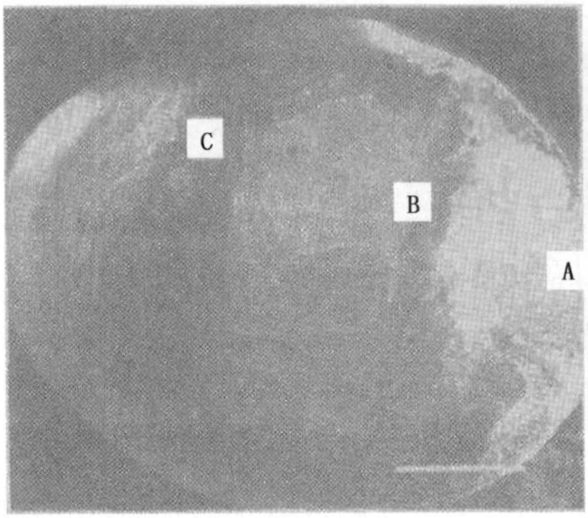

图 3.26　2#样品平断口图(标尺 1000 μm)
A—熔融区;B—熔融扩展区;C—滑移痕

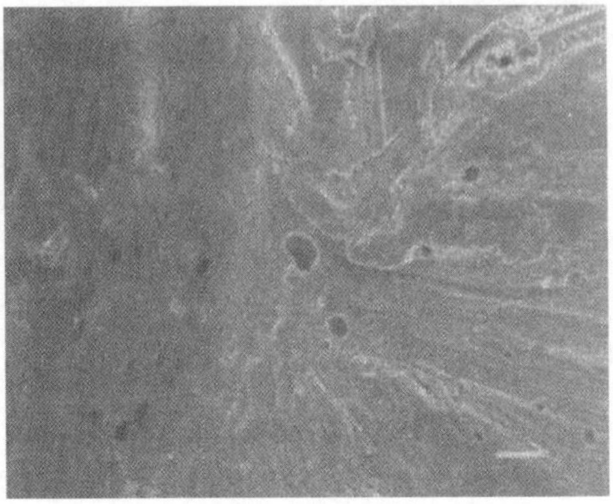

图 3.27　2#样品平断口熔融气孔图
(标尺 1000 μm)

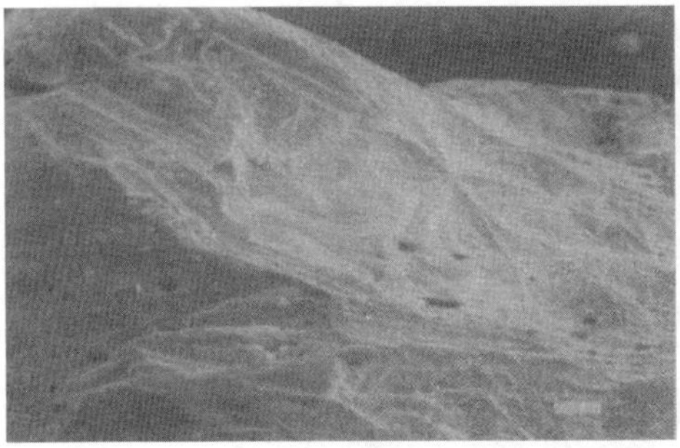

图 3.28　2#样品熔断后再结晶图
(标尺 1000 μm)

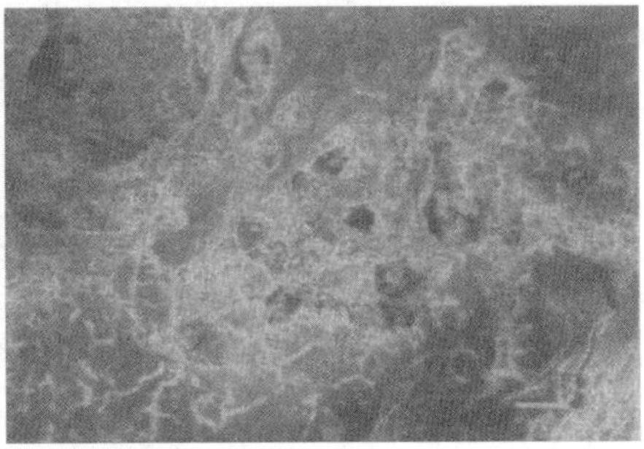

图 3.29　2#样品圆断口大量气孔图
(标尺 1000 μm)

将样品镶嵌后磨成金相样品,用 10%NaOH 腐蚀,用德国 Zeiss 金相显微镜和日本 JSM-35C 扫描电镜作金相观察。从图 3.30 可知,断口样品受热后,组织结构降低,晶界显露,聚集较多气孔,并且远离断口样品处呈明显的冷拉组织结构,晶界不明显,气孔很少。可见,OPGW 仅局部经受短时烧蚀,这与断口分析结果一致。

3. OPGW 雷击断股样品的化学和力学及热性分析

将样品原材料化学成分进行能谱分析,结果表明,含铝量≥99.5%,合金元素 Si+杂质(Fe,Cu) ≤0.5%,样品材料成分相当于牌号 1# 铝。用 HB100 和 H1000 硬度计分析的结果表明:1# 显微硬度为 HB33~35, 2#显微硬度为 HB30~33。远离断口处织构明显,显示表面硬化强度,材料为硬铝;热融区织构消失,硬度降低。对于相同材质,硬度的降低也证明热熔程度 1# 样品<2#样品。用美国 PE 公司 DSC27 热分析仪进行热性能分析,结果表明:各样品断股线与未断股线熔点接近,均在642~

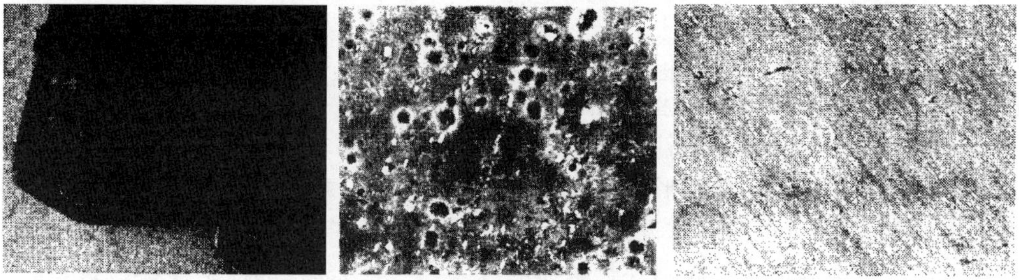

(a)断口样品和金相样品　(b)热熔断口的金相气孔与晶界(标尺 100 μm)　(c)远离断口取样金相未见气孔且晶界未熔(标尺 100 μm)

图 3.30 OPGW 雷击断股样品金相图

645℃范围内,比纯铝熔点 660℃略低,这是由于合金杂质及内应力的原因。1#样品热分析如图 3.31 所示。

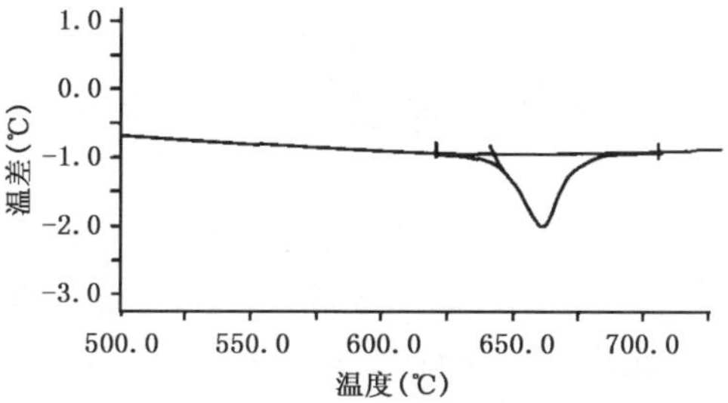

图 3.31 1#样品热分析曲线图

4. 断股原因分析

对断股样品的微观分析表明:OPGW 断股由高温熔融造成,熔融来自导线外局部高温,损伤由外向内,而不是整股导线内的长时过载缓慢温升。作为避雷线的 OPGW 断股高温只有两种可能性:一是工频接地短路电流产生的高温;二是雷电电弧产生的高温。但从发生断股线路的运行统计情况来看,在 OPGW 发生断股期间,线路并没有跳闸记录;并且从断股发生的位置来看,断股均处在档距中;而对 OPGW 样品的工频短路电流试验也表明,即使线路上通过预计的最大故障短路电流时,其温升一般也小于 200℃,不可能造成断股。因此,工频接地短路电流产生的高温造成 OPGW 断股的因素可以排除,故 OPGW 的断股只可能由雷击形成电弧产生高温熔断。与前面对 OPGW 光缆雷击断股事故雷击试验分析结论"长时间雷击形成电弧放电产生的高温熔损可直接造成 OPGW 断股"不矛盾。

5. 分析结论

(1)微观分析表明,OPGW 断股的主要原因是高温熔融;且有烧蚀范围集中、损伤由外到内的特点。

(2)根据微观分析结果,结合线路运行情况调查和试验分析可得出:OPGW 的断股只可能由雷击形成电弧产生高温熔断。

通过 OPGW 光缆雷击断股事故的现场调查分析、雷击试验分析、微观分析,表明自然界普遍存在长时间雷击形成电弧放电的自然现象,并且当建(构)筑物和不同类型的电气、电子等强电和弱电设施的金属部件被长时间雷击时,就会出现长时间雷击电弧放电产生高温造成金属部件热熔损的现象,若这些金属部件是建(构)筑物和不同类型的电气电子等强电、弱电设施的承重结构的部件,就可能因这些金属部件电弧热熔损的隐患,在建(构)筑物和不同类型的电气电子等强电弱电设施的自身荷载或(和)外部荷载的耦合效应作用下形成事故,因此,要高度重视长时间雷击形成电弧热熔损对建(构)筑物和不同类型的电气、电子等强电、弱电设施的金属部件的影响与危害,尤其要高度关注长时间雷击形成电弧热熔损对具有承重结构作用的金属部件的影响与危害。

第二节　雷电的电弧放电产生方式研究

雷电的电弧放电产生方式也就是长时间雷击电流与被雷击的金属部件的电弧放电的产生方式,其电弧放电产生方式如图 3.32 所示,可分为两种:一是雷电梯级先导头部与被雷击金属部件表面形成的电弧放电方式,简称为雷击金属部件表面电弧放电产生方式;二是长时间雷击电流与被雷击的金属部件之间间隙处形成的电弧放电

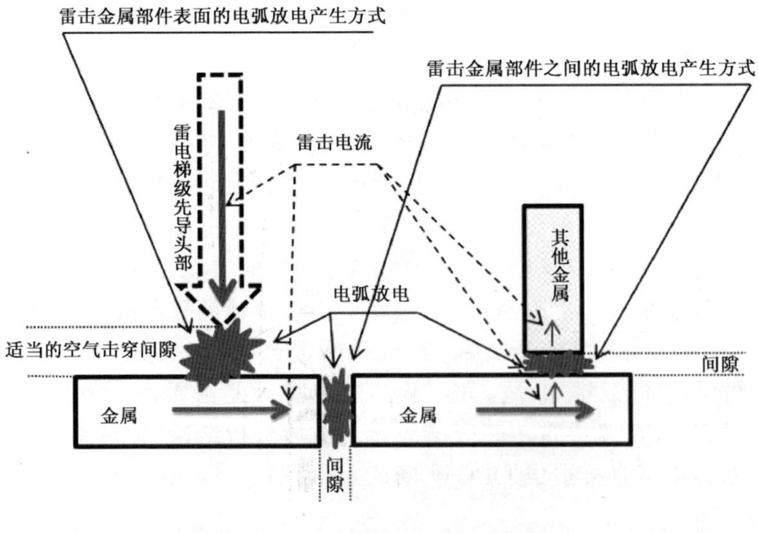

图 3.32　长时间雷击电流与钢筋形成电弧放电产生方式示意图

方式，简称为雷击金属部件之间的电弧放电产生方式。

一、雷击金属部件表面的电弧放电产生方式

长时间雷击电流还未进入被雷击的建(构)筑物和不同类型的电气电子等强电、弱电设施的金属部件中传导，而是在大气中的雷电梯级先导通道中传导，当雷电梯级先导头部邻近金属部件表面适当距离时，使雷电梯级先导头部与金属部件表面之间形成导致大气中气体粒子电离的强电场，从而在两者之间产生电弧放电现象。前面图 3.1 和图 3.4～3.5 分别给出的中国、美国、日本在现场发现的避雷针顶部高温熔损图，从客观上证明了确实存在雷击金属部件表面的电弧放电产生方式。另外图 3.33 给出了重庆市防雷中心在省级重点实验室——重庆市雷电灾害鉴定与防御工程技术研究中心的长时间雷击电流与钢筋表面的电弧放电的实验图片。该试验也证明了长时间雷击电流与建(构)筑物和不同类型的电气、电子等强电、弱电设施的金属部件表面形成电弧的客观事实，即自然界确实存在雷击金属部件表面的电弧放电产生方式。

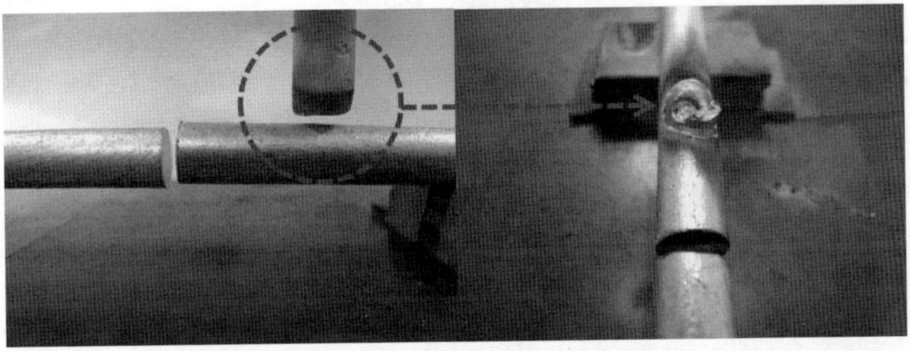

(a)试验前　　(b)试验后

图 3.33　长时间雷击电流与钢筋表面产生电弧放电试验图片

二、雷击金属部件之间的电弧放电产生方式

当长时间雷击电流通过大气中，在气体粒子电离形成电弧，进入被雷击建(构)筑物和不同类型的电气、电子等设施的金属部件的传导过程中，金属部件之间未能形成等电位，连接出现了间隙，在金属部件之间的间隙处形成导致大气中气体粒子电离的强电场，导致金属部件之间产生电弧放电现象。图 3.34 给出了重庆市防雷中心在省级重点实验室——重庆市雷电灾害鉴定与防御工程技术研究中心，长时间雷击电流通过金属部件表面电弧放电方式进入钢筋的传导过程中，在钢筋之间的间隙处电弧放电的实验图片。该试验也证明了长时间雷击电流进入建(构)筑物和不同类型的电

气、电子等设施的金属部件的传导过程中，在金属部件之间形成电弧的客观事实，即自然界确实存在雷击金属部件之间的电弧放电产生方式。

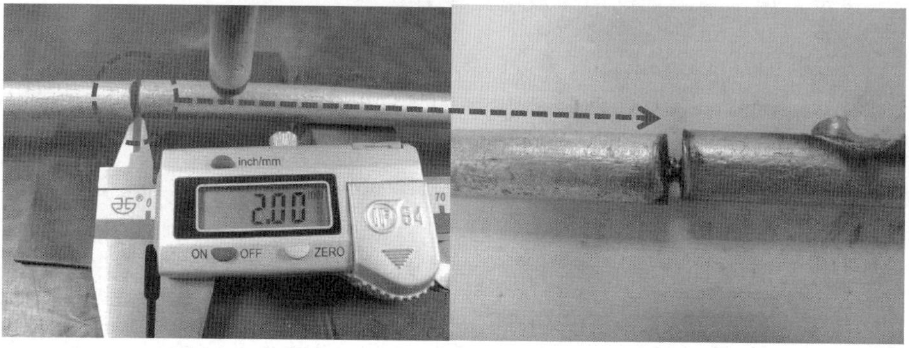

(a)钢筋与钢筋一型布置的试验前　　(b)钢筋与钢筋一型布置的试验后

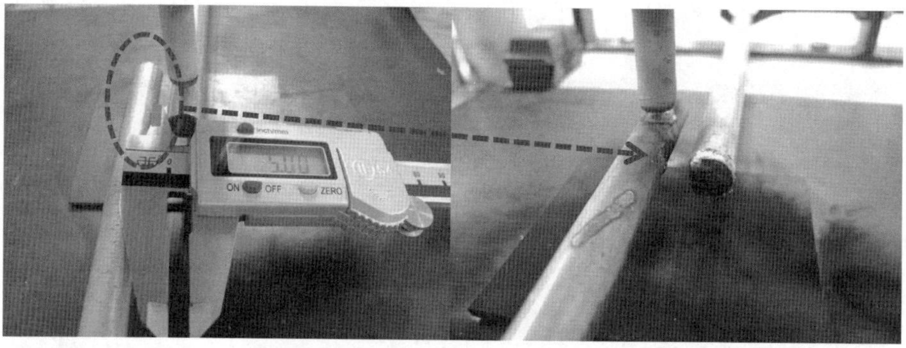

(c)钢筋与钢筋//型布置的试验前　　(d)钢筋与钢筋//型布置的试验后

图 3.34　长时间雷击电流进入钢筋在钢筋之间间隙处产生电弧放电试验图片

第三节　雷电的电弧放电形成机理研究

雷电的电弧放电形成机理研究也就是对长时间雷击电流与建(构)筑物和不同类型的电气、电子等强电和弱电设施的金属部件的电弧形成机理。下面以钢筋为例详细论述雷电的电弧放电形成机理。

一、电弧产生的基本条件

电弧产生的基本条件是：雷电梯级先导头部与钢筋表面之间的间隙，长时间雷击电流通过的钢筋之间或钢筋与其他金属之间的间隙，具有能够电离放电的气体，并且气体粒子的温度和动能对于产生气体带电粒子非常重要。当气体粒子在热力学温度为0 K以上时，气体粒子在空间中总是处于不规则的运动状态；而当各个粒子以某一速度运动时，总具有一定的动能；当气体粒子在具有一定的粒子密度时，则气体粒子互相频繁碰撞。如果把气体粒子盛在容器中，它们就要碰撞容器壁，使之受到其反作用而产生压强，这种压强随碰撞粒子运动速度或质量增大而增大。因此，单原子气体粒子的动能与温度之间的关系式如下：

$$\frac{1}{2}mC^2 = \frac{3}{2}kT$$

式中，m——气体粒子的质量；

C——气体粒子运动的均方根速度；

k——玻耳兹曼常数；

T——热力学温度。

该关系式的物理意义是：给出了温度这一物理量的重要基本概念，即从整体上观察气体粒子总动能的大小。相同温度下，气体粒子的质量越小，运动速度越大。例如，相同温度下，氢的导热性比氧大，是由于其质量小、运动速度大，能量通过碰撞传递快造成的。电弧空间中的电子也可以被看作是一种粒子，由于电子与其他粒子相比质量很小，所以在电弧中，除了电场作用下产生的定向移动影响外，相同温度下电子的运动速度要大得多。

二、电弧空间带电粒子的产生机理

(一)电弧中气体粒子的电离与激励

在一定条件下，中性气体分子或原子分离为正离子和电子的现象称为电离。气体分子或原子在常态下是由数量相等的正电荷(原子核)和负电荷(电子)构成的一个稳定系统，对外界呈中性。要使其电离就需破坏这种稳定系统，则需要对这个系统施加外来能量。常态下的气体粒子(分子或原子)受外来能量作用失去一个或多个电子后则成为正离子。使中性气体粒子失去第一个电子所需要的最低外加能量称为第一电离能，通常以电子伏(eV)为单位。生成的正离子称为一价正离子，这种电离称为一次电离。1 eV就是一个电子通过1V电位差空间所得到的能量，其数值等于1.6×10^{-19}J。为计算方便起见，常把以电子伏(eV)为单位的能量转换为数值上相等的电压来处理，单位为伏(V)。因此在实际中常直接用电离电压(单位为V)来表示气体电离的难易。以伏(V)表示的电离电压在数值上等于以电子伏表示的电离能。要使中性气体粒子失去第二个电子，则需要更大的电离电压，称为二次电离电压，生成的离子称为二价离子，这种电离称为二次电离，依此类推。由于粒子的原子结构决定电离电压，因此自由状态气体原子的一次电离电压在3.9 V(Cs)到24.5 V(He)之间，二次电离电压在十几伏到几百伏之间；也即一次电离电压低的粒子，二次电离电压不一定更低。表 3.7 给出了电弧气氛中可能遇到的气体电离电压的具体数值，表中括号内的数字依次为二次、三次，…，N 次的电离电压值。

表 3.7　常见气体离子的电离电压(单位:V)

气体	电离电压	气体	电离电压
H	13.5	Ni	7.6(18)
He	24.5(54.2)	Cr	7.7(20,30)
Li	5.4(75.3,122)	Mo	7.4
C	11.3(24.4,48,65.4)	Cs	3.9(33,35,51,58)
N	14.5(29.5,47,73,97)	Fe	7.9(16,39)
O	13.5(35,55,77)	W	8.0
F	17.4(35,63；87,114)	H_2	15.4
Na	5.1(47,50,72)	C_2	12
Cl	13(22.5,40,47,68)	N_2	15.5
Ar	15.7(28,41)	O_2	12.2
K	4.3(32,47)	Cl_2	13
Ca	6.1(12,51,67)	CO	14.1
NO	9.5	Al	5.96
OH	13.8	Mg	7.61
H_2O	12.6	Ti	6.81
CO_2	13.7	Cu	7.68
NO_2	11	—	—

不仅原子状态的气体粒子可以被电离，分子状态的气体粒子也可以直接被电离。当电子从气体分子中被分离出来时，一般情况下需要克服两层约束(原子对电子的约束和分子对电子的约束)，所以需要的电离电压比原子状态时的电离电压要高一些，如 H(原子)为 13.5 V，而 H_2(分子)为 15.4 V。然而，也有些气体原子结合为分子时反而使电子和原子的联系减弱，故分子的电离电压反而比原子的电离电压低，如 NO 分子的电离电压为 9.5 V，而 N 原子和 O 原子的电离电压分别为 14.5 V 和 13.5 V。

气体电离电压的高低说明电子脱离原子或分子所需要的外加能量的高低，亦即说明在某种气氛中产生带电粒子的难易。在相同的外加能量条件下，电离电压低的气体提供带电粒子较容易，从这个角度看，有利于电弧的稳定。但电离电压高低只是影响电弧稳定的许多因素之一，而不是唯一的因素。因为气体的其他性能(如解离性能、热物理性能等)反过来会影响整个电弧空间的能量状态、带电粒子的产生和移动过程等。因此，在分析电弧现象时，不能仅从电弧气体的电离电压来分析，还需要考虑气体各种性质的综合作用。

当电弧空间同时存在几种电离电压不同的气体时，在外加能量的作用下，电离电压较低的气体粒子先被电离，如果这种低电离电压气体供应充分，则电弧空间的带电粒子将主要依靠这种气体的电离过程来提供，所需要的外加能量也主要由这种气体的电离电压所决定。由表 3.7 可知，Fe 的电离电压为 7.9 V，比 CO_2 的电离电压(13.7 V)及 Ar 的电离电压(15.7 V)均低很多，因此，长时间雷击电流与钢筋形成的电弧空间将充满铁的蒸气，电弧空间的带电粒子将主要由铁蒸气的电离过程提供，电弧气氛的电离电压将由铁蒸气的电离电压来决定。在这种情况下为提供电弧导电所需要的带电粒子，要求的外加能量级相对来讲比较低。

但是，常态下中性气体粒子内部的原子核与电子构成了一个稳定系统，中性粒子受外来能量作用失去电子而电离是这个稳定系统被破坏的一种可能结果。但也存在另一种可能的结果，即当中性粒子受外来能量作用其大小还不足以使电子完全脱离气体原子或分子，但可能使电子从较低的能级转移到较高的能级时，则中性粒子的稳定状态也被破坏，这种状态称为激励。使中性粒子激励所需要的最低外加能量称为最低激励电压，为计算方便起见，也是以伏(V)表示，常见气体粒子的最低激励电压见表 3.8。

表 3.8　常见气体粒子的最低激励电压（单位:V）

气体	激励电压	气体	激励电压	气体	激励电压
H	10.2	K	1.6	CO	6.2
He	19.8	Fe	4.43	CO_2	3.0
Ne	16.6	Cu	1.4	H_2O	7.6
Ar	11.6	H_2	7.0	Cs	1.4
N	2.4	N_2	6.3	Ca	1.9
O	2.0	O_2	7.9	—	—

激励状态的粒子可以具有不同的能级，由于电子尚未脱离粒子，所以粒子对外界呈中性。因此，粒子的激励状态是一种非稳定状态，它处于激励状态的时间是很短暂的，根据激励能的不同时间为 $10^{-8}\sim10^{-2}$ s。较高能级的激励粒子继续接受外来能量可以使其电离，或者将自己的能量以辐射能的形式释放出来，表现为电弧辐射光，而后恢复到原来的稳定状态。能级低的激励粒子，可能与其他粒子碰撞，将能量传递给其他粒子而恢复其稳定状态。接受能量的其他粒子可能解离、激励或电离。因此，粒子的激励过程，虽然不是直接产生带电粒子的过程，但也是与电离过程和电弧特性有密切关系的物理现象。

任何中性粒子在接受外界一定数值能量的条件下，都会产生电离与激励。外加能量可以通过不同方式施于中性粒子，但使之电离与激励所必须给予它的最低能量数值，并不因施加能量的方式不同而改变，即电离和激励电压都是确定数值。外界能量传递给自由运动的气体粒子能量途径有两种：一是碰撞传递；二是光辐射传递。

1. 碰撞传递

气体粒子在空间中总是处于不规则的运动状态，只有在绝对零度(K)时，气体粒子才停止运动。各个粒子以某一速度运动时，具有一定的动能，而且可能互相频繁碰撞，粒子在相互碰撞时将进行能量转移，以这种形式传递能量称为碰撞传递。气体粒子的相互碰撞可能有两种情况：非破坏性的弹性碰撞和破坏性的非弹性碰撞。弹性碰撞时气体粒子间只产生动能的传递和再分配，相互碰撞的两粒子动能之和基本不变，粒子的内部结构不发生任何变化，这种碰撞的结果只能使粒子的运动速度发生变化。因此，弹性碰撞只能引起粒子温度的变化，不能产生电离与激励过程。弹性撞碰是在气体粒子拥有的动能较低时产生的。当气体粒子拥有较大的动能时，则产生非弹性碰撞，使被碰撞的气体粒子内部结构发生变化，在碰撞时部分或全部动能转换为内能，如果此内能大于激励电压，则粒子被激励；如果此能量大于电离电压，则粒子将产生电离。被激励的粒子如果继续受到非弹性碰撞，内能积累达到电离电压时也将产生电离。只有非弹性碰撞才产生电离过程，为气体空间制造带电粒子。

电弧空间的气体中不仅含有中性气体粒子，而且含有电子和正离子，这些粒子都以某一速度运动，中性气体粒子同样也受到它们的碰撞而接受它们传递的能量。相互碰撞的两物体的能量传递情况与其质量密切相关，电子的质量远远小于气体原子、离子或分子的质量，因此，具有足够能量的电子与中性粒子进行非弹性碰撞时，它的动能几乎可以全部传递给中性粒子，转换为中性粒子的内能，使其激励与电离。当中性粒子之间进行碰撞时，由于它们的质量相近，则只能将部分能量传递给被碰撞的粒子，传递的能量最多不超过原动能的一半。因此在电弧中通过碰撞传递使气体粒子电离的过程中，电子的作用是所有粒子中最重要的。

综上所述，要通过粒子的碰撞，增加中性粒子的内能使之达到电离，关键是提高粒子的动能，尤其是提高电子的动能。电弧中高温和电场的存在都是提高粒子动能的有利条件，高温可以提高所有粒子(中性粒子、电子、离子)的动能，而电场强度是提高带电粒子(电子、离子)动能的条件。实际电弧放电过程通过粒子间的碰撞将能量传递给中性粒子并使之电离，是电弧本身制造带电粒子、维持其导电的最主要途径。

2. 光辐射传递

向气体粒子传递能量的另一种途径是光辐射传递，也就是说中性气体粒子可以接受外界以光量子形式所施加的能量，从而提高其内能并改变其内部结构，使气体粒子被激励或电离。光量子的能量可以用 h_γ 表示 (h 为普朗克常数，γ 为光辐射频

率)。因此,气体粒子接受光量子作用产生激励的条件是:

$$h_{\gamma} \geqslant W_e = eU_e$$

式中,W_e——激励能(J);

e——电子电荷量(C);

U_e——气体粒子的激励电压(V)。

而某种气体粒子(i)接受光量子作用产生电离的条件是:

$$h_{\gamma} \geqslant W_i = eU_i$$

式中,W_i——电离能(J);

U_i——电离电压(V);

i——i 种气体粒子。

以光量子形式传递给气体粒子的能量可以全部转换为粒子的内能。当光量子能超过气体粒子的电离能时,其余部分将转换为电离生成的电子的能量,即:

$$h_{\gamma} = eU_i + \frac{1}{2}mv^2$$

式中,m——1 个电子的质量(g);

V——被电离出来的电子运动速度(m/s)。

电弧本身可以发出多种频率的光辐射,因此,电弧本身就具有向气体粒子提供辐射能量的条件,中性粒子接受弧光辐射能量可以产生激励与电离,制造带电粒子,维持电弧的导电。但是,在一般电弧中,辐射传递能量与碰撞传递能量相比,通过光辐射传递能量形式制造带电粒子的作用则不如碰撞传递能量形式制造带电粒子的作用重要,是起次要作用。

(二)电弧中气体粒子的电离类型

根据产生气体粒子电离的外加能量种类的不同,电弧中气体粒子的电离可分为热电离、电场作用下的电离和光电离三类。

1. 热电离

气体粒子受热的作用而产生的电离称为热电离。根据气体分子运动理论可知,气体温度的高低意味着气体粒子(包括中性粒子、电子和离子)总体能量的高低,亦即气体粒子平均速度的高低。气体粒子的平均运动速度与温度的关系如下:

$$\bar{c} = 1.87 \times 10^{-10} \sqrt{\frac{T}{m}}$$

式中,$\bar{c}$——气体粒子的平均运动速度(m/s);

T——气体的绝对温度(K);

m——粒子的质量(g)。

由该公式可知,气体的温度越高,气体粒子的运动速度越快,即动能也越大。在一定温度下，气体粒子的质量越小，其运动速度越快。由于气体粒子的热运动是无规则的运动，粒子之间将发生频繁的碰撞。若粒子的运动速度足够快(即动能足够大)，粒子之间可能发生非弹性碰撞，引起气体粒子的激励或电离。因此，热电离实质上是由于粒子之间的碰撞而产生的一种电离过程。

电弧中不仅含有常态的中性气体粒子，而且也含有电子、正离子和激励状态的中性粒子等多种粒子，这些粒子都有相互碰撞的机会，而发生电离可能性最大的是电子对激励状态的中性粒子或对常态中性粒子的碰撞，因为电子在与中性粒子进行非弹性碰撞时，几乎将全部能量都传给中性粒子促使其电离。

气体中各个粒子在同一温度下的热运动速度是不一样的，有的高于或低于平均运动速度，但根据 Maxwell 研究表明：在一个气体体系中，虽然各个粒子的速度在瞬间各不相同，各粒子的速度大小随碰撞现象的发生而时刻变化。若把许多粒子作为一个整体来考虑，则气体粒子运动速度是按以下关系分布：

$$F\left(\frac{c}{c_0}\right) = F(\beta_c) = \frac{4}{\sqrt{\pi}}\beta_c^2 e^{-\beta_c^2}$$

式中，c——气体粒子的实际速度；

c_0——气体粒子的基准速度，大小为$\sqrt{\frac{2}{3}}\bar{c}$；

β_c——粒子的相对速度，$\beta_c = c/c_0$。

该关系式也称为气体粒子运动速度的 Maxwell 速度分布规律。按照 Maxwell 速度分布规律，气体粒子运动速度的分布曲线如图 3.35 所示。

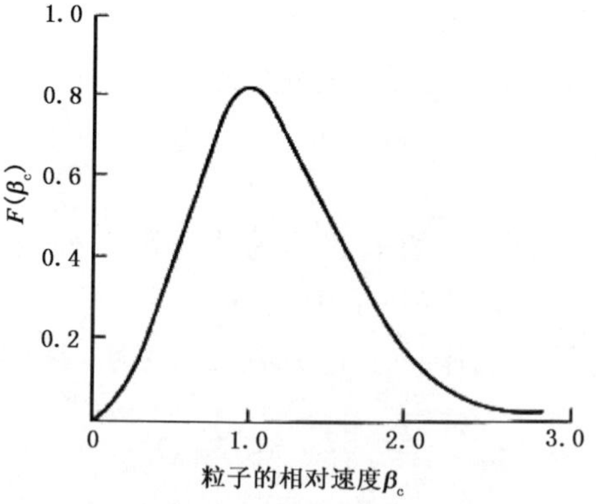

图 3.35　气体粒子运动速度的 Maxwell 分布定律

从图可知，在某一温度下，气体粒子所具有的动能并不都相同，只有拥有大于电离电压能量的那部分粒子才可能引起中性粒子的电离。因此，为了方便研究分析，定义气体中单位体积内被电离的粒子数与气体粒子电离前总数的比率为电离度，一般以 x 表示：

x=(电离后的电子或离子密度)/电离前的中性粒子密度。

根据印度科学家 Saha 的推导，假设气体中各粒子处于一热平衡状态，则热电离与气体温度、气体压强、气体电离电压等因素存在以下关系：

$$\frac{x^2}{1-x^2}p = 3.16\times10^{-7}T^{2.5}\varepsilon\frac{-eU_i}{kT}$$

式中，p——气体压强，为 1.01325×10^5 Pa；

T——气体温度，单位为 K；

e——电子的电量，单位为 C；

k——玻尔兹曼常数，为 1.38×10^{-23} J/K；

U_i——i 种气体的电离电压，单位为 V；

ε——自然对数的底，为 2.718(为了与电子 e 相区分)。

由这个关系式(也称为 Saha 公式)所决定的各元素的电离度 x 与温度 T 的关系曲线如图 3.36 所示。从图可知，热电离时的电离度随温度的升高、压强的减少、电离电压的减少而增加。

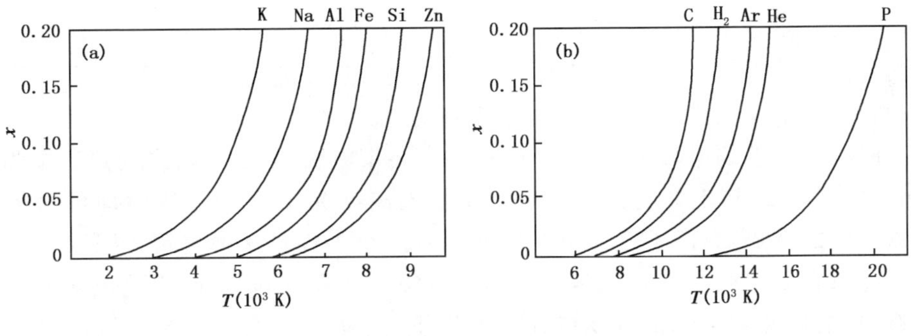

图 3.36 热电离的电离度 x 与温度 T 的关系

Saha 公式是单一气体热电离度的表达式，如果某气体中混有其他成分时，各种气体电离程度不一样，此时，电子密度与电离前中性粒子密度的比例称为实效电离度。混合气体的电离电压称为实效电离电压。而混合气体的实效电离电压主要取决于电离电压较低的气体成分，即使这种气体占有较小的比例。例如铁蒸气中混有钾蒸气时，其实效电离电压与混入的钾蒸气的比例关系如图 3.37 所示。

虽然由表 3.7 可知铁蒸气电离电压为 7.9 V，而钾蒸气的电离电压为 4.3 V，但从图 3.37 可知当钾蒸气质量分数超过 5%时，则铁与钾的混合蒸气中，实效电离电

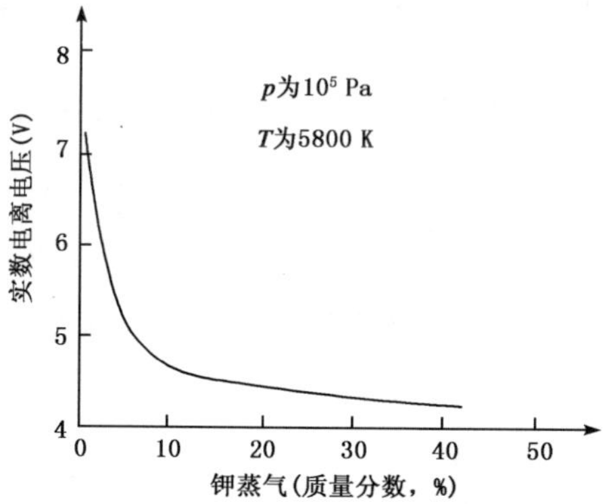

图 3.37 铁与钾的混合蒸气中实效电离电压与钾蒸气含量的关系

压显著下降而接近钾的电离电压。

显然当几种气体组成混合气体时，各组分气体的电离度在同一温度和气压下因其电离电压的差别而显著不同，因此，低电离电压气体的电离过程在提供电弧需要的带电粒子方面起着关键作用。例如当电弧气氛中含有 Ca，Fe，O_2，H_2 时（电离电压分别为 6.1 V，7.9 V，12.2 V，15.4 V），当温度为 5000 K，气压为 1 atm 时，其电离度之比如下：

$$x_{Ca}:x_{Fe}:x_{O_2}:x_{H_2}=1:1.74\times10^{-2}:3.24\times10^{-8}:6.63\times10^{-11}$$

由上面的关系式可以看出，电弧气氛中只要含有一定量的 Ca 蒸气，则此混合气体中的带电粒子就主要由 Ca 蒸气的电离所提供。

一般在常压下的电弧中，电子是电弧的主要带电粒子，电子密度的数量级为 10^{14} 个/cm^3 时，即可维持电弧的正常导电。实效电离度为 10^{-4} 数量级时即可满足小电流电弧导电的需要，亦即 1 万个中性粒子中有一个中性粒子被电离即可。一般电弧的电离度只有 $0.1\times10^{-3}\sim0.6\times10^{-3}$ 的数量级。而在强迫冷却、强迫压缩或大电流的电弧中，电弧温度达到 1 万度或几万度以上时，实效电离度的数量级才可能达到 $10^{-1}\sim10^{0}$ 的程度。

由于电弧的温度很高，一般在 5000～30000 K 范围，电弧中的多原子气体是由两个以上原子构成的气体分子，由于电弧的高温热的作用将分解为原子，这种现象称为热解离。在热电离之前，气体分子首先产生热解离。热解离也需要外加能量，是吸热反应。气体分子产生热解离所需要的最低能量称为解离能。不同气体分子的解离能也不同。电弧气氛中常遇到的几种气体的解离能见表 3.9。

表 3.9 几种气体的解离能(单位:eV)

解离过程	解离能	解离过程	解离能
$H_2 \rightarrow H+H$	4.4	$NO \rightarrow N+O$	6.1
$N_2 \rightarrow N+N$	9.1	$CO \rightarrow C+O$	10.0
$O_2 \rightarrow O+O$	5.1	$CO_2 \rightarrow CO+O$	5.5
$H_2O \rightarrow OH+H$	4.7		

各种气体的解离度(解离数/分子总数)与气体种类和温度有关。图 3.38 给出了几种气体的解离度与温度的关系曲线。

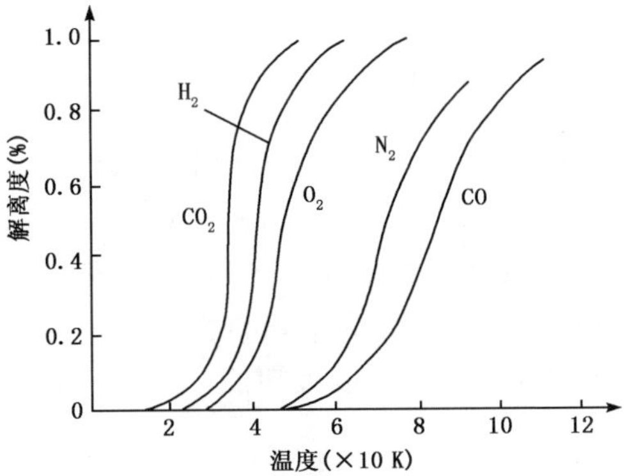

图 3.38 几种气体的解离度与温度的关系曲线图

由于解离能均低于电离能,所以电弧中的气体分子受热作用时,首先大量解离成原子,然后由大量原子和少量分子产生电离。气体解离过程伴随着吸热作用,所以它除了影响带电粒子的产生过程外,还对电弧的电性能与热性能产生显著的影响。例如在 CO_2、N_2 等气氛中,在相同电弧长度下,电弧电压和电弧温度要比单原子气体 Ar 的电弧电压和电弧温度高,就是因为 CO_2、N_2 等多原子气体在高温下首先发生解离,吸收大量解离能,强迫电弧收缩所造成的。

2. 电场作用下的电离

当气体中不存在电场时,无论是带电粒子还是中性粒子,总体看来只作无规则无定向的运动且相互频繁碰撞。此时粒子的动能主要决定于气体的温度。当气体中有电场作用时,则带电粒子除了作无规则的热运动外,还产生一个受电场影响的定向运动。正、负带电粒子定向运动、方向相反,电场对带电粒子在电场方向的运动起加速作用,电能将转换为带电粒子的动能。当带电粒子的动能在电场的影响下加到足够的数值,则可能与中性粒子产生非弹性碰撞而使之电离,这种电离称为电场作用下的电离。由于带电粒子是在充满气体粒子的空间运动，因此，带电粒子将一边与气体粒子发生碰撞，一边沿着电场方向运动(图 3.39)。

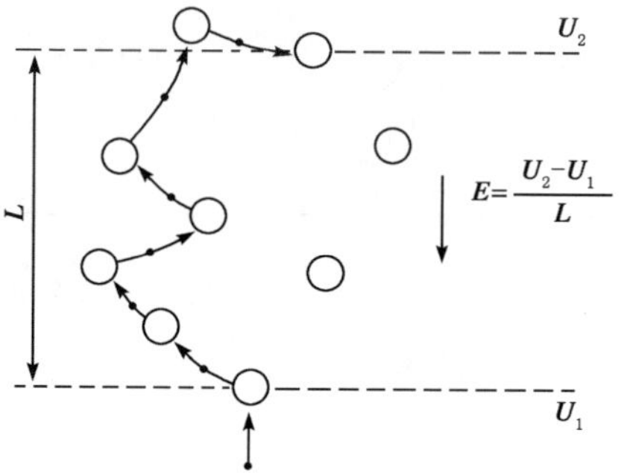

图 3.39　电场作用下电子在气体中的运动示意图

由图可知带电粒子总的运动趋势虽与电场方向一致，但是每次碰撞后的运动方向都是变化的，而并不一定与电场方向一致。电场对带电粒子的加速作用事实上只能在与其他粒子的每两次碰撞之间的路程中产生，两次碰撞之间的路程长度为粒子的自由行程，所有自由行程的平均值称为平均自由行程。在平均自由行程内电场对带电粒子(如果电荷量为 e)所能施加的最大动能(平均自由行程与电场方向平行时)只能是：

$$W_i = \lambda E e$$

式中，W_i——最大动能，单位为 J；

λ——平均自由行程，单位为 cm；

E——电场强度，单位为 V/cm；

e——一个电子的电荷量，为 1.6×10^{-19}C。

根据气体分子运动理论可知：在同一气体粒子的气体中，中性气体粒子的平均自由行程 λ_g(cm)为：

$$\lambda_g = \frac{1}{4\sqrt{2}\pi r_g^2 n_g}$$

式中，λ_g——中性气体粒子的平均自由行程，单位为 cm；

r_g——气体粒子的半径，单位为 cm；

n_g——气体粒子的密度，单位为个/cm^3。

如果气体中同时有离子和电子存在时，则离子的平均自由行程 λ_i(cm)为：

$$\lambda_i = \frac{1}{4\pi r_g^2 n_g}$$

电子的平均自由行程 λ_e(cm)为：

$$\lambda_e = \frac{1}{\pi r_g^2 n_g}$$

从电子的平均自由行程 λ_e 的计算公式可知，电子的平均自由行程与气体粒子的半径平方和气体粒子的密度成反比。由于气体粒子密度与压强和温度有关。故当温度一定时，平均自由行程与压强成反比；当压强一定时，平均自由行程与温度成正比。当某一气体中同时存在中性粒子、离子和电子时，在一定温度和压强下，其自由行程的比例为：

$$\lambda_e : \lambda_i : : \lambda_g = 4\sqrt{2} : \sqrt{2} : 2$$

因此，在相同条件下，电子的平均自由行程是离子的 4 倍，在电场作用下电子可获得 4 倍于离子的动能，又因电子质量比离子小得多，故它与中性粒子发生非弹性碰撞时可将全部动能转换为中性粒子的内能。如果电子的总能量超过中性粒子的电离能，则产生电离。所以电场作用下的电离现象也主要是电子与中性粒子的非弹性碰撞引起的。

在强电场作用下，电子受到电场的加速作用，与中性或受激励的粒子相撞，可以生成一个新的电子与正离子，然后这两个电子继续前进分别又与中性粒子碰撞，又可生成两个新的电子，依此类推，使带电粒子快速增加，这种在强电场作用下的电离具有连锁反应的性质，其连锁反应的性质如图 3.40 所示。

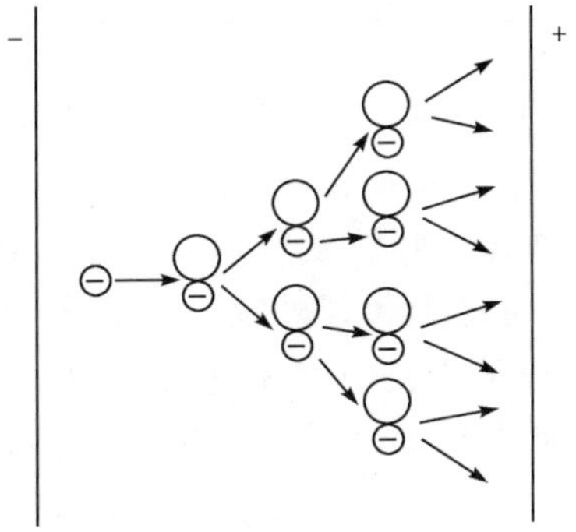

图 3.40　连锁反应电离过程示意图

3. 光电离

中性离子接受光辐射的作用而产生的电离现象称为光电离。电弧本身就可以产生不同波长的光辐射，光电离也是一种产生带电粒子的有效途径，光辐射引起中性粒子电离的条件是 $h_\lambda \geqslant eU_i$，因此并不是所有的光辐射皆可发生电离现象，对电离能不同的气体都存在一个产生光电离的临界波长。波长越小，能量越强，只有当接受的光辐射波长小于临界波长时，中性气体粒子才可能直接被电离，临界波长的数值可由下式确定。

由于 $h\gamma = eU_i$，$\gamma_0 = \frac{c}{\lambda_0}$，故 $\lambda_0 = \frac{hc}{eU_i}$

式中，h——普朗克常数，为 6.62×10^{-34} J·s；

γ_0——临界光辐射频率，单位为 Hz；

λ_0——临界光辐射波长，单位为 m；

c——光速，单位为 m/s；

e——一个电子的电荷量，为 1.605×10^{-19} C；

U_i——气体的电离电压，单位为 V。

将常数带入该公式后，可得到以下 λ_0 计算公式：

$$\lambda_0 = 12360\frac{1}{U_i}\times10^{-10}m$$

在该计算公式中代入不同气体的电离能数值，则可得出该气体光电离所要求的辐射光的临界波长。电弧中经常遇到的气体临界波长如表 3.10 所示。

表 3.10　常见气体光电离的临界波长

气体	K	Na	Al	Ca	Mg	Cu	Fe	O	H	CO	N	Ar	He
电离能(eV)	4.3	5.1	5.96	6.1	7.61	7.7	7.8	13.5	13.5	14.1	14.5	15.7	24.5
临界波长($\times10^{-10}$m)	2874	2423	2073	2026	1624	1605	1585	915	915	876	852	787	504

由表 3.10 可知，这些气体光电离所要求的临界波长皆在紫外线光谱区内（$8\times10^{-10}\sim4000\times10^{-10}$m），而可见光（$4000\times10^{-10}\sim7000\times10^{-10}$m）几乎对所有气体都不能直接引起光电离。通过实际测量可知，电弧的光辐射波长在 $1700\times10^{-10}\sim50000\times10^{-10}$m，包括红外线、可见光和紫外线。由表 3.10 可以看出，电弧的光辐射对 K，Na，Ca，Al 等金属蒸气可能直接引起光电离，而对其他气体和蒸气则不能直接引起光电离。但对于后面这些气体如果已处于激励状态，还是有可能受光电离辐射作用而引起电离。实际上光电离只是电弧中产生带电粒子的一个次要途径。

（三）电弧中电子发射类型

电弧中起导电作用的带电粒子除依靠热电离、电场作用下的电离和光电离等过程产生外，还可从钢筋表面发射出来，但是从钢筋表面发射出来的带电粒子只能是电子而不可能是离子。当钢筋表面接受一定外加能量的作用，钢筋表面中的电子就可能冲破钢筋表面的约束而发射到电弧空间，这种现象称为电弧中电子发射。但只有长时间雷击电流通过的钢筋之间，或钢筋与其他金属之间的间隙的负极性钢筋表面发射的电子，以及雷电梯级先导是正先导时的负极性钢筋表面发射的电子在电场作用下参加电弧的导电过程钢筋表面产生电子发射所需要的最低能量，称为逸出功。

因电子电量是常数,通常以电子的逸出电压表示逸出功的大小。逸出功大小与金属材料种类、金属表面状态密切相关,并且金属表面带有氧化物时其逸出功皆减小。表3.11给出了几种金属及其表面带有氧化物时的产生电子发射所需要逸出功的具体数值。

表 3.11 几种金属的逸出功及其表面具有吸附薄膜时的逸出功

元素	逸出功(eV)	元素	逸出功(eV)
W	4.54(2.63)	Na	2.38(1.8)
Fe	4.48(3.92)	Mn	3.76
Al	4.25(3.95)	Ni	4.57(3.68)
Cu	4.36(3.85)	Ti	3.95
K	2.02(0.46)	Mo	4.33(3.22)
Ca	2.96(1.8)	C	4.45(4.2)
Mg	3.74(3.31)	Cs	1.81

一般金属中,原子构成晶格是呈紧密排列的,所以距离原子核较远的最外层电子也受到周围原子核的静电力作用。因此,金属中的电子完全不同于气体粒子那样专属于某一特定原子的状态,前者可以挣脱原子核的束缚在金属原子构成的离子晶格空间自由移动。这些自由电子也像气体中的原子一样在金属中作不规则运动,形成所谓电子气,而金属表面的自由电子可在外部能量的作用下离开金属表面飞到外部形成电子云(图3.41),同时却在金属表面残留正电荷,这些离开金属表面的电子与残留在金属表面的正电荷云对称地分布在以金属表面为镜面的两侧。若电子云到晶格的距离为 r_0(图3.42),当电子到晶格的距离大于 r_0 的,可认为对电子作用力大小等于镜像力 $K\dfrac{e^2}{4x^2}$(图3.43),而在偶电层内部,作用力大小假定小假定都是 F_n,且 $F_n=\dfrac{e^2}{4r_0^2}$。

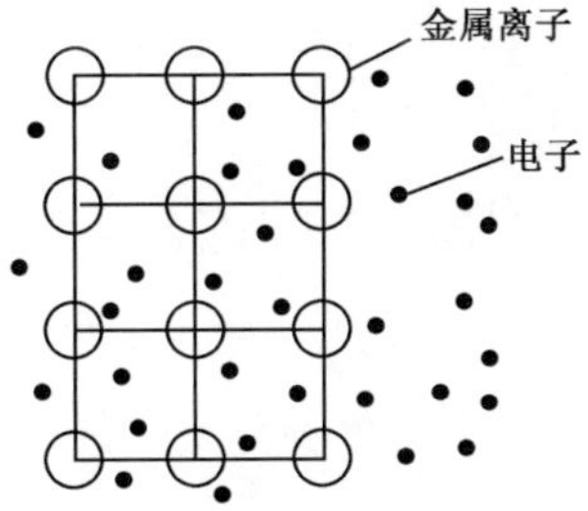

图3.41 电子逸出金属表面的电子云示意图

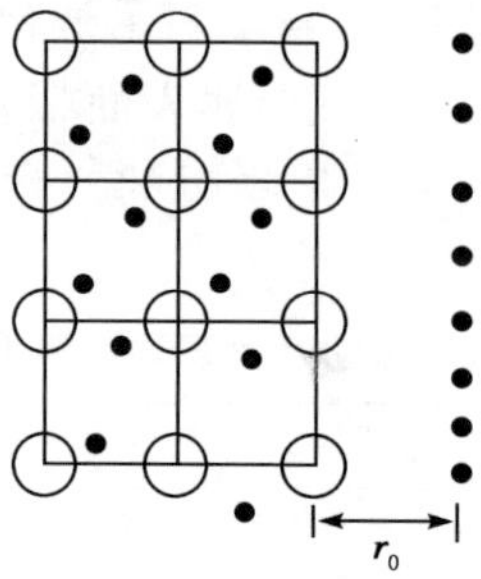

图 3.42 金属表面形成偶电层的示意图

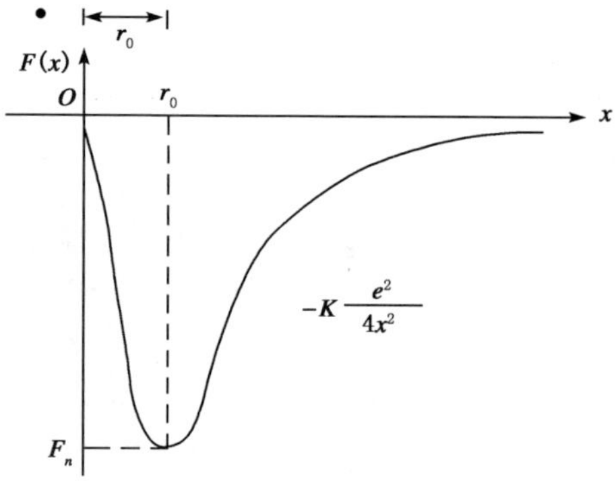

图 3.43 金属表面逸出电子所受力的变化曲线图

这样电子为逸出金属和克服电场力所做的功 W_g，应为通过偶电层克服 F_n 所做的功与克服镜像力所做的功之和，因此 W_g 的计算公式为：

$$W_g = \int_0^{r_0} K\frac{e^2}{4r_0^2}\mathrm{d}x + \int_{r_0}^{\infty} K\frac{e^2}{4x^2}\mathrm{d}x = K\frac{e^2}{4r_0} + K\frac{e^2}{4r_0} = K\frac{e^2}{2r_0}$$

虽然自由电子的运动速度是不同，但是就整体而言，自由电子的运动速度分布应遵循“费米—迪拉克”(Fermi－Dirac)统计规律。即在 n 个电子中，速度(即动能)介于 E 和($E+\mathrm{d}E$)之间的电子数目 $\mathrm{d}n$ 为：

$$\mathrm{d}n = \Delta f(E)\mathrm{d}E$$

$$f(E) = \frac{1}{\exp[(E-E_F)/KT]+1}$$

式中，$f(E)$——“费米—迪拉克”统计分布函数，也称“费米因子”；

k——玻尔兹曼常数；

T——系统的绝对温度；

E_F——费米能级；

E——电子能量。

在金属中，电子按能级分布的函数与 E 的关系如图 3.44 所示。

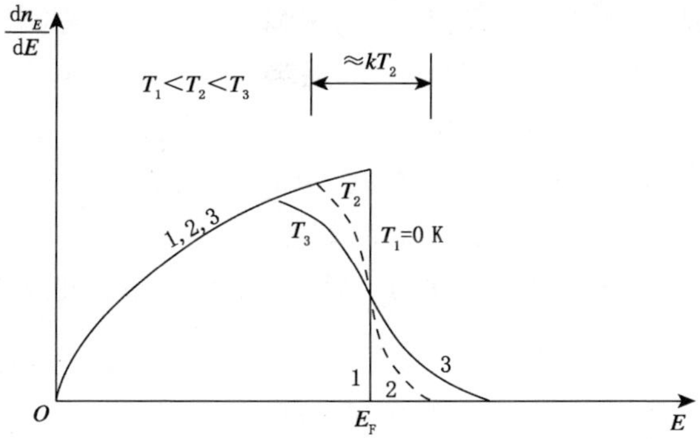

图 3.44 电子按能级分配的函数与 E 的关系图

1—金属温度为 T_1 的曲线；2—金属温度为 T_2 的曲线；3—金属温度为 T_3 的曲线

从图 3.44 可知：一是当温度为绝对 0 K 时，电子占据所有低于费米能级 E_F 的几率约为 1，且 $E>E_F$ 的电子存在几率为 0。二是当 $T>0$ K 时，只有在费米能级 E_F 附近较小的范围内，电子能量受到扰动；随着温度的升高，少数能量略低于 E_F 的电子占据了 $E>E_F$ 的能级，温度越高，占据高于 E_F 能级的电子数越多；然而不论温度如何，电子占据费米能级的几率总是 1/2（如图 3.44 中的 2 和 3 曲线）；而能级低的电子（$E<<E_F$）的存在几率却不随温度而变化，仍然随着电子能级的降低而降低其存在的几率。三是温度变化时，费米能级 E_F 变化很小，基本上是常数，即使在 0 K 时，仍有较多的电子能够达到 E_F 能级；因此为使电子逸出金属表面，不需要给出势垒高度 W_g，而只需给出逸出功 W_w：

$$W_g - E_F = W_w$$

因此金属内部的电子只有在接受外加能量作用后，其能量升高超出逸出功才能冲破金属表面的束缚而发射到外部空间，由于外加能量形式不同，电子发射机构可分为如下四类。

1. 热发射

金属表面受热作用而产生的电子发射现象称为热发射。金属内部的自由电子受热作用后，其热运动速度增加，当其动能满足以下关系式时，则飞出金属表面。

$$\frac{m_e v_e^2}{2} \geqslant eU_w$$

式中，m_e——电子质量，单位为 kg；

v_e——电子热运动速度，单位为 m/s；

e——一个电子的电荷量；

U_w——逸出功，单位为 V。

电子自金属表面的发射现象与被加热到沸点的水面的水蒸气蒸发现象相似。水蒸气自水面蒸发将从水面带走蒸发潜热，电子发射也将从金属表面带走热量而对金属表面产生冷却作用，电子发射时从金属表面带走能量的数值为 IU_w，其中 I 为发射的总电子流，U_w 为逸出功。相反，当这些电子被另外金属表面接受时，它们将由空间漂游态又恢复为金属内部的自由电子，这些电子将向接受它们的金属表面放出逸出功，使金属表面加热，其接受的能量也是 IU_w。

金属表面热发射电子流密度 J（A/m^2）与金属表面的温度成指数关系，其计算公式为：

$$J = AT^2 \varepsilon^{\frac{eU_w}{kT}}$$

式中，A——与材料表面状态有关的常数；

T——金属表面温度（K）；

e——一个电子的电荷量；

U_w——逸出功（V）；

k——玻尔兹曼常数；

ε——自然对数的底。

在长时间雷击电流与钢筋的电弧中，由于钢的沸点较低（3008 K），使其电弧区不可能通过热发射来提供足够的电子，必须依靠其他方式发射电子，才能满足导电的需要。

2. 电场发射

当金属表面空间存在一定强度的正电场时，金属内的电子受此电场静电库仑力的作用，当此力达到一定程度时，电子可以飞出金属表面，这种现象称为电场发射。由于热发射电子流密度与电极表面温度成指数关系，因此，即使金属表面的温度较低（室温或 0℃），金属表面也仍然有电子发射，只是数量较少。但是当金属表面前存在正电场时，电场的静库仑力将帮助电子飞出金属表面，相当于降低了电极材料的逸出功，也即可使金属表面在较低温度条件下仍然有较多的电子冲破金属内部的制约而飞出金属表面。所以当金属表面存在电场时，则电子电流密度 J（A/m^2）可表达为：

$$J = AT^2 \varepsilon^{-\frac{e(U_w - \sqrt{eE/\pi\varepsilon_0})}{kT}}$$

式中，E——金属表面的电场强度，单位为 V/cm；

ε_0——真空介电常数，单位为 F/cm；

A——与金属表面状态有关的常数；

T——金属表面温度，单位为 K；

e——一个电子的电荷量；

U_w——逸出功，单位为 V；

k——玻尔兹曼常数；

ε——自然对数的底。

显然电场的存在相当于使金属材料的逸出功降低（$U'_w = U_w - \sqrt{eE/\pi\varepsilon_0}$），因此当温度很低时，甚至是 0℃（$T=273$ K），如果存在足够强的电场强度，也可以从金属表面发射足够数量的电子流密度以供电弧导电的需要。

电场发射时，电子金属表面飞出不像热发射那样对金属表面有强烈的冷却作用，电子从金属表面带走的热量不再是 IU_w，而是 $I(U_w - \sqrt{eE/\pi\varepsilon_0})$ 。

对于低沸点材料的钢筋表面的电弧，电场发射电弧区提供带电粒子起重要作用。这时钢筋表面的电弧区电场强度可达 $10^5 \sim 10^7$ V/cm，具备产生电场发射的有利条件。

3. 光发射

当金属表面接受光辐射时，也可以使金属表面自由电子能量增加，冲破金属表面的制约飞到金属外面来，这种现象称为光发射。光发射的条件为：

$$h\nu \geqslant eU_w$$

由于各种金属材料的逸出功不同，所以不同材料产生光发射所要求的临界波长 λ'_0（$\times 10^{-10}$ m）可有以下关系式：

$$\lambda_0 = \frac{hc}{eU_w}$$

$$\lambda'_0 = 12360 \frac{1}{U_w} \times 10^{-10} m$$

根据不同金属元素的逸出功数值通过该关系式计算，则可得出该金属元素光发射所要求的临界波长。表 3.12 出了几种常见金属元素光发射的临界波长。

表 3.12　常见元素光发射的临界波长（单位：$\times 10^{-10}$ m）

金属种类	K	Ca	Mg	Al	Cu	Fe	W
λ'_0	6118	5830	3270	2908	2835	2759	2747

从表知，K，Na，Ca 等碱金属或碱土金属光发射的临界波长 λ'_0 在可见光区间。而重金属 Fe，Cu，W 等其临界波长均在紫外线区间。当 $\lambda < \lambda'_0$ 时（λ 为入射光的波长）则发生光发射。电弧的光辐射波长范围包括可见光和紫外线，所以弧光可能引起金属表面的光发射，但由于光量较弱，实践证明它在金属表面电子发射现象中居次要地位。另外产生光发射时。由于金属表面接受的光辐射能量与电子逸出功相等，所以它不像热发射时那样对金属表面有冷却作用。

4. 粒子碰撞发射

高速运动的粒子(电子或离子)碰撞金属表面时,将能量传给金属表面的电子,使其能量增加而跑出金属表面,这种现象称为粒子碰撞发射。电弧中金属表面将接受正离子的碰撞,带有一定运动速度的正离子到达金属表面时,将其动能传递给金属表面,它首先从金属表面拉出一个电子和自己中和,而成为中性粒子。如果这种碰撞还能使另一个电子飞出电极表面到电弧空间,其能量必须满足的条件是:

$$eU_k + eU_i = 2eU_w$$

式中,eU_k——正离子动能,单位为 J;

eU_i——正离子与电子中和时放出的电离能,单位为 J;

eU_w——逸出功,单位为 J。

从该公式可知,当正离子碰撞金属表面时,要使金属表面发射一个电子,必须对金属表面施加两倍的逸出功。电弧中金属表面附近区域有大量的正离子聚集,由于空间电荷的存在使金属表面附近区域形成一定强度的电场,正离子在此电场作用下被加速而冲向金属表面,可能形成碰撞发射。在一定条件下,这种电子发射形式,是电弧金属表面区域提供导电所需电子的主要途径。

(四)电弧中负离子的产生

电弧中还可能产生另一种带电粒子——负离子。在一定条件下,有些中性原子或分子能吸附一个电子而形成负离子。中性粒子吸附电子形成负离子时,其内部能量不是增加而是减少,减少的这部分能量称为中性粒子的电子亲和能。中性粒子吸附电子时将释放出这部分电子亲和能,并以热或辐射能(光)的形式释放出来。

各种元素吸附电子形成负离子的倾向决定于它的电子亲和能。电子亲和能越大的元素,形成负离子的倾向越大。元素电子亲和能的大小是由原子结构所决定的。卤族元素(F,Cl,Br,I 等)的电子亲和能最大,在电弧空间可能遇到的 O,O_2,OH,NO,H_2O,Li 等气体均具有一定的电子亲和能,所以都可能形成负离子。惰性气体 Ar,He 等不能形成负离子。表 3.13 给出了几种常见原子的电子亲和能具体数值。

表 3.13　几种原子的电子亲和能(单位:eV)

原子种类	F	Cl	O	H	Li	Na	N
电子亲和能	3.94	3.70	3.8	0.76	0.34	0.08	0.04

由于大多数元素的电子亲和能都较小,所以高速运动的电子不易被中性粒子捕获而形成负离子。又因形成负离子是放热过程,使负离子在高温下不易稳定存在,因此温度较低的中性粒子与从电弧中心部分扩散出来的动能较低的电子相遇而形成的负离子主要出现在电弧的边缘区域。另外由于负离子的生成过程是一个中性粒子吸附电子的过程,虽然负离子带的电荷量与电子相同,但因它的质量比电子大得多,不可能有效地担负传送电荷的任务,而电子是电弧导电过程中的主要角色,所以电弧中

如果负离子大量产生，必然会导致大量电子被中性粒子夺去，从而引起电弧导电困难，使电弧稳定性降低。

三、电弧空间带电粒子的消失机理

电弧的导电是依靠电弧空间的带电粒子运动来实现，因此电弧的稳定导电过程是带电粒子产生、运动与消失的动态平衡过程。电弧中带电粒子产生后，一部分承担导电任务，另一部分则在电弧空间消失。而带电粒子在电弧空间的消失过程主要有扩散和复合两种方式。

（一）扩散方式

带电粒子与一般气体分子和原子一样，如果分布密度不同，则带电粒子将从密度高的地方向密度低的地方移动而趋向密度均匀，这种现象称为带电粒子的扩散现象。带电粒子的扩散运动也是由热运动引起的，这种热扩散现象可用以下公式表示：

$$q = -D\frac{\mathrm{d}n}{\mathrm{d}x}$$

$$D = \frac{1}{3}\lambda\bar{c}$$

式中，q——单位时间内通过单位面积的带电粒子数，单位为个/($\mathrm{m}^2\cdot\mathrm{s}$)；

D——扩散系数，单位为 m^2/s；

$\frac{\mathrm{d}n}{\mathrm{d}x}$——带电粒子在 x 方向的密度变化率，单位为个/m^4；

λ——带电粒子的平均自由行程，单位为 m；

$\bar{c}$——带电粒子的平均运动速度，单位为 m/s。

由于电子的平均自由行程比正离子的大得多，故其扩散系数 D 也比正离子大很多，因此电子的扩散速度要比正离子高，电子比正离子较容易扩散到电弧的边缘区域，当电弧边缘区域的电子密度增加后，由于正负电荷的吸引作用，又促使正离子向电弧边缘区域扩散。这种带电粒子的扩散过程不但引起电弧核心区域的带电粒子的减少，而且还从电弧核心区域中将一部分热量带到电弧边缘区域。为保持电弧稳定地导电，电弧本身必须产生更多的带电粒子和热量来弥补上述的损失。因此，要求电弧在一定条件下有一定的电场强度 E 来保证单位长度上有足够的产热量(IE)，与上述及其他损失相平衡。

（二）复合方式

电弧空间的带电粒子(正离子、负离子、电子)在一定条件下偶尔互相结合成中性粒子的过程称为复合。复合过程包括电子与正离子和正离子与负离子的复合。当带电粒子之间的相对运动速度较高时，即使有相接近的机会，也不容易相互结合而复合。假若电弧空间一个带正电的粒子 B 与一个带负电的粒子 A 相接近(图 3.45)。

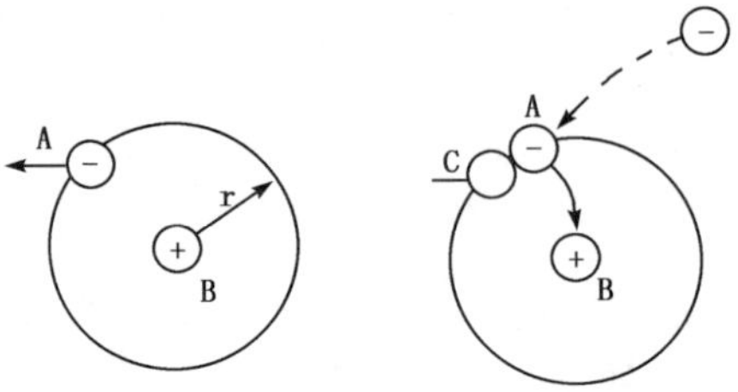

图 3.45　带电粒子复合示意图

当 A 粒子热运动的动能为 $\frac{3}{2}kT$ 。

式中，k——波尔兹曼常数；

T——绝对温度。

则 A 粒子在 r 处受到 B 粒子的吸引作用，其位能为 e^2/r。

式中，e——电子的电荷量；

r——A 粒子与 B 粒子的距离。

那么 A 粒子与 B 粒子复合的条件是：

$$\frac{3}{2}kT < \frac{e^2}{r}$$

若 A 粒子的动能大于 $\frac{e^2}{r}$，但 A 粒子能与 C 粒子发生碰撞，并将大部分动能传给 C 粒子，使其剩下的动能小于 $\frac{e^2}{r}$ 时，A 粒子与 B 粒子也可产生复合。在电弧核心区域由于温度较高，所有粒子的热运动能量都很高，不可能产生复合。但在电弧边缘区域由于粒子的温度较低，动能较小，并且由于扩散作用还存在一部分电子或负离子，当电弧边缘区域有正离子扩散出来，就可能产生正、负离子的复合过程。电子与正离子的复合过程，将以辐射和热能的形式释放出能量，其数量相当于其电离能和原有的动能。

四、电弧空间带电粒子的导电机理

由于雷电梯级先导头部有正先导和负先导两种类型以及长时间雷击电流与钢筋的电弧产生存在雷电梯级先导头部与钢筋表面电弧放电方式和钢筋之间或钢筋与其他金属之间的电弧放电方式，因此，长时间雷击电流与钢筋的电弧空间中带电粒子的导电模型可分四种类型。

一是雷电梯级先导头部为正电荷先导，即为电弧空间中带电粒子导电的阳极，而钢筋表面因雷电梯级先导感应出现负电荷，即为电弧空间中带电粒子导电的阴极，在长时间雷击电流的作用下，长时间雷击电流梯级先导头部与钢筋表面之间的适当空气间隙被击穿，使间隙中空气产生带电粒子，形成长时间雷击电流进入钢筋表面的电弧导电通道(图 3.46)。该类型电弧导电也称为长时间正雷击钢筋表面电弧导电模型。

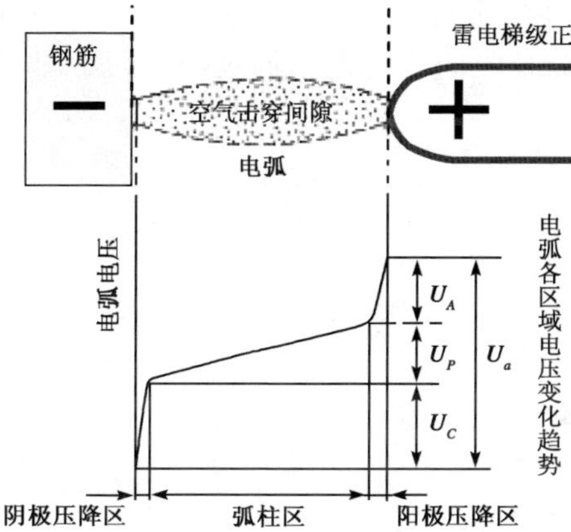

图 3.46 长时间正雷击钢筋表面电弧导电模型图

二是雷电梯级先导头部为负电荷先导，即为电弧空间中带电粒子导电的阴极，而钢筋表面因雷电梯级先导感应出现正电荷，即为电弧空间中带电粒子导电的阳极，在长时间雷击电流的作用下，长时间雷击电流梯级先导头部与钢筋表面之间的适当空气间隙被击穿使间隙中空气产生带电粒子，形成长时间雷击电流进入钢筋表面的电弧导电通道(图 3.47)。该类型电弧导电也称为长时间负雷击钢筋表面电弧导电模型。

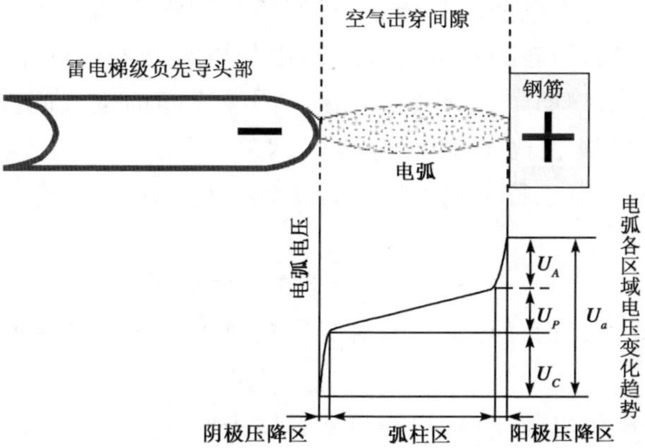

图 3.47 长时间负雷击钢筋表面电弧导电模型图

三是雷电梯级先导头部为负电荷先导，长时间雷击电流通过长时间负雷击钢筋表面的电弧导电通道进入钢筋内部传导，在钢筋与钢筋之间或钢筋与其他金属之间未能形成等电位连接的间隙处，形成电弧空间中带电粒子导电的阴极和阳极，在长时间雷击电流的作用下，钢筋(其他金属)阴极和阳极之间的空气间隙被击穿，使间隙中空气产生带电粒子形成长时间雷击电流在钢筋(其他金属)的电弧导电通道(图3.48)。该类型电弧导电也称为长时间负雷击钢筋(其他金属)非等电位连接处电弧导电模型。

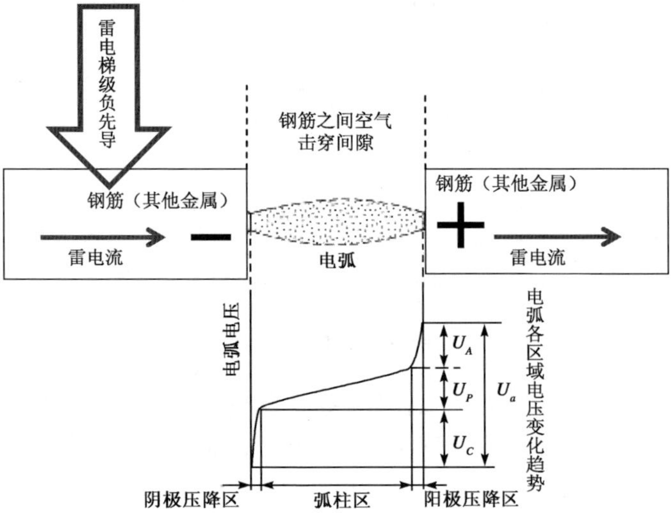

图 3.48　长时间负雷击钢筋(其他金属)非等电位连接处电弧导电模型图

四是雷电梯级先导头部为正电荷先导，长时间雷击电流通过长时间正雷击钢筋表面的电弧导电通道进入钢筋内部传导，在钢筋与钢筋之间或钢筋与其他金属之间未能形成等电位连接的间隙处形成电弧空间中带电粒子导电的阳极和阴极，在长时间雷击电流的作用下，钢筋(其他金属)阳极和阴极之间的空气间隙被击穿使间隙中空气产生带电粒子形成长时间雷击电流在钢筋(其他金属)的电弧导电通道(图3.49)。该类型电弧导电也称为长时间正雷击钢筋(其他金属)非等电位连接处电弧导电模型。

上述四种导电模型的导电机理实质上是在长时间雷击电流下阴极与阳极之间的电弧导电机理，因此上述四种导电模型的导电机理完全可以用阴极与阳极之间的电弧导电机理解释。

当两电极之间产生电弧放电时，在电弧长度方向的电场强度并不是均匀的，实际测量得到电弧沿长度方向的电压分布如图 3.46～3.49 所示。从图中可知，电弧由三

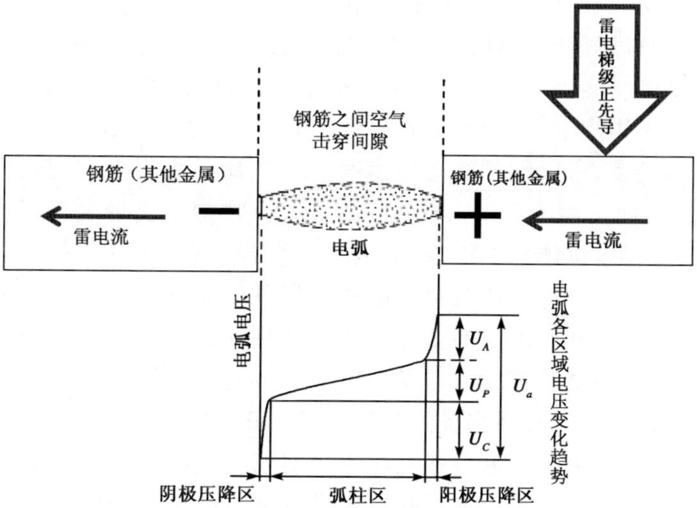

图 3.49 长时间正雷击钢筋(其他金属)非等电位连接处电弧导电模型图

个电场强度不同的区域组成。阳极附近的区域为阳极区，其电压称为阳极电压降。阴极附近的区域为阴极区，其电压称为阴极电压降。中间部分为弧柱区，其电压称为弧柱电压降。阳极区和阴极区在电弧长度方向的尺寸都很小，约为 10^{-4} cm 和 10^{-6} cm。在电弧长度变化时几乎不发生变化，但电压降值很高，在电弧总体电压降中占有相当大的比例，所以电场强度很高。而弧柱区的长度几乎等于电弧总长度，一般为 $10^{-2}\sim10^{-6}$ cm，其电压降沿弧长方向呈线性变化，但电场强度较低。出现这些特征主要是由于这些区域导电机制不同所决定的，电弧电压 U_a 是上述各电压降之和。即：

$$U_a = U_A + U_P + U_C$$

式中，U_A——阳极电压降(V)；

U_P——弧柱电压降(V)；

U_C——阴极电压降(V)。

(一)弧柱区导电机制

弧柱的温度一般较高，因气体种类、电弧压缩程度和电流大小不同，在 5000～50000 K，故弧柱气体将产生以热电离为主的电离现象，部分中性气体粒子电离为电子和正离子。这些带电粒子因扩散作用，由弧柱中心转移至弧柱周边进行中和而消失。大部分带电粒子在外加电压作用下，正离子向阴极方向运动而电子向阳极方向运动，所以弧柱可以看成是传导电流的导体，弧柱中受电场作用而向相反方向运动的电子流和离子流，将由阴极区和阳极区产生相应的电子流和正离子流予以接续，保证弧柱带电粒子的动平衡，而弧柱中因扩散和复合而消失的带电粒子将由弧柱自身的热电离来补偿。通过弧柱的总电流主要由电子流和正离子流两部分组成，而负离子因占的比例很小可忽略不计。弧柱中主要是电子流，而正离子流是极少的一部分，因为在同样外加电压作用下，一个电子和一个正离子所受的力相同，由于电子的质量比正离子的质量小得多，所以电子的运动速度将比正离子大得多，在弧柱的电流中，电子流约占 99.9%，而正离子流仅占 0.1%左右。弧柱中正负带电粒子流虽然有很大的差别，但每个瞬间单位体积中正、负带电粒子数量相等，而使弧柱从整体看来还是中性，这是由于弧柱中电子流所需要的电子可以从阴极区得到充分补充。阴极区是“电子之泉”，它供给弧柱所需要的全部电子。弧柱中的正离子流需要从阳极区得到补充，正离子流虽然与电子流相比是微不足道的，但正离子的存在却对弧柱的性质有决定性的作用。正离子的存在保证了弧柱空间的正、负电荷相平衡，从整体看弧柱空间保持中性，电子流与离子流通过弧柱时不受空间电荷电场的排斥作用，而使电弧放电具有低电压、大电流的特点。如果弧柱区没有这样的正离子存在，而是充满带负电的电子，电子流将受到负空间电荷的排斥，则电弧放电就不能具有低电压、大电流的特点。

由于弧柱的上述性质决定了弧柱导电的电压降较低。弧柱导电性能的好坏，直接表现在弧柱导电时所要求的电场强度大小，它与电弧空间气体成分和电流大小有着密切的关系。几种气体的弧柱电场强度与电流的关系如图 3.50 所示。

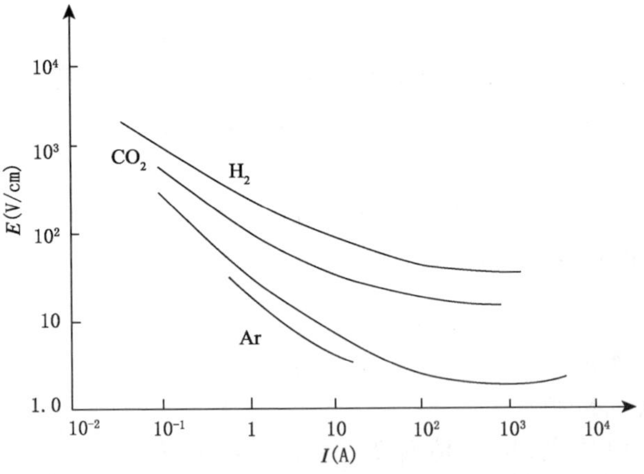

图 3.50　不同气体的弧柱电场强度与电流的关系曲线图

从图中可知，在较小电流区间，电场强度随电流的增加而减小。在较大电流区间，电场强度随电流的增加而增加。电弧电场强度与气体种类的关系，不仅与气体的电离度有关，而且还决定于气体的其他物理性质。

（二）阴极区的导电机制

为了维持电弧稳定导电，阴极区的任务是向弧柱区提供所需要的电子流 i_c，接受由弧柱来的正离子流 i_i，以满足电弧导电的需要。阴极区提供电子的形式与阴极材料种类、电流大小、气体介质等因素有关。由于具体情况不同，阴极区的导电机制可分为以下三类：

1. 热发射型阴极区导电机制

当阴极采用 W，C 等高熔点材料，且电流较大时，由于阴极区可达到很高温度，弧柱所需要的电子流主要依靠阴极热发射来供应，这样的阴极区称为热发射型阴极区。如果阴极通过热发射能提供足够数量的电子，则弧柱区与阴极之间不再存在阴极压降区，也不存在“阴极电压降”，在这种情况下，阴极除了直接发射总电流 99.9％的电子流以外，还接受 0.1％的正离子流，阴极表面以外的电弧空间与弧柱的特性完全一样，其空间电荷总和是零，对外界也表现为中性。弧柱断面到阴极表面不发生很大变化，此时阴极表面导电区域的电流密度也与弧柱相近，其数量级为 $10^3\ \mathrm{A/cm^2}$。同时阴极上也不存在阴极斑点（阴极上电流集中、电流密度很高的点，发出烁亮的光辉称之为阴极斑点）。虽然电子发射将从阴极带走相当于 IU_w 的热量（I 为阴极电流，U_w 为逸出功）使阴极受到冷却作用，但是这些热量可以从以下两个主要途径得到补充：

（1）0.1％的正离子流人阴极区时，正离子一方面将其动能转换为热能传递给阴极，另一方面正离子在阴极表面得到电子而中和放出电离能，也使阴极加热。

（2）电流流过阴极时将产生电阻热 I^2R（I 为阴极电流，R 为阴极电阻值）使阴极加热，因此，可以使阴极保持较高的温度以保证持续的热电子发射。具有这种导电机构的阴极称为热阴极。

2. 电场发射型阴极区导电机制

当阴极材料为 W，C，电流较小时或阴极材料采用熔点较低的 Al，Cu，Fe 时，阴极表面温度受沸点的限制而不能升得很高，只是在阴极的局部区域具有导通电流的有利条件，阴极的导电面积显著减小，在这些局部地方阴极表面出现电流密度很高的阴极斑点（电流密度的数量级达 $0.5\times10^6\sim10^7\ \mathrm{A/cm^2}$），但是其温度不可能高于其沸点，在这样低的温度下不可能产生较强的热发射，以产生所需要的电子流，因此无法用热发射来解释这种情况下的阴极导电机构。事实上阴极温度降低时，它不可能单依靠热发射所产生的电子流来供应弧柱对电子流的需要。弧柱中由于电子质量大大小于正离子，在电场的作用下，电子快速运动，使电子运动速度是离子运动速度的 999 倍左右，当靠阴极热发射不能提供足够数量的电子时，则在靠近阴极的区域，正负电荷的平衡关系将首先受到破坏，在这里正负电荷数量不等。电子数量不足，必然产生过剩的正离子堆积（图 3.51），此处的空间将表现为正电性。这样一来在阴极前面必然形成局部较高的正电场造成所谓的阴极压降区。只要弧柱得不到足够的电子补充，此处的正离子将继续堆积，造成正电场强度继续增加。这种较强的正电场将带来如下的作用：

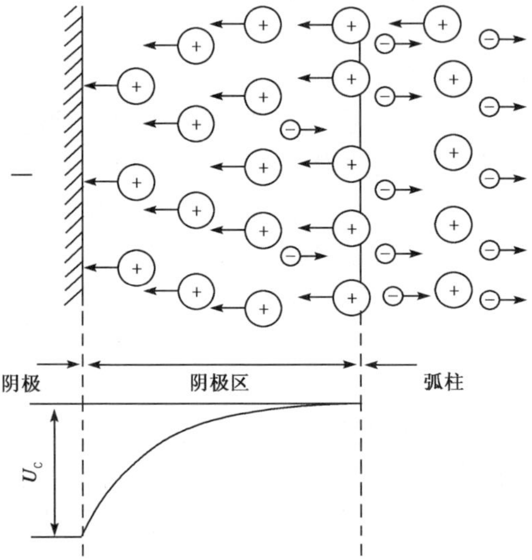

图 3.51　阴极区空间电场形成示意图

(1)由于强电场的存在，可以使阴极产生电场发射。由于阴极压降区的长度很小，相当于电子的平均自由行程，约为 $10^{-6} \sim 10^{-5}$ cm，如果阴极压降为 10 V，则阴极区的电场强度可达 $10^6 \sim 10^7$ V/cm，这样高的电场强度可以增大阴极电子发射量，向弧柱提供所需要的电子流。

(2)由于阴极前面有强电场存在，从阴极发射出来的电子将被加速。当 $U_C > U_i$ 时(U_C 为阴极电压降，U_i 为气体的电离电压)，在阴极区与弧柱相近的地方，电子一旦碰到中性粒子，则可能产生碰撞电离，由此而产生的电子与由阴极直接发射的电子合并构成弧柱所需要的电子流。碰撞所产生的正离子在电场的作用下也将加入从弧柱来的正离子行列一起冲向阴极，因此将使阴极区的正离子流比弧柱的要大。设 f_e 为电子流比率($f_e = \frac{I_e}{I}$，I_e 为电子流，I 为总电流)，f_i 为离子流比率($f_i = \frac{I_i}{I}$，I_i 为正离子流)。前面已经提到弧柱中 $f_{e柱} = 0.999$，$f_{i柱} = 0.001$，当存在电场发射时，则阴极区的 $f_{e阴} < 0.999$，而 $f_{i阴} > 0.001$，因此产生正离子过剩，当然就要出现正电性。

(3)由于阴极压降区的存在，由(2)已知阴极区的正离子增加，正离子通过阴极区将被电场加速使其动能增加，当正离子到达阴极时，将有更多的动能转换为热能，加强对阴极的加热作用，从而进一步增强阴极的热发射，使阴极区能提供足够数量的电子。

通过上述三方面作用，阴极区进行自我调节，直到阴极区所提供的电子流与弧柱需要的电子流一致，则达到平衡。

3．等离子型(正离子流型)阴极区导电机制

阴极区还有可能产生另一种导电机制，即当阴极热发射的电子数量不能满足弧柱的需要时，则在阴极与弧柱之间可能产生一个局部高温区，其温度比阴极和弧柱的温度都要高，在这里产生强烈的热电离，生成大量的电子和正离子。电子向弧柱运动，供给弧柱导电需要，正离子向阴极运动，构成阴极电流。阴极电流中 f_e 减少而 f_i 增加，甚至阴极完全不发射电子($f_e=0$，$f_i=1$)，阴极电流全由正离子构成，这种情况下，阴极不发射电子只接受正离子，弧柱所需要的电子不再由阴极供应，而是由阴极与弧柱之间形成的高温等离子区供应。这种阴极区也是正电性的。阴极前面产生高温区的原因是：当阴极热发射电子数量不足时，则阴极前面必将聚集较多的正离子，形成的空间电荷则产生阴极压降 U_c。当 $U_c<U_i$，的情况下，自阴极发射出来的电子不足以在阴极区引起中性粒子的碰撞电离，而且不能引起强烈的电场发射时，这些正离子通过阴极压降区获得一定的动能，到达阴极时将与电子中和，释放出电离能。中和后生成的中性粒子将弹回到阴极区，并带回一部分能量，其余部分能量传递给阴极。这些从阴极弹回而且带有较高能量的中性粒子聚集在一起则形成高温区，这些中性粒子在高温区作用下再次被电离，生成的电子供给弧柱，形成弧柱的电子流，生成的正离子跑向阴极形成阴极的正离子流。这种导电机制的特点是靠近阴极前面有很亮的辉点(即高温区可达 10000 K 以上)，阴极电压降在 $0\sim U_i$($0<U_c<U_i$)，阴极电流密度介于热发射和电场发射机构之间的数值，其数量级为 $10^4\ \mathrm{A/cm^2}$。等离子型阴极导电机制一般在中小电流区间出现，当电流逐渐增加时，则逐渐变为热发射型导电机制，辉点逐渐消失，阴极表面电流密度逐渐减小。这种等离子型导电机制也是冷阴极时可能发生的一种导电机制。

(三)阳极区的导电机制

阳极区的导电机制比阴极区要简单得多，为了维持电弧导电，阳极区的任务是接受由弧柱过来的 $0.999I$ 的电子流(I 为电流)和向弧柱区提供 $0.001I$ 的正离子流。阳极接受电子流的过程比较简单，也容易理解。每一个电子到达阳极时，将向阳极释放相当于逸出功 U_w 的能量。但阳极向弧柱提供 $0.001I$ 的正离子流的情况却不像接受电子那样简单。因为阳极不能直接发射正离子(雷电梯级先导头部为正电荷先导的除外)，正离子是由阳极区提供的。阳极区提供正离子的机理有两种。

1．阳极区电场作用下的电离

当电弧导电时，由于阳极不发射正离子(雷电梯级先导头部为正电荷先导的除

外)，弧柱所要求的 0.001I 正离子流不能从阳极得到补充，阳极前面的电子数必将大于正离子数，造成阳极前面电子的堆积，形成负的空间电荷与空间电场(图 3.52)，使阳极与弧柱之间形成一个负电性区，这就是所谓的阳极区。阳极区的电压降称为阳极压降 U_A。只要弧柱的正离子得不到补充，阳极区的电子数与正离子数的差值就继续增大，则阳极压降继续增加。从弧柱来的电子通过阳极区将被加速，其动能增加。随着空间负电荷的积累，U_A 达到一定程度时，造成进入阳极区的电子获得足够的动能，使其在阳极区中与中性粒子碰撞产生电离，直到这种碰撞电离生成足以满足弧柱要求的正离子时，则不再继续增高而保持稳定。碰撞电离生成的电子与弧柱来的电子一起进入阳极，阳极表面的电流完全由电子流组成。在这种情况下，阳极区压降数值一般较大，$U_A > U_i$(U_i 为气体介质的电离电压)，阳极区的长度约为 $10^{-3} \sim 10^{-2}$ cm。当电流较小时，阳极区的导电常常属于这种导电机制。

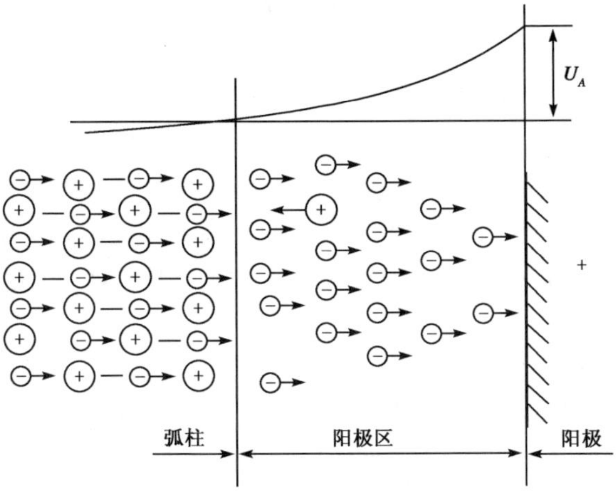

图 3.52　阳极压降形成示意图

2. 阳极区的热电离

当电流密度较大，阳极(这里的阳极主要是指钢筋或其他金属)温度很高，甚至使阳极材料发生蒸发，靠近阳极前面的空间也被加热到很高的温度。当电流密度增加到一定程度时，聚集在这里的金属蒸气将发生热电离，通过这种热电离生成正离子供弧柱需要，生成的电子奔向阳极。由于在这里是靠热电离生成的正离子，不再需要 U_A 来增加电子动能以产生碰撞电离，所以 U_A 可以较低。随着电流密度的增加，阳极区热量继续增加，当弧柱所需要的 0.001I 的正离子流完全由这种阳极区热电离来提供时，则 U_A 可以降到零。图 3.53 给出了阳极前面弧柱温度与阳极压降的关系曲线。

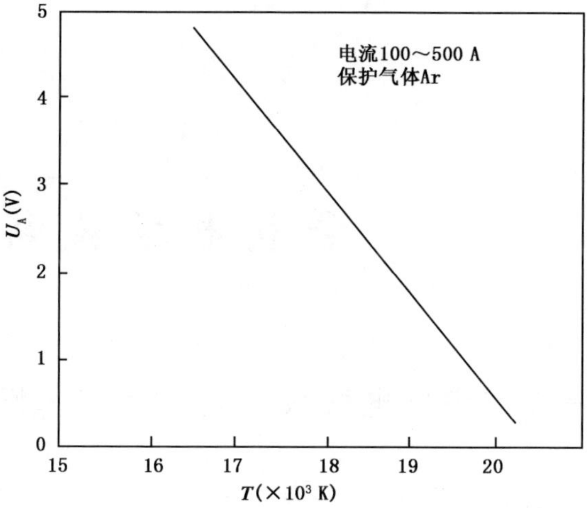

图 3.53　阳极前面弧柱温度与阳极压降的关系图

第四章

雷电电弧放电效应研究

第一节　雷电电弧放电效应的基本概念

一、雷电电弧放电效应定义

雷电电弧放电效应是指长时间雷击电流，在被雷击建(构)筑物和不同类型的电气、电子等设施的金属部件表面或(和)金属部件之间，形成电弧放电产生高温导致金属部件局部防腐蚀保护层被破坏和金属部件局部熔化与蒸发，在金属部件表面局部或(和)金属部件之间间隙局部出现电弧坑(简称为弧坑)、裂纹(有时是尖锐缺口)、气孔，使金属部件发生一般电弧侵蚀、应力电弧侵蚀、疲劳电弧侵蚀的现象。因此，雷电电弧放电效应核心是通过雷电电弧放电导致金属部件局部发生腐蚀和坑、裂纹、气孔损伤导致金属部件的力学性能受到影响，进而出现电弧侵蚀现象，所以雷电电弧放电效应可进一步分为与一般电弧侵蚀、应力电弧侵蚀、疲劳电弧侵蚀密切相关的雷电电弧锈蚀效应、电弧弧坑效应、电弧气孔效应、电弧裂纹效应四种。故本章重点详细论述一般电弧侵蚀、应力电弧侵蚀、疲劳电弧侵蚀和电弧锈蚀效应、电弧弧坑效应、电弧气孔效应、电弧裂纹效应的具体物理意义与科学内涵。

二、雷电电弧放电效应对金属的侵蚀方式

雷电电弧放电效应对金属的侵蚀方式，也就是长时间雷击电弧放电效应对金属的侵蚀方式。在长时间雷击电流与被雷击建(构)筑物和不同类型的电气电子等强电弱电设施的金属部件电弧放电过程中，不论金属部件表面或(和)金属部件之间的间隙两边处于阳极还是阴极，其局部由于电弧产生高温导致金属熔化形成液态熔池，然后产生金属粒子强烈蒸发或者喷射，使金属粒子蒸气以一定速度从其局部发射出来，随着长时间雷击电流与金属部件的电弧结束，在其局部形成电弧坑；同时在电弧坑表面附近金属层中因电弧高温熔化和电弧结束的降温发生凝固而形成气孔，以及在电弧坑附近金属区域中因电弧的产生与结束导致温度剧烈变化的热熔合区(包含凝固

区和部分热影响区)内形成裂纹。因此,长时间雷击电流主要是通过其局部形成电弧坑、气孔、裂纹等三种方式对被雷击建(构)筑物和不同类型的电气电子等强电弱电设施的局部进行电弧侵蚀(图 4.1)。这种电弧侵蚀分别称为电弧弧坑侵蚀方式、电弧气孔侵蚀方式、电弧裂纹侵蚀方式。

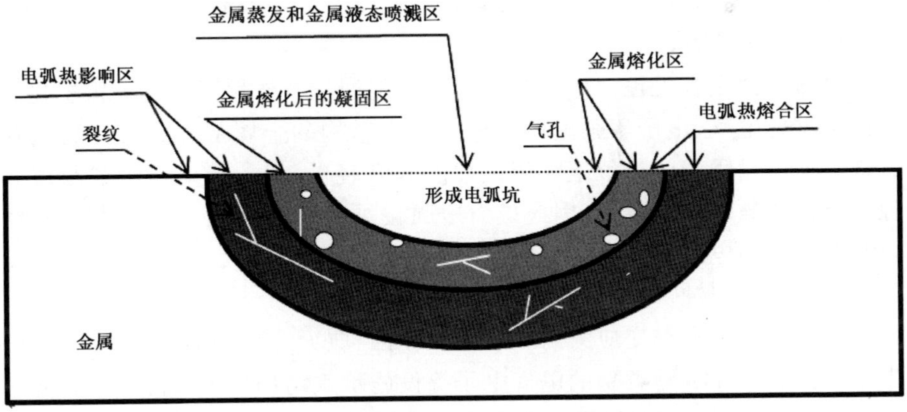

图 4.1 长时间雷击电流在金属表面及间隙处形成电弧的坑、气孔、裂纹示意图

目前建(构)筑物和不同类型的电气、电子等设施所应用的金属部件,尤其是它们的承重结构的金属部件主要以 Fe 金属及其合金为主,因此电弧侵蚀的另一种侵蚀方式是由于长时间雷击电弧放电电流可破坏被雷击金属部件表面或(和)金属部件之间的间隙两边防腐蚀保护层,并可在金属部件表面或(和)金属部件之间的间隙两边局部形成弧坑、气孔、裂纹,由于这些没有防腐蚀保护层,就会暴露在空气中而发生锈蚀,这种以锈蚀方式发生的电弧侵蚀称为电弧锈蚀侵蚀方式。

上述分析表明:雷电电弧放电效应对金属的侵蚀方式有电弧锈蚀侵蚀、电弧弧坑侵蚀、电弧气孔侵蚀、电弧裂纹侵蚀这四种方式,显然在雷电电弧放电的初期是以电弧弧坑侵蚀、电弧气孔侵蚀、电弧裂纹侵蚀为主,而随着雷电电弧放电之后时间的延长,电弧锈蚀侵蚀的作用将会显现,并与前三种侵蚀方式耦合,进一步加剧对被雷击金属部件的损伤。

三、雷电电弧放电效应对金属的侵蚀类型

雷电电弧放电效应对金属的侵蚀可分为一般电弧侵蚀、应力电弧侵蚀、疲劳电弧侵蚀三类。

(一)一般电弧侵蚀

一般电弧侵蚀既不是燃烧现象,也不是化学反应,而是一种在空气介质中产生的强烈放电的物理过程,该过程金属部件被电弧的高温熔化和蒸发,从而引起金属部件

表面或(和)金属部件之间间隙处防腐蚀保护层被破坏出现锈蚀(也称为腐蚀)、弧坑以及弧坑附近的热影响区出现裂纹、气孔,从而直接导致被雷击建(构)筑物和不同类型的电气电子等强电弱电设施的金属部件力学性能受到影响(如受拉性能遭到削弱),最终造成被雷击建(构)筑物和不同类型的电气电子等强电弱电设施的使用性和耐久性受到影响,甚至发生安全事故。常常把这类电弧侵蚀称为一般电弧侵蚀。

(二)应力电弧侵蚀

应力电弧侵蚀是在准恒定应力与一般电弧侵蚀耦合作用下引起被雷击建(构)筑物和不同类型的电气、电子等强电弱电设施承重结构的金属部件疲劳开裂或断裂的一种过程。这一过程中的一般电弧侵蚀程度非常轻微,但一般电弧侵蚀与应力的超非线性耦合使其破坏非常突然,因此应力电弧侵蚀是一种极其危险的电弧侵蚀破坏方式。常常把这类电弧侵蚀称为应力电弧侵蚀。

(三)疲劳电弧侵蚀

疲劳电弧侵蚀是在交变应力与一般电弧侵蚀、应力电弧侵蚀的耦合作用下引起,被雷击建(构)筑物和不同类型的电气电子等设施承重结构的金属部件疲劳开裂或断裂的一种过程。疲劳电弧侵蚀既可能是在一般电弧侵蚀基础上引起的,也可能是在应力电弧侵蚀基础上引起的,也可能是在一般电弧侵蚀与应力电弧侵蚀共同耦合作用基础上引起的,因此,疲劳电弧侵蚀也是一种极其危险的电弧侵蚀破坏方式。常常把这类电弧侵蚀称为疲劳电弧侵蚀。

上述分析表明雷电电弧放电效应的研究主要是研究与一般电弧侵蚀、应力电弧侵蚀、疲劳电弧侵蚀密切相关的雷电电弧放电的电弧锈蚀效应、电弧弧坑效应、电弧气效应孔、电弧裂纹效应,为防御建(构)筑物和不同类型的电气电子等强电弱电设施的电弧侵蚀奠定理论基础。

第二节　雷电电弧放电的电弧锈蚀效应研究

一、电弧锈蚀效应

电弧锈蚀效应是指雷电电弧放电电流破坏被雷击建(构)筑物和不同类型的电气、电子等强电弱电设施的金属部件表面或(和)金属部件之间的间隙两边防腐蚀保护层,并可在金属部件表面或(和)金属部件之间的间隙两边局部形成弧坑、气孔、裂纹,当这些没有防腐蚀保护层的金属部件表面或(和)金属部件之间的间隙两边以及形成的弧坑、气孔、裂纹就会暴露在空气中而发生锈蚀,在锈蚀介质与应力的耦合作用下,被雷击金属部件可能发生常见的一般锈蚀、应力腐蚀(包括氢致开裂)、腐蚀疲劳等三种电弧锈蚀起主导作用的电弧侵蚀破坏现象。因此,电弧锈蚀效应与普通锈蚀的区别是雷电电弧放电电流的破坏被雷击金属部件防腐蚀保护层是其形成的必要条件，其次是被雷击破坏防腐蚀保护层的金属部件必须暴露在空气或锈蚀环境中才能发生锈蚀。而根据重庆市防雷中心在省级重点实验室——重庆市雷电灾害鉴定与防御工程技术研究中心的短时雷击电流与长时间雷击电流对镀锌圆钢、涂有防锈漆的圆钢、涂有防锈漆的扁钢表面的防腐蚀保护层进行雷击实验（图 4.2），其结果表明：短时雷击电流对镀锌圆钢、涂有防锈漆的圆钢、涂有防锈漆的扁钢表面的防腐蚀保护层的破坏不显著，仅对油漆防腐蚀保护层有轻微影响，而对镀锌防腐蚀保护层的圆钢连续 20 次雷击几乎都没有影响；长时间雷击电流对镀锌圆钢、涂有防锈漆的圆钢、涂有防锈漆的扁钢表面的防腐蚀保护层，不论是油漆还镀锌均破坏显著，并且形成了电弧坑。

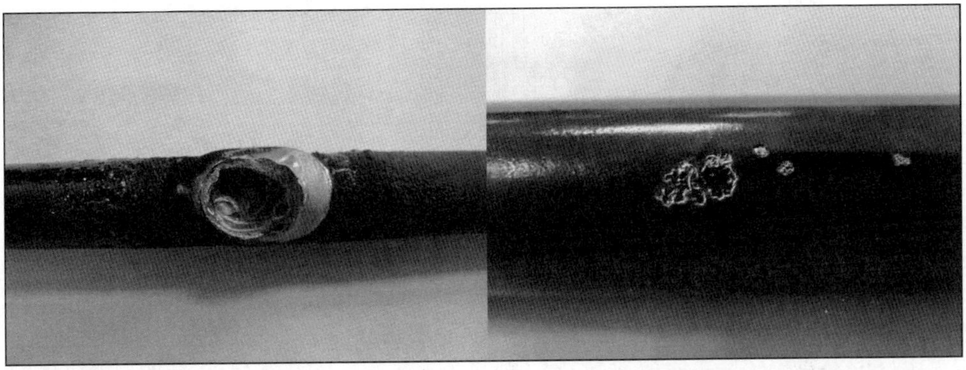

1＃涂有防锈漆的 $\Phi10$ 圆钢经长时间雷击　　2＃涂有防锈漆的 $\Phi10$ 圆钢经短时雷击

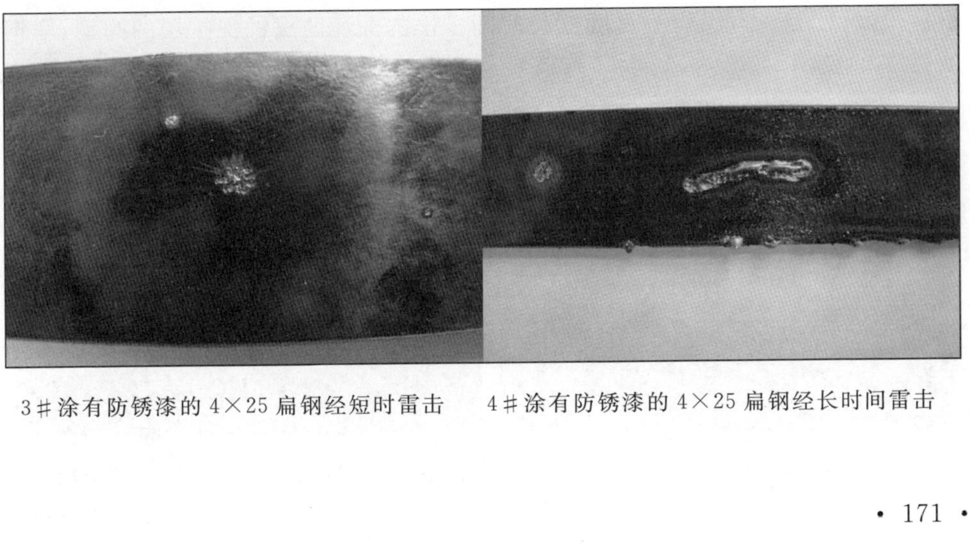

3＃涂有防锈漆的 4×25 扁钢经短时雷击　　4＃涂有防锈漆的 4×25 扁钢经长时间雷击

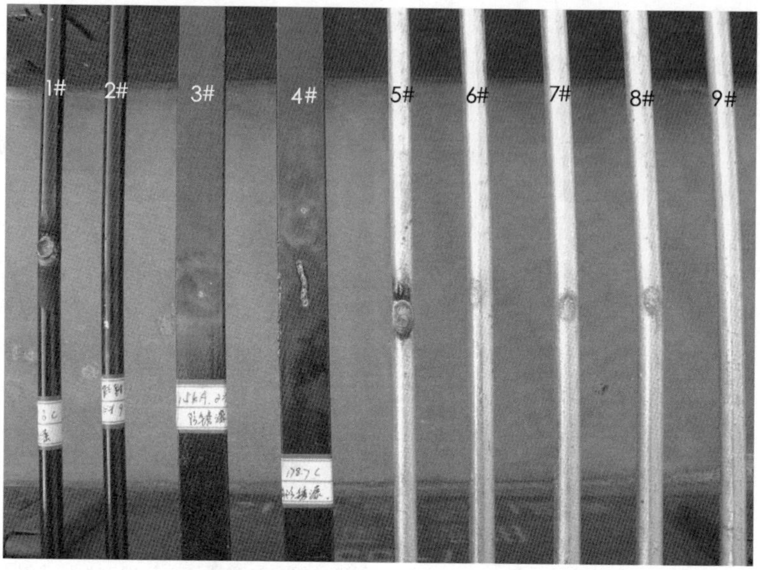

5＃镀锌的 $\Phi10$ 圆钢经短时雷击和 6＃、7＃、8＃、9＃镀锌的 $\Phi10$ 圆钢
分别经 2 次、10 次、20 次、0 次长时间雷击

图 4.2　雷击电流对圆钢、扁钢表面的防腐层破坏试验结果比较图

为了进一步分析这些镀锌圆钢、涂有防锈漆的圆钢、涂有防锈漆的扁钢试验样品暴露在空气中发生锈蚀的状况，将这些试验样品于 2013 年 4 月 7 日放置野外进行 230 天的自然条件下大气环境对锈蚀影响试验（图 4.3），试验结果表明：受到短时雷击的镀锌防腐蚀保护层的圆钢没有发生锈蚀，而受到长时间雷击的镀锌防腐蚀保护层的圆钢发生的锈蚀显著（图 4.3d～e）；受到短时雷击的油漆防腐蚀保护层的圆钢、扁钢仅仅发生了轻微的锈蚀，而受到长时间雷击的油漆防腐蚀保护层的圆钢、扁钢发生的锈蚀显著（图 4.3b～c）。

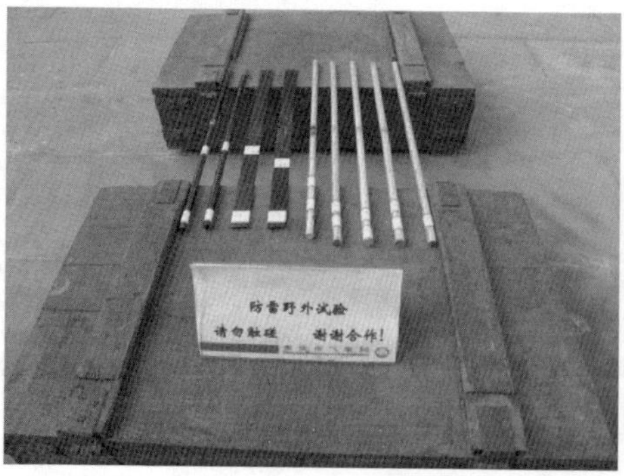

(a)试验样品野外放置图

(b)野外放置锈蚀后的 1＃与 2＃试样对比图

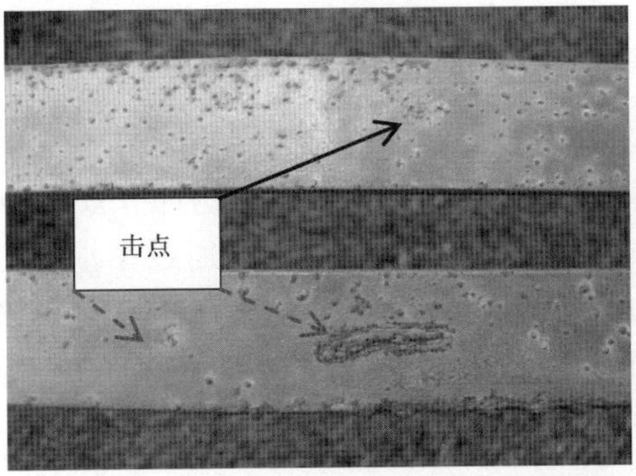

(c)野外放置锈蚀后的 3＃与 4＃试样对比图

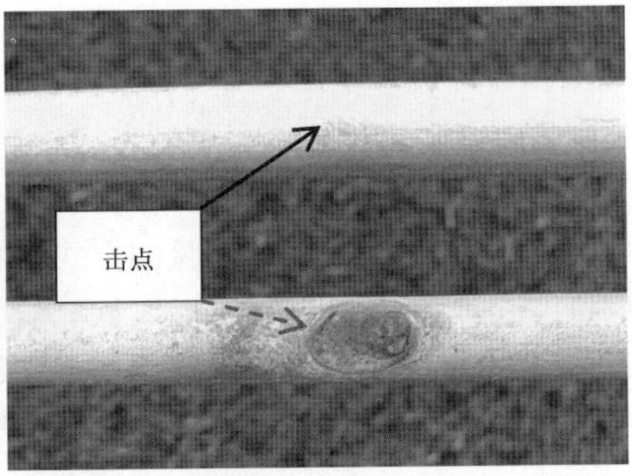

(d)野外放置锈蚀后的 5＃与 6＃试样对比图

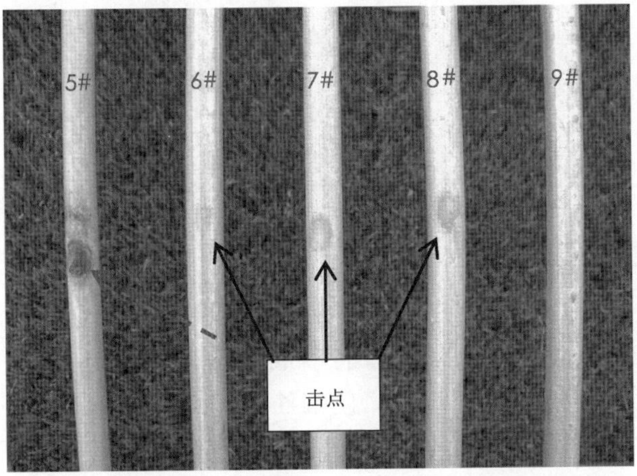

(e)野外放置锈蚀后的 5＃与 6＃、7＃、8＃、9＃试样对比图

图 4.3 圆钢、扁钢试验样品野外放置锈蚀试验图

上述试验结果表明短时雷击电流对建(构)筑物和不同类型的电气、电子等强电、弱电设施的金属部件表面的防腐蚀保护层影响不显著,并且对镀锌防腐蚀保护层几乎没有影响。而长时间雷击电流与建(构)筑物和不同类型的电气电子等强电弱电设施的金属部件表面形成电弧放电能量能够破坏金属部件防腐蚀保护层,并将导致金属部件的锈蚀加剧。因此,电弧锈蚀效应研究主要内容是研究雷电电弧放电产生高温破坏金属防腐蚀保护层的机理和被雷击破坏防腐蚀保护层的金属部件暴露在空气中发生锈蚀的机理,而雷电电弧放电产生高温的机理已在前面有关章节作了详细论述,所以,下面以钢筋为例重点论述被雷击破坏防腐蚀保护层的钢筋暴露在空气中的电弧锈蚀物理机制、危害方式、影响因素及其特征。

二、电弧锈蚀的物理机制

由于雷电电弧放电电流可破坏了钢筋防腐保护层,除在极端干燥条件外,无防腐蚀保护层的钢筋表面的吸附作用,使钢筋总是处在含有氧气和水等锈蚀介质的空气环境中。当水较少时,水以水膜的方式存在于钢筋表面,空气中氧气通过在水膜中的溶解和扩散向钢筋表面输送,形成供氧较为充分、供水较为欠缺的电解质环境;当水较多时,水以水柱或水滴的方式存在于钢筋表面,氧气主要通过向水柱或水滴中溶解并向钢筋表面扩散,形成供氧较为欠缺、供水较为充分的电解质环境(图 4.4)。

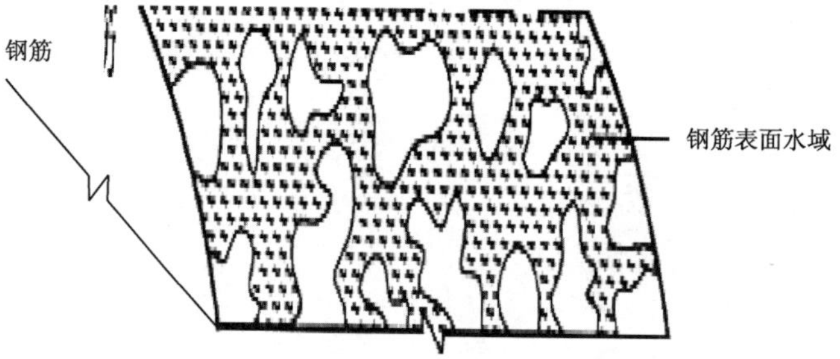

图 4.4　钢筋锈蚀的局部环境图

一般条件下,上述局部锈蚀环境中的水呈碱性(pH 在 12~13),因而首先会在钢筋表面形成一层致密的钝化膜而对钢筋形成锈蚀保护。但是,由于空气中氯离子(Cl^-)侵入会不同程度地破坏钝化膜而使钢筋的部分表面重新处于活化状态,于是,活化钢筋表面就在上述局部锈蚀环境下进行锈蚀。

在上述局部锈蚀环境下,钢筋表面水域同时发生两个电化学反应:一个是阳极 Fe 的氧化反应,另一个是阴极 O_2 的还原反应。

$$Fe = Fe^{2+} + 2e^-$$

$$\frac{1}{2}O_2 + H_2O + 2e^- = 2OH^-$$

显然,阳极反应必须首先进行,其产生的电子通过钢筋导体传到阴极之后,阴极反应才得以进行。因此,电子在钢筋中的定向流动形成钢筋一般锈蚀必需的外电路。

对于电极反应产物 Fe^{2+} 和 OH^-,首先进入钢筋表面水域溶液,溶液中两者相遇后按照:

$$Fe^{2+} + 2OH^- = Fe(OH)_2$$

结合成难溶的 $Fe(OH)_2$。

当 $Fe(OH)_2$ 遇到充足的 O_2,按照:

$$4Fe(OH)_2 + O_2 + 2H_2O = 4Fe(OH)_3$$

进一步氧化为 $Fe(OH)_3$，然后按照：

$$2Fe(OH)_3 = 2H_2O + Fe_2O_3 \cdot H_2O$$

脱水后变成 $Fe_2O_3 + H_2O$，即红锈；当 $Fe(OH)_2$ 遇到 O_2 供应不足，$Fe(OH)_2$ 不完全氧化，按照：

$$6Fe(OH)_2 + O_2 = 6H_2O + 2Fe_3O_4$$

变成 Fe_3O_4，即黑锈。

一般认为，在 Fe^{2+} 和 OH^- 结合生成 $Fe(OH)_2$ 过程中所形成的离子电流，构成电极反应必需的内电路，该电路的电阻会形成两电极间的欧姆压降，减缓锈蚀反应速率。但由于内电路离子电流对锈蚀回路并非必需，只有外电路电子电流才是锈蚀回路所必需的。对于锈蚀微电池，不需要产物离子的远距离定向流动以形成离子电流，就近就可以发生放电反应，因此，可以忽略内电路电阻的影响。当然，当电解液较为充足（浓度较小）时，产物离子就能更加顺利地离开电极表面，电极的浓差极化阻力就小，锈蚀速率就大；相反，当电解液不足（浓度较大）时，产物离子便不能顺利地离开电极表面，电极的浓差极化阻力就大，锈蚀速率就小。所以，虽然电解液电阻的大小与锈蚀速率大小确实存在着一定关系，但这种关系的纽带并不在于由其引起的欧姆压降，而在于它与产物离子离开电极表面的难易程度之间的对应关系。

钢筋的微电池锈蚀电路如图 4.5 所示。当忽略钝化区极慢的阳极溶解过程之后，钢筋锈蚀微电池的外电路可视为由两路并联而成，其中 a 路为阴阳极的极化过程均发生在活化区的活化区—活化区电路；b 路为阳极的极化过程发生在活化区、阴极的极化过程发生在钝化区的活化区—钝化区电路。由于 b 路中钝化膜的电阻极大，使该路相对于 a 路而言可以忽略；另一方面，钝化膜致密的物理结构使 OH^- 和 O_2 也无法通过钝化膜传输而在膜内表面进行阴极的极化过程，因此，可认为钢筋锈蚀微电池的外电路仅为 a 路，即锈蚀的阴阳极的极化过程均只发生在活化区。由于第一路的电阻非常小，因此可认为锈蚀的直接阻力仅仅来自电极的极化阻力，与电解液的电阻并无直接关系。

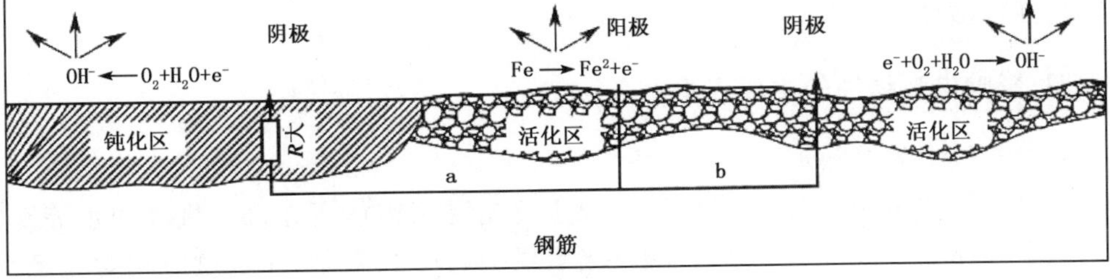

图 4.5 钢筋的微电池锈蚀电路图

钢筋表面电解质溶液中产物离子的定向流动并非构成钢筋的微电池锈蚀回路的基本要素,锈蚀的直接阻力主要来自电极的极化阻力与内电路的电子电阻,电解液的电阻仅仅是与产物离子离开电极表面的难易程度(属于电极的极化阻力)有一定的对应关系,因而是一种间接的影响。另外,由于钝化区的电子电阻非常大,从而导致该区的阴极的极化过程难以进行。因此,锈蚀微电池的阴阳极的极化过程均主要发生在电子电阻极小的活化区。于是,锈蚀微电池的主要阻力是电极的极化阻力。一般情况下,暴露在空气中的钢筋锈蚀以微电池锈蚀为主。因此,电极的极化阻力也是钢筋锈蚀的主要阻力。

三、电弧锈蚀的危害方式

钢筋的锈蚀危害方式可分为一般锈蚀、应力腐蚀、腐蚀疲劳等三种危害方式。

(一)一般锈蚀危害方式

一般锈蚀危害是一种普通的电化学过程,该过程中作为阳极的铁溶解,同时放出电子,电子又被阴极过程所吸收,从而导致铁不断溶解;锈蚀过程中力学作用并没有与电化学过程形成耦合效应,因此,一般锈蚀危害方式会引起钢筋或金属截面的减小和坑蚀应力集中效应,从而导致钢筋或金属的受拉性能遭到削弱。

(二)应力腐蚀危害方式

应力腐蚀危害是在准恒定应力与锈蚀环境(包括氢环境)耦合作用下引起钢筋疲劳开裂或断裂的一种过程。这一过程中的锈蚀程度非常轻微,但锈蚀与应力的超非线性耦合使其破坏非常突然,因此,应力腐蚀危害方式是一种极其危险的锈蚀破坏方式。

(三)腐蚀疲劳危害方式

腐蚀疲劳危害是在交变应力与锈蚀环境(包括氢环境)、应力腐蚀等耦合作用下引起金属疲劳开裂或断裂的一种过程。腐蚀疲劳的危害既可能是在一般锈蚀危害的基础上发生的,也可能是在应力腐蚀危害基础上发生的,也有可能是在一般锈蚀危害与应力腐蚀危害耦合效应作用基础上发生的,因此腐蚀疲劳危害方式也是一种极其危险的锈蚀破坏方式。

四、影响电弧锈蚀的主要因素

(一)空气中氧气和水含量的影响

当钢筋失钝而活化以后,其锈蚀进程主要是受到钢筋所在含有氧气和水等锈蚀介质的空气环境中氧与水含量的控制:当氧供应将受到限制,而水供应相对充足时,根据钢筋锈蚀极化曲线(图 4.6),钢筋的锈蚀速率将由阴极的氧浓差极化控制(也称氧扩散控制),对应于图中阴极极化曲线的末段);当氧供应是充足的,而水供应相对不足时，钢筋锈蚀将主要由电化学极化控制，而电化学极化过程又主要受供水条件的控制，因此，这种条件下钢筋的锈蚀速率实际上将由供水条件控制，对应于图中阳极极化曲线的初段。

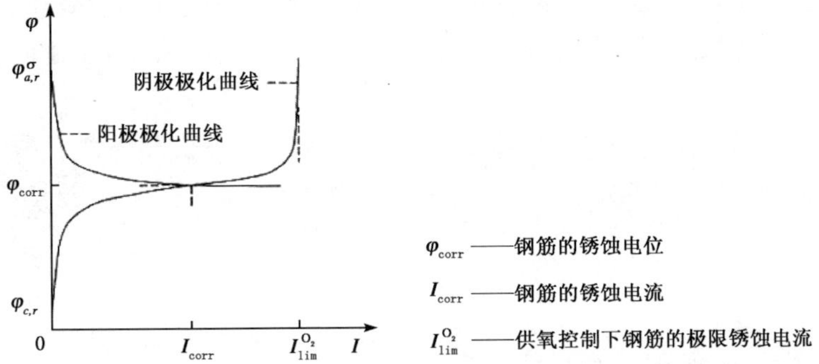

图 4.6 钢筋锈蚀极化曲线图

（二）气温的影响

气温通过热传导影响钢筋温度，尤其是裸露在空气中的钢筋表面温度，而钢筋表面温度对钢筋锈蚀速率的影响是多方面的。在较干燥条件（电化学极化控制）下，温度升高会提高电极反应速率，加速氧气及产物离子的扩散速率，从而提高钢筋的锈蚀速率；但在极（潮）湿条件（氧浓差极化控制）下，温度升高时，一方面会提高电极反应速率，从而提高钢筋的锈蚀速率，另一方面钢筋表面电解质溶液中氧的溶解度降低，从而降低钢筋的锈蚀速率。综合考虑，一般情况下还是电极反应速率的提高起到控制作用。因此气温对钢筋总体锈蚀速率的影响是空气温度越高钢筋的总体锈蚀速率就越大，具有显著的正相关性。

（三）空气中 Cl^- 含量的影响

空气中 Cl^- 对钢筋锈蚀的作用有三个方面，一是破坏钝化膜而使钢筋活化，二是对电化学反应起到催化作用，三是通过吸湿提高混凝土含水率。Cl^- 含量越高，钢筋的活化面积就越大，对电化学反应的催化作用就越明显，钢筋锈蚀速率也增大。因此，空气 Cl^- 含量越高钢筋的总体锈蚀速率就越大，具有显著的正相关性。

（四）钢筋应力的影响

钢筋应力的影响在于使钢筋微电池锈蚀电路中阳极的平衡电位负移。因此，在空气较干燥条件（电化学极化控制）下，应力可以提高钢筋的锈蚀速率，但在空气极湿条件（氧浓差极化控制）下，锈蚀速率取决于阴极供氧水平，应力引起的阳极平衡电极、电位负移并不引起锈蚀速率的改变。

五、电弧锈蚀的主要特征

有关钢筋锈蚀野外观测试验研究成果表明：钢筋的锈蚀主要在钢筋表面形成明显的坑蚀形态（图 4.7），从而引起钢筋截面的减小和坑蚀应力集中效应、应力腐蚀效应、腐蚀疲劳效应，进而导致钢筋的受拉性能遭到削弱或者引起钢筋疲劳开裂或断裂。

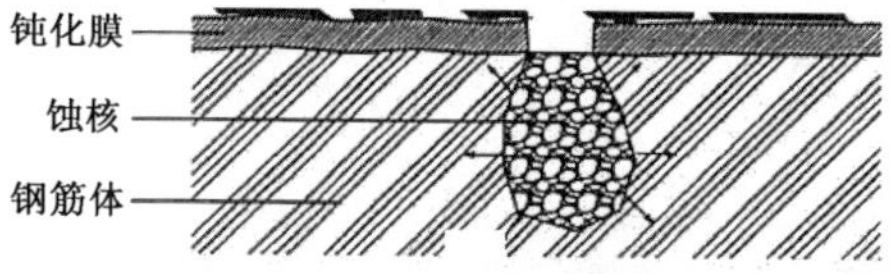

(a)钢绞线钢丝

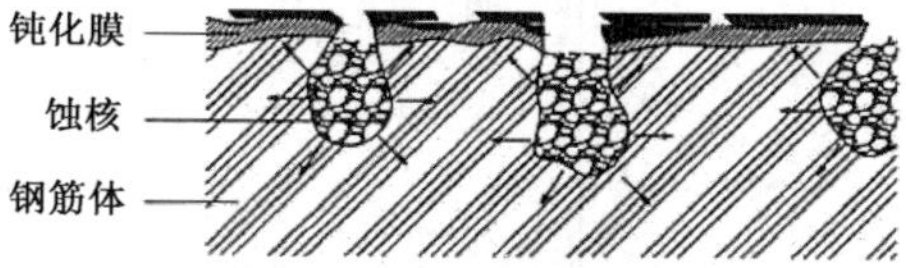

(b)普通钢筋

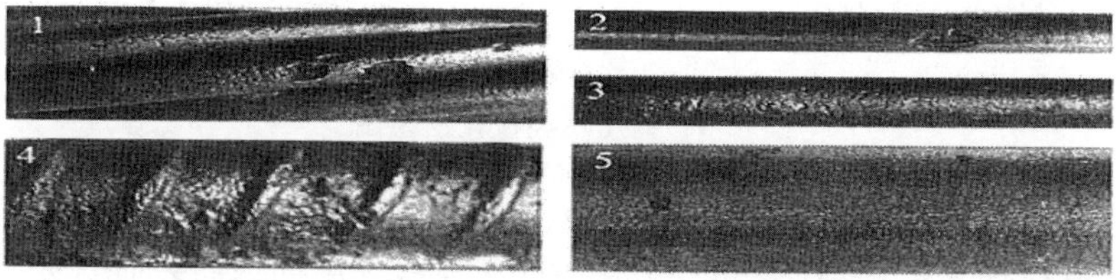

1—钢绞线；2—钢绞线中心钢丝；3—Φ6 热轧光圆钢筋；4—Φ6 热轧带肋钢筋；5—Φ6 热轧光圆钢筋

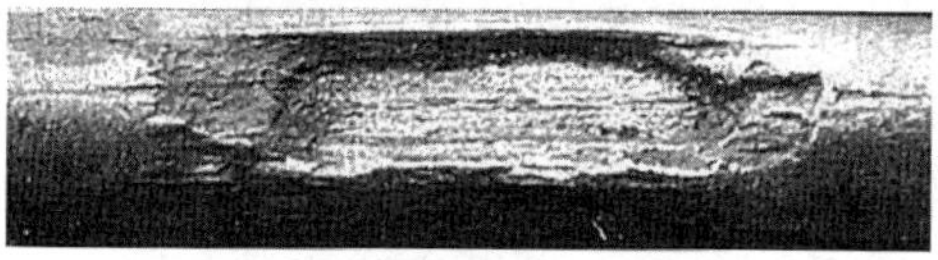

(c)椭球形蚀坑及锈蚀条纹

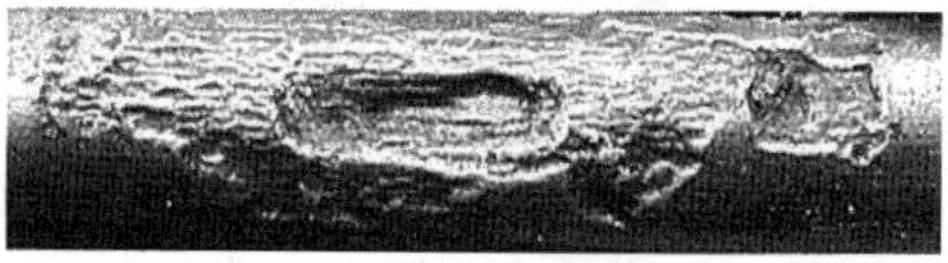

(d)马鞍形蚀坑及锈蚀条纹

图 4.7　钢筋表面蚀坑几何形状示意图及几种钢筋的坑蚀形状图

第三节　雷电电弧放电的电弧坑效应研究

一、电弧坑效应

电弧坑效应是指在被长时间雷击建（构）筑物和不同类型的电气、电子等强电、弱电设施的金属部件表面局部或（和）金属部件之间的间隙两边局部，由于电弧产生的高温导致金属熔化形成液态熔池，然后产生金属粒子强烈蒸发或者喷射，使金属粒子蒸气以一定速度从其局部发射出来，随着长时间雷击电流与金属部件的电弧结束，在其局部形成电弧坑，在电弧坑、锈蚀介质、应力的耦合作用下，被雷击金属部件可能发生常见的一般电弧侵蚀、应力电弧侵蚀、疲劳电弧侵蚀等三种电弧坑起主导作用的电弧侵蚀破坏现象。因此,电弧坑效应的核心是雷电电弧放电产生高温导致被雷击金属部件表面局部或(和)金属部件之间的间隙两边局部形成坑。由于坑蚀引起金属部件截面的减小和坑蚀应力集中效应、应力腐蚀效应、疲劳腐蚀效应,从而导致金属部件的受拉性能遭到削弱或者引起金属部件疲劳开裂或断裂;其次是电弧坑及其附近金属部件防腐蚀保护层被破坏,更易发生锈蚀。而根据重庆市防雷中心在省级重点实验室——重庆市雷电灾害鉴定与防御工程技术研究中心的长时间雷击电流对圆钢、扁钢表面进行弧坑雷击实验(图 4.8),其结果表明:长时间雷击在圆钢、扁钢表面,都要产生弧坑,并且随着长时间雷击能量的增加,弧坑体积也随着增加。

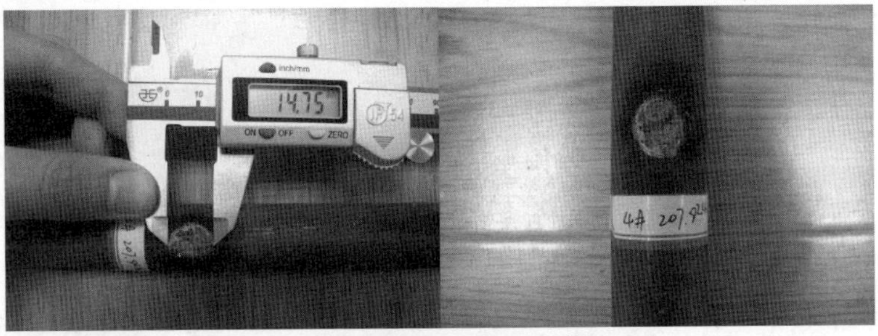

(a) Φ25 圆钢经长时雷击形成弧坑

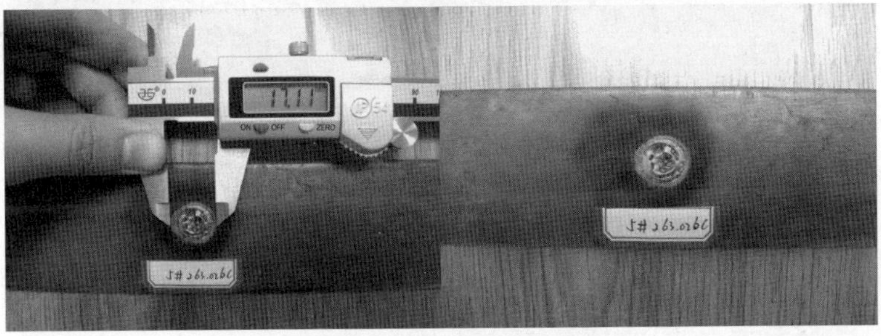

(b) 3.5×50 扁钢长时雷击形成的弧坑

图 4.8 长时雷击电流对圆钢、扁钢表面进行弧坑雷击实验图

为了进一步分析弧坑导致金属部件的受拉性削弱程度,还以 Φ12 镀锌圆钢为样品进行短时雷击、长时雷击前后的抗拉强度试验。短时雷击前后的抗拉强度试验结果(图 4.9)分析表明:对圆钢施加不同次数的短时雷击试验后,并未对钢材结构造成损伤,而最多只是使其表面镀锌层受损形成雷击痕迹(图 4.9a～b),其抗拉强度变化率≤0.61%(图 4.9 d),在抗拉强度的误差允许范围内,可以认为镀锌圆钢的抗拉强度未受到短时雷击的影响。并且经过短时雷击后的钢材,其拉力试验的断点并不在雷击点上,而是随机分布于整段钢材上(图 4.9 c)。图中从左至右圆钢遭受短时雷击次数逐渐增加,虽然短时雷击次数逐渐增加,但拉力试验断点仍然不是雷击点。这说明短时雷击并未对钢材结构造成损伤,而最多只是使其表面镀锌层受损,这与国外学

者的研究结论一致。而长时雷击前后的抗拉强度试验结果(图 4.10)分析表明:对圆钢施加不等电荷量的长时雷击电流后,对钢材结构造成损伤而形成电弧坑(图 4.10a～b),其抗拉强度发生了显著变化,经过长时雷击试验的镀锌圆钢的抗拉强度下降在 7.86%～13.68%,平均下降 10.27%(图 4.10d)。从试验结果来看,长时雷击电荷量较小时,拉力试验的断点并不是雷击点,而当长时雷击电荷量达到一定量后,圆钢拉力试验的断点均在雷击点上(图 4.10c)。图中从左到右圆钢遭受的长时雷击电荷量逐渐增大,电荷量为 49 C 和 58 C 的长时雷击时,圆钢的拉力试验断点不是雷击点,而电荷量为 67 C 及电荷量更大的长时雷击时,圆钢的拉力试验断点即为雷击点,这说明长时雷击对圆钢结构已经造成损伤,其力学性能受到削弱。

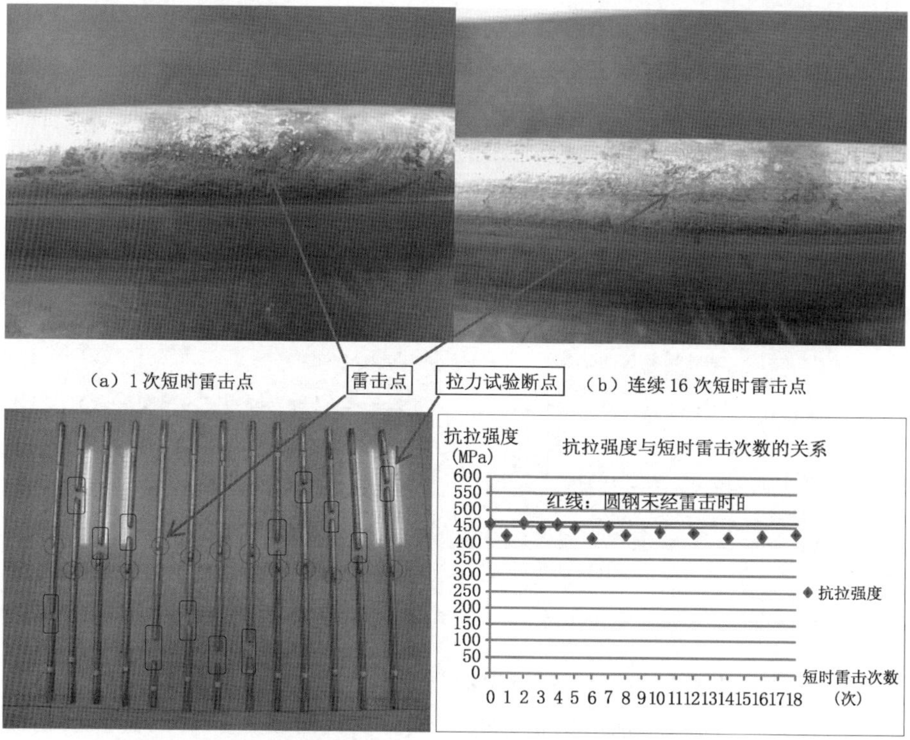

(a) 1 次短时雷击点　(b) 连续 16 次短时雷击点

(c) 不同雷击次数的圆钢拉力试验断点　(d) 圆钢抗拉强度与连续雷击次数的关系

图 4.9　Φ12 镀锌圆钢短时雷击前后的抗拉强度试验结果图

上述试验结果表明长时间雷击电流与建(构)筑物和不同类型的电气电子等强电弱电设施的金属部件表面形成电弧放电能量能够导致金属部件的受拉性能削弱,更易使弧坑及其附近金属部件防腐蚀保护层被破坏,同时发生锈蚀的客观事实。因此,电弧坑效应研究主要内容是研究雷电电弧放电产生高温,形成电弧坑的机理和电弧

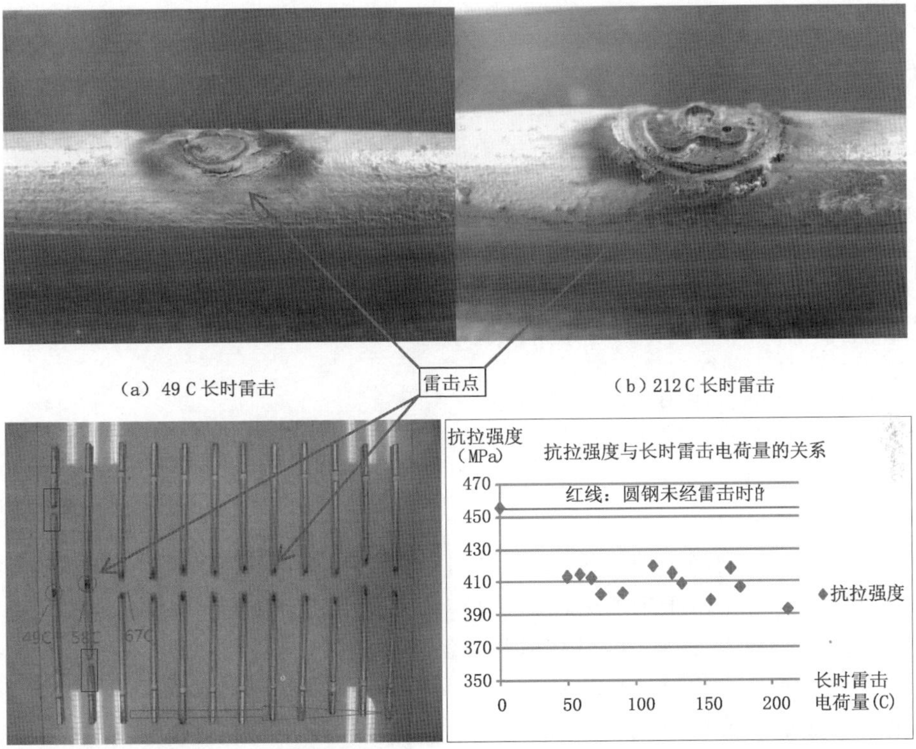

（a）49 C 长时雷击　（b）212 C 长时雷击

（c）不同雷击能量的圆钢拉力试验断点　（d）圆钢抗拉强度与雷击能量关系

图 4.10　Φ12 镀锌圆钢长时雷击前后的抗拉强度试验结果图

坑及其附件金属暴露在空气中发生锈蚀的机理，而金属暴露在空气中发生锈蚀的机理已在前一节作了详细论述，所以，下面以钢筋为例重点论述雷电电弧放电形成电弧坑的物理机制和对电弧坑形成具有理论支撑意义的电弧热源对钢筋表面的作用机制，分析电弧热源对钢筋表面产生液态熔池形态的影响。

二、电弧坑形成的物理机制

当钢筋作为电弧放电的阴极部分，且钢筋表面的温度较低，靠热发射不能提供足够数量的电子时，阴极区将自动求助于电场发射型阴极区导电机制、等离子型（正离子流型）阴极区导电机制来提供所需要的电子，从而导致阴极发射电子流的比率减少，而接受正离子的比率增加，造成阴极表面产生一个局部高温区，使其达到钢筋熔点、沸点产生钢筋液态熔池和金属蒸气，熔池的金属液滴和金属蒸气以一定速度射出，并形成蒸发侵蚀和液态喷溅侵蚀，电弧放电结束后则在钢筋表面形成电弧坑。

当钢筋作为电弧放电的阳极部分时，由于金属蒸气的电离能大大低于一般气体的电离能，在有金属蒸气存在的地方，更容易产生热电离而提供正离子流，电子流更容易从这里进入阳极，造成阳极表面产生一个局部高温区，使其达到钢筋熔点、沸点产生钢筋液态熔池和金属蒸气，熔池的金属液滴和金属蒸气以一定速度射出，而形成蒸发侵蚀和液态喷溅侵蚀，电弧放电结束后则在钢筋表面形成电弧坑。

显然电弧热源作用于钢筋表面，使钢筋表面局部熔化形成液态熔池和金属蒸气，而形成蒸发侵蚀和液态喷溅侵蚀是电弧坑形成的重要理论基础。因此，有必要进一步研究电弧热源对钢筋表面的作用机制和分析钢筋表面的液态熔池形态。

三、电弧热源对钢筋表面的作用机制研究

(一)电弧热源的作用模式

随着电弧热源对钢筋表面作用的时间延长，可将电弧热源作用方式当作平面分布热源、体积分布热源处理。

1. 平面分布热源

在电弧热源对钢筋表面作用初期，可将电弧热能看作集中作用在钢筋表面的某一点，即点热源，但是由于钢筋表面的热传导，使电弧的热流始终是分布在钢筋表面上一定的作用面积内，因此，可以将电弧热源对钢筋表面作用初期的点热源作为平面分布热源。平面分布热源的热流分布模型一般用高斯函数来描述。

由于电弧把热能传给钢筋表面是通过钢筋表面上一定的作用面积进行的。因此，将这个面积称为加热斑点，加热斑点的形状如图 4.11 所示。

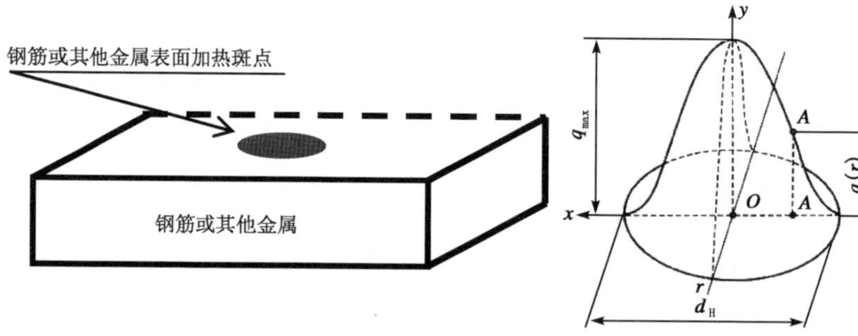

(a) 热源在钢筋（或其他金属）表面上的作用　　(b) 热流分布模型

图 4.11　加热斑点上的热流分布示意图

设加热斑点的半径为 r_H，其物理意义是：电弧传给钢筋表面的热能中，有 95%落在以 r_H 为半径的加热斑点内。并且在加热斑点上，热流的分布可近似地用高斯函数来描述：

$$q(r) = q_m \exp(-Kr^2)$$

式中，$q(r)$——距离热源中心 r 处的热流密度；

q_m——热源中心处的最大热流密度；

K——热能集中系数。

由于作用在钢筋表面上的总热量等于电弧的有效功率 Q，所以

$$
\begin{aligned}
Q &= \int_0^{\infty} q(r) 2\pi r \mathrm{d}r \\
&= q_m \int_0^{\infty} \exp(-Kr^2) 2\pi r \mathrm{d}r \\
&= \frac{q_m \pi}{-K} \int_0^{\infty} \exp(-Kr^2) \mathrm{d}(-Kr^2) \\
&= \frac{q_m \pi}{K}
\end{aligned}
$$

于是

$$
q_m = \frac{QK}{\pi}
$$

因此

$$
q(r) = \frac{QK}{\pi} \exp(-Kr^2)
$$

式中，$Q=\eta IU_a$，是电弧有效热功率；η 是电弧有效热效率。

根据加热斑点的物理意义，可有：

$$
95\%Q = \int_0^{r_H} q(r) 2\pi r \mathrm{d}r
$$

因此有：

$$
\begin{aligned}
0.95Q &= \int_0^{r_H} \frac{QK}{\pi} \exp(-Kr^2) 2\pi r \mathrm{d}r = Q \int_{r_H}^{0} \exp(-Kr^2) \mathrm{d}(-Kr^2) \\
&= Q[1 - \exp(-Kr_H^2)]
\end{aligned}
$$

经整理，得：

$$
K = \frac{3}{r_H^2}
$$

所以电弧传给钢筋表面的热源高斯分布公式为：

$$
q(r) = \frac{3Q}{\pi r_H^2} \exp(-\frac{3r^2}{r_H^2})
$$

2. 体积分布热源

在电弧热源对钢筋表面作用的中、后期，电弧热能不仅作用于钢筋表面某一圆面积内，而且还作用于钢筋表面与电弧垂直的钢筋厚度方向的钢筋体积内，因此可以将

作用于钢筋表面某一圆面积内一定立体积的中、后期电弧热源作为体积分布热源。体积分布热源的热流分布模型一般用椭球体模式描述。

由于电弧把热能传给钢筋是通过钢筋表面某一圆面积内一定的作用体积进行的。因此，将这个体积称为加热立体积，其形状如图 4.12 所示。

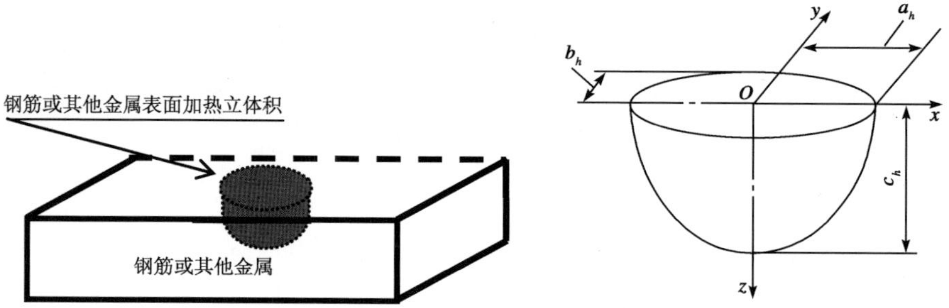

（a）热源在钢筋（或其他金属）一定立体积的作用　（b）半椭球体热流分布模型

图 4.12　加热体积内的热流分布示意图

设椭球体的半轴分别为 a_h，b_h 和 c_h。设热源中心作用点的坐标为(0，0，0)，以此点为原点建立坐标系(x，y，z)。在热源中心(0，0，0)，热流密度最大值为 q_m。热流密度的体积分布可表示为：

$$q(x,y,z)=q_m\exp(-Ax^2-By^2-Cz^2)$$

式中，A，B，C 是热流的体积分布参数。由于热流是分布在钢筋表面为界面的半个椭球体内，因此有：

$$\begin{aligned}Q=\eta IU_a&=4\int_0^\infty\int_0^\infty\int_0^\infty q(x,y,z)dxdydz\\&=4q_m\int_0^\infty\exp(-Ax^2)dx\int_0^\infty\exp(-By^2)dy\int_0^\infty\exp(-Cz^2)dz\\&=4q_m\left(\frac{1}{\sqrt{A}}\times\frac{\sqrt{\pi}}{2}\right)\left(\frac{1}{\sqrt{B}}\times\frac{\sqrt{\pi}}{2}\right)\left(\frac{1}{\sqrt{C}}\times\frac{\sqrt{\pi}}{2}\right)\\&=\frac{q_m\pi\sqrt{\pi}}{2\sqrt{ABC}}\end{aligned}$$

所以有：

$$q_m=\frac{2Q\sqrt{ABC}}{\pi\sqrt{\pi}}$$

在椭球体半轴处，$x=a_h$，$y=b_h$，$z=c_h$。假定有 95% 的热能集中在半椭球体之内，所以：

$$q=(a_h,0,0)=q_m\exp(-Aa_h2)=0.05q_m$$

故有：$A=3/a_h^2$

同理可得：

$$B=\frac{3}{b_h^2}$$

$$C=\frac{3}{c_h^2}$$

所以，电弧传给钢筋表面某一圆面积内一定加热立体积的热源半椭球体内热流分布公式为：

$$q(x,y,z)=\frac{6\sqrt{3}Q}{a_hb_hc_h\pi\sqrt{\pi}}\exp(-\frac{3x^2}{a_h^2}-\frac{3y^2}{b_h^2}-\frac{3z^2}{c_h^2})$$

（二）电弧热效率

电弧的热效率是指电弧放电过程中，由电弧热源所提供的热量并没有全部用于钢筋表面产生钢筋液态熔池和金属蒸气导致蒸发侵蚀和液态喷溅侵蚀而形成电弧坑，而是有一部分热量损失于金属导热、周围介质和飞溅等，即用于形成电弧坑的热量仅是热源所提供的一部分。

若把电弧看成是无感的，则全部电能转化为热能时，电弧功率可由下式表示：

$$q_0=UI$$

式中，q_0——电弧功率，即电弧在单位时间内所提供的能量；

U——电弧电压；

I——电弧放电的电流。

由于有损失，故用于加热钢筋表面的有效功率为：

$$q=\eta UI$$

式中，η 为加热过程的功率有效系数，也称为热效率。

影响热效率的因素比较多，如电弧的电流、钢筋表面的环境、钢筋的导热性及其熔化数量等，但在一定条件下 η 是常数，可以通过试验获得。

（三）电弧加热区的热能分布

电弧热源把热能传给钢筋表面是通过钢筋表面上一定的加热面积进行的。对于电弧来讲，该面积称为加热斑点。如果进一步分析，这个加热斑点又可分为活性斑点区和加热斑点区，加热斑点如图 4.13 所示。

(1)活性斑点带电质点集中轰击直径为 d_A 的斑点面积，把电能转化为热能，电流密度 j 的变化如图 4.13 虚线所示。

(2)加热斑点在直径为 d_H 的区域内，钢筋表面受热是通过弧柱的辐射和电弧周围介质的对流进行的。从图 4.13 还可知加热斑点区的热能分布不均匀，中心多，边

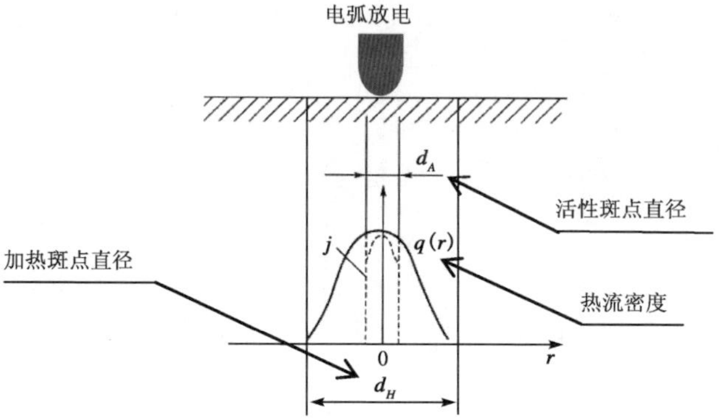

图 4.13　电弧作用下的加热斑点示意图

缘少。在电流密度不变的情况下,电弧电压越高,中心与边缘的热能相差越小。如电压不变,电流密度越大,中心与边缘的热能相差越大。

(四)电弧热传递的基本方式

电弧热源将能量传给钢筋表面的方式主要以辐射和对流为主,而钢筋获得热量之后,热的传播方式主要以热传导为主。

1. 热传导

热传导是由于温度不同,在导体内存在温差或温度梯度,引起自由电子移动的结果。温差越大,自由电子的移动越激烈。

热传导理论是研究物体内部有温差存在时物体各部位温度随时间的变化规律。假设所研究的物体组织结构致密,任何时间经过导体的任何断面的热能相同,那么,在一定的温度梯度、一定时间并经过一定面积所传递的热量可用以下公式计算:

$$Q=-\lambda\left(\frac{T_2-T_1}{S}\right)Ft$$

式中,Q——传导热量;

T_2-T_1——温度差;

S——传热面积;

t——传热时间;

λ——热导率;

F——热能面积。

但任何物体不是理想的致密,因此该公式需要用微分式来表示,使其更结合实际,该公式的微分表达式为:

$$\mathrm{d}Q=-\lambda\frac{\partial T}{\partial S}\mathrm{d}F\mathrm{d}t$$

故物体单位面积、单位时间内所传递的热量为:

$$dq = -\lambda \frac{\partial T}{\partial S}$$

2. 对流

对流是由运动的流体质点发生相对位移而引起热能转移的现象。它是利用不同温度的质点密度不同来传热的，在流体受热密度变小而上浮的同时，冷的流体就会流过来补充，这样一个周而复始的过程，即所谓对流。

对流传热的研究主要以牛顿定律为根据，即传热流体的温度为 T，放于温度为 T_0 的流体中，热能面积为 F，经过时间 t，则对流传热为：

$$Q_c = a_c(T - T_0)Ft$$

式中，a_c——对流传热系数。

影响 a_c 的因素很多，它是一个多变量的复杂函数：

$$a_c = f(T, T_0, \omega, \lambda, c_p, \rho, \varphi, \cdots)$$

式中，T——放热流体（或固体）的温度；

T_0——受热流体（或固体）的温度；

ω——流动速度；

λ——流体的热导率；

c_p——流体的比热容；

ρ——流体的密度；

Φ——放热表面的形状。

对流传热要比传导传热复杂得多。另外，对流传热的介质虽只是流体，但传热的物体，可以是固态、液态、气态同时存在。

3. 辐射

辐射能是物体受热后，内部原子振动而出现的一种电磁波能量传递。一切物体只要其温度高于绝对零度（－273℃），就会从表面放出辐射能。所以，辐射能主要是以热能形式发射出的一种能量。在放热体和吸热体之间的辐射是彼此往复的，只是两物体以不同的速度进行相互辐射，经过一定时间之后，两物体以同等速度辐射时，便可以达到暂时的平衡。

图 4.14 给出了物体辐射能量的分配示意图。从图可知，辐射能量 Q_0 辐射到物体上后分为三部分，其中一部分被吸收（Q_A），一部分被反射（Q_R），另一部分（Q_D）透过该物体，即：

$$Q_A + Q_R + Q_D = Q_0$$

等式左右各除以 Q_0，则得：

$$\frac{Q_A + Q_R + Q_D}{Q_0} = 1，或令\ A + R + D = 1$$

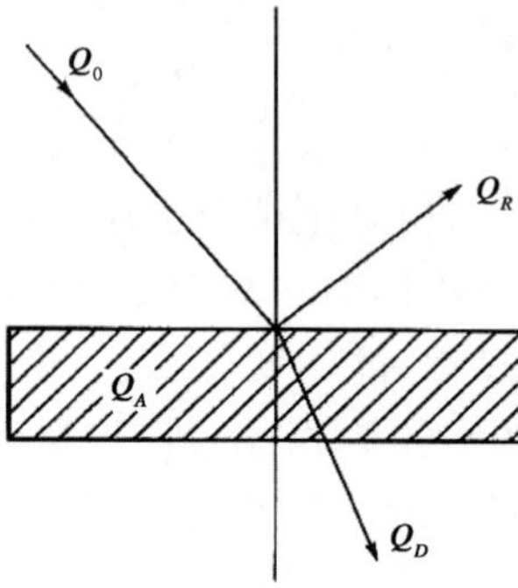

图 4.14　物体辐射能的分配图

式中，A——物体的辐射吸收率，$A=Q_A/Q_0$；

R——物体的辐射反射率，$R=Q_R/Q_0$；

D——物体的辐射透过率，$D=Q_D/Q_0$。

A，R，D 的数值都为 0～1，它们的大小与物体的温度、表面情况、性质及辐射的波长等有关。

如果 $A=1$，则 $R=D=0$，说明落在物体上的全部辐射能都被该物体所吸收，这类物体称为绝对黑体。

如果 $R=1$，则 $A=D=0$，即所有落在物体上的辐射能，完全被该物体反射出来。一种是正常反射，称为镜体；另一种是乱反射，则称为绝对白体。对于介于黑体与白体之间的物体，一律称为灰体。

如果 $D=1$，则 $A=R=0$，即所有落在物体上的辐射能，完全透过该物体，这一类物体称为绝对透明体或透热体。

显然自然界中并不存在绝对的黑体、白体和透明体。

在单位时间内物体单位表面所辐射出的能量 M 可根据斯蒂芬—玻尔兹曼定律求得：

$$M = \sigma T^4$$

式中，T——热力学温度；

σ——辐射系数，根据物体的表面情况而定，对于灰体而言，$\sigma=\varepsilon\sigma_0$；

ε——黑度系数，为 0～1（经过磨光的金属表面 ε 在 0.2～0.4，粗糙的金属表面 ε 在 0.6～0.95，金属到达熔点时 ε 在 0.9～0.95）；

σ_0——斯蒂芬—玻尔兹曼常数，$\sigma_0=5.67\times10^{-4}\ \mathrm{W/(m^2\cdot K^4)}$。

两个物体（例如电弧热源与钢筋表面）所处的温度不同，彼此可发射辐射能，并且

一个辐射体能吸收另一个辐射体的辐射能量。对于钢筋(或其他金属)表面与电弧热源之间的热辐射交换,可用下式计算:

$$M = \varepsilon\sigma_0(T^4 - T_0^4)$$

式中,T——电弧热源的热力学温度;

T_0——钢筋表面的初始热力学温度。

显然该式适用于任何物体之间的辐射热交换。

电弧热过程之一是钢筋表面熔池内部高温过热液态金属以对流为主的传热;其二是熔池外部热影响区和钢筋表面区域中的固体热传导。这两部分的传热过程相互联系和相互影响。

四、电弧热源对钢筋表面产生液态熔池形态的影响研究

电弧热源造成钢筋表面产生液态熔池的几何形状、熔池内流体动力学状态及传热传质过程称为电弧坑熔池形态,是影响电弧坑形成过程的主要因素之一。电弧放电时,熔池中的流体流动主要受以下几种力的驱动。

(一)表面张力梯度

表面张力是温度的函数。由于熔池表面温度分布不均匀,其表面张力也分布不均匀,从而在熔池表面存在表面张力梯度。表面张力梯度是熔池中流体流动的主要驱动力之一,它使流体从表面张力低的部位流向表面张力高的部位。对于液态钢,一般情况下温度越高,表面张力越小,即表面张力温度系数($d\gamma/dT$)为负值。此时,熔池中心部位温度高,表面张力小;而熔池边缘处温度低,表面张力大。因此,熔池表面在这个表面张力梯度的作用下,使液态金属沿径向从中心向边缘流动,如图 4.15a 和图 4.16b 所示。在熔池中心处由下向上流动。

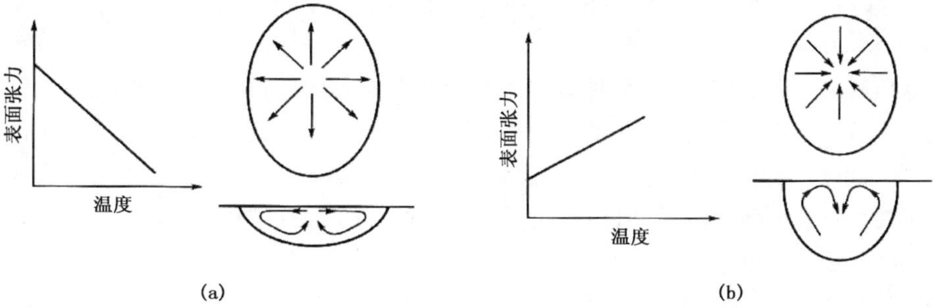

图 4.15 表面张力温度系数对熔池流体流动影响示意图

但是,如果向熔池中加入某些表面活性元素(如 S,O,Se 等),会使液态钢的表面张力温度系数从负值变为正值。此时,熔池中心部位温度高,表面张力大;而熔池边

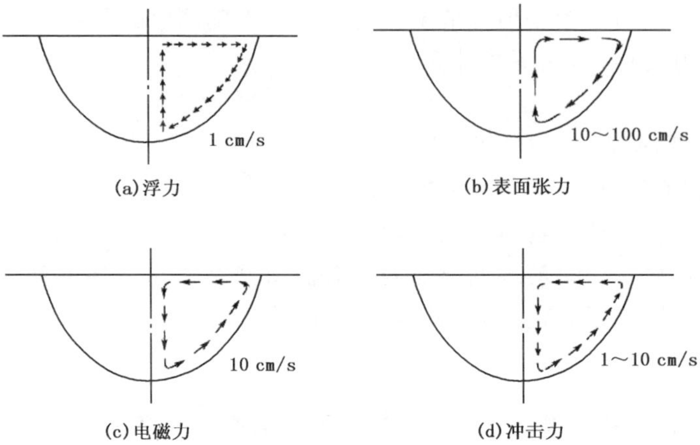

图 4.16 各种力单独作用时造成的熔池流体流动模式图
(箭头表示流动方向和不成比例,示意流速大小)

缘处温度低,表面张力小。因此,表面张力梯度使液态金属沿径向从边缘向中心流动,在熔池中心处由上向下流动,如图 3.15b 所示,较多的热量被传输到熔池底部,熔深较大。显然,表面张力温度系数大小和符号能改变熔池内液体流动方向,进而影响熔池内温度分布及金属熔固后的电弧坑区形状。

(二)电磁力

电弧放电时,电弧电流从斑点进入熔池后会产生电流线的发散,熔池内部电流同其自身的磁场相互作用就产生了电磁力(洛伦兹力)。电磁力对熔池中的流体流动有着重要的影响。它推动熔池液态金属在熔池中心处向下流动,然后沿熔池边缘线返回熔池表面,在熔池表面沿径向由边缘向中心流动(图 4.16c)。

(三)浮力

浮力是由于熔池中存在温度梯度或成分梯度,从而使液态金属密度发生变化而产生的。温度高的地方液态金属密度小,温度低的地方液态金属密度大。在浮力作用下,熔池中过热液态金属将上升至表面,较冷液态金属被推至底部。与表面张力梯度和电磁力对流体流动的作用相比,浮力所起的作用很小(图 4.16a)。

(四)电弧等离子流的冲击力

电弧等离子流冲向熔池表面时,施加的是冲击力或剪切力如图 4.16d 所示。

熔池流体动力学状态及传热过程的数学描述涉及热能方程、动量方程和连续性方程等,构成一个偏微分方程组,使问题的处理和求解过程更为复杂,但更接近实际。

由于上述表面张力、电磁力、浮力、电弧等离子流的冲击力等驱动熔池中金属流体流动产生的热传导;钢筋表面及其内部材质的均匀性,导致电弧热源以平面分布热源和体积分布热源方式在钢筋表面及其内部进行热传导;钢筋表面与电弧垂直的钢筋厚度方向的电弧能量集中使加热立体积中与电弧垂直的钢筋厚度方向的加热斑点中心温度比加热斑点边缘温度高等因素,导致电弧热源造成钢筋表面产生液态熔池的几何形状为半椭球体形状。

第四节 雷电电弧放电的电弧气孔效应研究

一、电弧气孔效应

电弧气孔效应是指在被长时间雷击建(构)筑物和不同类型的电气电子等强电弱电设施的金属部件表面局部或(和)金属部件之间的间隙两边局部形成电弧坑的过程中,电弧放电产生的熔池在结晶时,由于某些气体来不及逸出而残存在电弧坑金属熔化后的凝固区中而形成电弧气孔,在电弧气孔与电弧坑、锈蚀介质、应力的耦合作用下,被雷击金属部件可能发生常见的一般电弧侵蚀、应力电弧侵蚀、疲劳电弧侵蚀等三种电弧气孔起一定作用的电弧侵蚀破坏现象。因此,电弧气孔效应的核心是雷电电弧放电产生高温导致被雷击金属部件表面局部或(和)金属部件之间的间隙两边局部的电弧坑金属熔化后的凝固区中形成电弧气孔,由于电弧气孔引起应力集中效应,有时甚至引起电弧气孔附近金属产生裂纹,显著降低金属部件的强度和韧性,从而导致金属部件的受拉性能遭到削弱或者引起金属部件疲劳开裂或断裂。

根据重庆市防雷中心在省级重点实验室——重庆市雷电灾害鉴定与防御工程技术研究中心的长时间雷击电流对圆钢表面进行电弧坑雷击实验,应用照相机和金相显微镜对电弧坑及其附近金属进行宏观与微观分析,发现了长时间雷击在圆钢表面形成电弧坑的金属熔化后凝固区中的确存在电弧气孔的客观事实(图 4.17)。这与胡毅等(2005)对 OPGW 光缆雷击断股事现场取回的 OPGW 雷击断股样品进行了微观检测及其机理研究中发现 OPGW 雷击断股样品断口处有大量气孔、熔坑和熔渣的客观事实完全一致。因此,有必要研究分析电弧气孔的类型、形成的物理过程以及影响气孔形成的主要因素。

二、电弧气孔的类型

根据气孔的形态,可分为电弧坑表面气孔、电弧坑熔化与凝固区内部气孔;单个分布气孔,成堆密集气孔;贯穿整个电弧坑金属熔化后的凝固区断面的贯穿性气孔和没有贯穿整个电弧坑金属熔化后的凝固区断面的非贯穿性气孔。气孔产生的根本原因是由于高温时金属溶解了较多的气体(如氢、氮),冶金反应时又产生了相当多的气体(CO,H_2O),这些气体在电弧坑的金属凝固过程中来不及逸出就会形成气孔;因

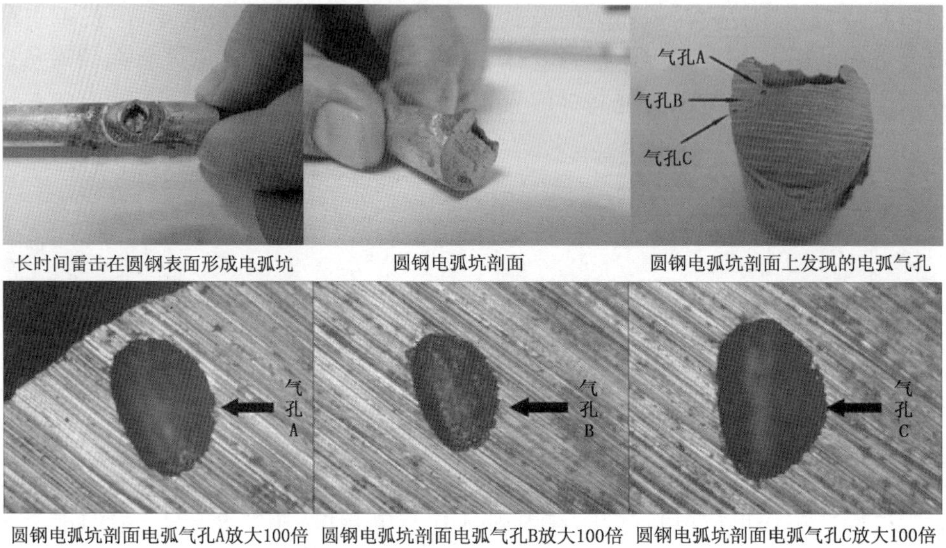

图 4.17　圆钢表面电弧坑金属熔化后凝固区中的电弧气孔图

此，根据形成气孔的气体来源，可分为析出型气孔和反应型气孔。

析出型气孔是因溶解度差而造成过饱和状态气体析出所形成的气孔。这类气孔主要是由外部侵入熔池的氢和氮引起。氢和氮在液态铁中的溶解度随着温度的升高而增大。高温熔池中溶解了大量的氢、氮，熔池冷却时，液态金属结晶时氢、氮的溶解度下降至 1/4 左右，于是过饱和状态的气体需要大量析出，但因为电弧熔池冷却非常快，析出的气体来不及逸出，在电弧坑金属熔化后的凝固区中形成气孔。反应型气孔主要是由于冶金反应而生成的 CO，水蒸气等形成的气孔。

因此，根据产生气孔的气体种类，电弧坑金属熔化后的凝固区中的气孔主要有氢气孔、氮气孔和 CO 气孔。由于产生气孔的气体不同，因而气孔的形态和特征也不同。

（一）氢气孔

对于低碳钢和低合金钢，大多数情况下氢气孔出现在电弧坑金属熔化后的凝固区表面上，气孔的断面形状如同螺钉状，在电弧坑金属熔化后的凝固区表面上形成喇叭口形，而气孔的四周有光滑的内壁。有时这类气孔在特殊情况下也会出现在电弧坑金属熔化后的凝固区内部。

（二）氮气孔

氮气孔也较多集中在电弧坑金属熔化后的凝固区表面，但多数情况下是成堆出现，与蜂窝状类似。而在电弧放电形成电弧坑金属熔化后的凝固区中由氮引起的气孔较少。氮的来源，主要是由于有较多的空气侵入熔池所致。

(三)CO 气孔

这类气孔主要是电弧放电形成电弧坑的钢筋是碳钢,由于冶金反应产生了大量的 CO。CO 不溶于金属,在高温阶段产生的 CO 会以气泡的形式从熔池中高速逸出,并不会形成气孔。当熔池开始结晶时,发生合金元素的偏析,对于结构钢来说,熔池中的氧化物和碳的浓度在熔池尾部偏高,有利于进行下述反应:

$$[FeO]+[C]==CO\uparrow+[Fe]$$

上述反应使熔池冷却过程中产生的 CO 气体增多。随着结晶过程的进行,熔池温度降低,熔池金属的黏度不断增大,此时产生的 CO 不易逸出。特别是在枝状晶凹陷处产生的 CO,更不容易逸出从而形成 CO 气孔。由于 CO 气孔是在结晶过程中产生的,气孔沿结晶方向分布,并呈现条虫状。

三、电弧气孔形成的物理机制

电弧坑金属熔化后的凝固区的气孔形成的先决条件是电弧坑形成过程中有气体存在。而形成气孔的气体主要有两类:一是来自外部的溶解度有限的气体(H_2,N_2 等);二是熔池内产生的冶金反应产物(CO,H_2O 等)。电弧熔池吸收的气体因过饱和以致形成气泡,不能及时排出而残留于电弧坑金属熔化后的凝固区之中,即为气孔。

气孔的形成一般经历气泡形核、气泡长大和气泡上浮三个过程,最后形成气孔。电弧放电过程中,熔池周围充满着成分复杂的各种气体,这些气体分子在电弧高温的作用下,不断地向液体熔池内部扩散和溶解,而且温度越高,金属中溶解气体的量越多。如果这些气体析出,气泡的长大和上浮较快,就不会形成气孔。但是如果这些气体析出,气泡的长大和上浮较慢,而结晶过程又较快时,气泡来不及逸出而残留在电弧坑金属熔化后的凝固区中就形成气孔。电弧坑金属熔化后的凝固区是否形成气孔决定于气泡浮出外逸速度(υ_e)与电弧坑金属熔化后的凝固区的金属凝固速度(R)的对比关系。产生气孔的条件应为 $\upsilon_e < R$。气泡浮出外逸速度可用 Stocks 公式表达:

$$\upsilon_e = K(\rho_L - \rho_G)gr^2/\eta \tag{4.2}$$

式中,K ——常数,为 2/9;

g ——重力加速度,为 980 cm/s;

η ——液体金属黏度,单位为 Pa · s;

r ——气泡半径,单位为 cm;

ρ_L ——液体金属密度,单位为 g/cm^3;

ρ_G ——气泡密度,单位为 g/cm^3。

电弧坑金属熔化后的凝固区金属凝固速度对气孔的产生有很大影响。凝固速度越快，越不利于气泡浮出，越易于产生气孔。当金属导热性能好，可造成电弧坑金属熔化后的凝固区具有大的冷却速度，即电弧坑金属熔化后的凝固区的金属具有大的凝固速度。另外金属黏度对气孔影响也较大，液体金属迅速进入凝固阶段后，由于金属黏度急剧增大，气泡浮出困难，易于形成气孔。气泡的浮出速度主要取决于液体金属的密度，液体金属密度越小，气泡浮出速度越小。气泡尺寸也影响气泡浮出速度。气泡半径越大，越有利于气泡浮出。当原始气体数量不足以使气泡半径增大时，产生气孔的倾向可能很大；而原始气体数量多，但可以使气泡半径增大到足以完全浮出时，反而可能不产生气孔。

四、影响电弧气孔的主要因素

电弧坑金属熔化后的凝固区气孔生成是几种气体共同作用的结果，起主要作用的气体是氢和氮以及冶金反应而生成的反应性气体，因此，影响电弧气孔的主要因素主要是氢、氮、反应性气体等。

（一）氢的影响

电弧坑金属熔化后的凝固区的氢来自于各方面，如钢筋表面的铁锈、油漆、油脂、水分等杂质，氩气中含有的水分，冶炼钢材时残留的氢等。它们在电弧高温作用下，不断地向液体熔池扩散和溶解。氢在铜、铝、铁和镍中溶解度与温度的关系如图4.18所示。随着温度的升高，溶解度增大，并在一定温度下达到最大值，继续升温后，由于金属蒸气压剧增，氢的溶解度迅速降低。因此，在电弧坑金属熔化后的冷却过程中，氢在金属中的溶解度急剧下降，使氢析出并积聚在非金属夹杂表面形成气泡，并向外排出，当气泡在熔池结晶前来不及浮出时，便形成了氢气孔。

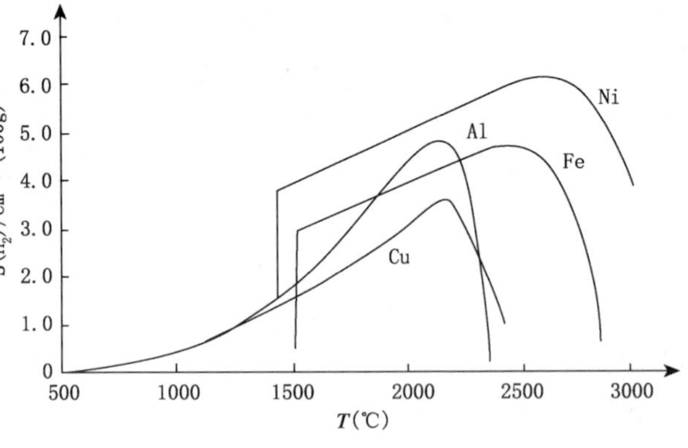

图 4.18　氢在金属中的溶解度 $S(H_2)$ 与温度 T 的关系图

（二）氮的影响

氮主要来自空气，形成气孔的原因与氢类似，也是由于温度降低，使溶解度急剧降低，气泡在熔池结晶前来不及浮出的缘故。一般氮气孔形成主要是因为电弧熔池金属受到空气的侵入。

（三）反应性气体的影响

熔池中除外部入侵的气体氢或氮之外，还有因冶金反应而生成的反应性气体，这类气体主要是 CO，H_2O，均为不溶于金属的气体。钢铁材料在电弧放电时，其典型的反应性气体为 CO；铜、镍金属在电弧放电时，其反应性气体较多为 H_2O。

铜电弧放电时，因铜形成 Cu_2O，在 1200℃ 以上能溶于液态铜，温度降低到 1200℃ 以下时，就要逐渐析出并与溶解于铜中的氢发生反应：

$$[Cu_2O]+2[H]=2[Cu]+H_2O\uparrow$$

因此形成的不溶于金属的水汽 H_2O 是铜金属产生气孔的主要原因。

镍电弧放电时，也同样会产生水汽反应：

$$[Ni]+2[H]=2[Ni]+H_2O\uparrow$$

第五节 雷电电弧放电的电弧裂纹效应研究

一、电弧裂纹效应

电弧裂纹效应是指在被长时间雷击建（构）筑物和不同类型的电气、电子等强电、弱电设施的金属部件表面局部或（和）金属部件之间的间隙两边局部形成电弧坑的过程中，在电弧坑附近金属区域中因电弧的产生与结束导致温度剧烈变化的凝固区和部分热影响区的金属原子结合力遭到破坏而形成新界面所产生的缝隙，即电弧裂纹，在电弧裂纹与电弧坑、电弧气孔、锈蚀介质、应力的耦合作用下，被雷击金属部件可能发生常见的一般电弧侵蚀、应力电弧侵蚀、疲劳电弧侵蚀等三种电弧裂纹起一定作用的电弧侵蚀破坏现象。由于电弧裂纹引起应力集中效应，显著降低金属部件的强度和韧性，从而导致金属部件的受拉性能遭到削弱或者引起金属部件疲劳开裂或断裂。而根据重庆市防雷中心在省级重点实验室——重庆市雷电灾害鉴定与防御工程技术研究中心的长时间雷击电流对缆索承重桥的无高密度聚乙烯保护层的缆索样品（7 股高强度钢丝，每股 $\Phi=5.1$ mm）进行电弧坑雷击实验，应用照相机和金相显微镜对电弧坑及其附近金属进行宏观与微观分析，发现了长时间雷击在无保护层缆索样品形成电弧坑的金属熔化后凝固区中的确存在电弧裂纹的客观事实（图 4.19）。因此，有必要研究分析雷电电弧放电产生高温导致被雷击金属部件表面局部或（和）金属部件之间的间隙两边局部的电弧坑金属熔化后的凝固区和部分热影响区中电弧裂纹形成机理及其类型。

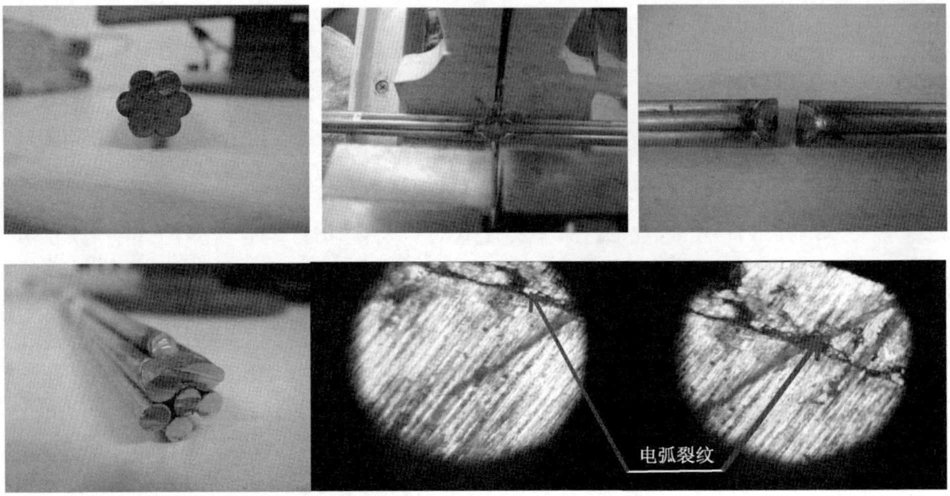

图 4.19　无保护层缆索样品电弧坑金属熔化后凝固区中的电弧裂纹图

二、电弧裂纹分类方法及其类型

钢筋表面电弧坑金属熔化后的凝固区和电弧热影响区的电弧裂纹由于钢筋品种及其结构的类型不同，其电弧放电产生的电弧裂纹类型也不同，有些电弧裂纹可在电弧放电后立即产生，有些电弧裂纹可在电弧放电后延续一段时间才发生，有些电弧裂纹甚至在钢筋使用过程中在一定外界条件诱发下才可产生；并且电弧裂纹可出现在钢筋表面电弧坑金属熔化后的凝固区和热影响区表面，也可产生在其内部。因此，钢筋表面电弧坑金属熔化后的凝固区和热影响区的电弧裂纹可从以下四种不同方法进行分类，并得到不同类型的电弧裂纹。

（一）电弧裂纹产生的区域分类方法

按电弧裂纹产生的区域可分为电弧坑金属熔化后的凝固区电弧裂纹和热影响区电弧裂纹两类。

（二）电弧裂纹尺寸大小分类方法

按照电弧裂纹尺寸大小可分为宏观裂纹电弧纹和微观电弧裂纹两类。

（三）电弧裂纹的所处位置分类方法

按照电弧裂纹的所处位置可分为表面电弧裂纹、内部电弧裂纹两类

（四）电弧裂纹产生的机理分类

按照电弧裂纹产生的机理可分为电弧热裂纹（包括结晶裂纹、液化裂纹和多边化裂纹）、电弧冷裂纹（包括延迟裂纹、淬硬脆化裂纹、低塑性脆化裂纹等）、电弧再热裂纹、电弧层状撕裂和电弧应力腐蚀裂纹五类。

由于按电弧裂纹产生的机理分类能反映裂纹的成因和本质，因此，本节重点论述依据电弧裂纹产生的机理分类的电弧热裂纹、电弧冷裂纹、电弧再热裂纹、电弧层状撕裂和电弧应力腐蚀裂纹。

三、电弧裂纹形成的物理机制

（一）电弧热裂纹种类及其形成机理

电弧放电形成的热裂纹是在高温下产生的，故称热裂纹。它的微观特征一般是沿晶开裂。热裂纹发生的部位一般是在钢筋表面电弧坑金属熔化后的凝固区，有时也出现在热影响区中。在长期使用的钢筋结构，可能产生再热裂纹和蠕变疲劳裂纹等，再热裂纹是在再次受到长时间雷击电流形成的电弧加热过程中产生的。当电弧放电形成的热裂纹贯穿钢筋表面，与外界空气相通时，热裂纹和再热裂纹表面呈氧化色彩。热裂纹和再热裂纹可导致钢筋力学性能降低，甚至引起突发事故。

1. 电弧热裂纹的种类

根据电弧放电的钢筋材质的不同（低碳钢、中碳钢、高碳钢、低合金高强钢、中合金钢、高合金钢、不锈钢以及某些特种合金钢等），产生热裂纹的形态、温度区间和原因也各有不同。一般把热裂纹分为结晶裂纹、液化裂纹和多边化裂纹三种。

（1）结晶裂纹

结晶裂纹又称凝固裂纹，是在钢筋表面电弧坑金属熔化后的凝固结晶过程的后期，由于低熔共晶形成的液态薄膜削弱了晶粒间的联结，在拉应力作用下形成的裂纹，是电弧放电中最为常见的热裂纹之一。其特点：一是结晶裂纹只产生在钢筋表面电弧坑金属熔化后的凝固区中；二是裂纹走向沿原奥氏体晶界；三是结晶裂纹是沿一次结晶的晶界分布，特别是沿柱状晶的晶界分布；四是多数结晶裂纹的断口上可以看到氧化色彩，表明它是在高温下产生的；五是在扫描电子显微镜下观察结晶裂纹的断口具有典型的沿晶开裂特征，断口晶粒表面光滑。

（2）液化裂纹

液化裂纹是在钢筋表面电弧坑的电弧热影响区，由于高温作用下，在钢筋表面电弧坑凝固区和电弧热影响的层间发生重熔，在拉应力作用下形成的一种热裂纹。其特点：一是液化裂纹产生的位置是在靠近钢筋表面电弧坑金属熔化后的凝固区的电弧热影响区（图 4.20），并且主要出现在合金元素较多的高合金钢、不锈钢和耐热合金的钢筋表面电弧坑的电弧热影响区中；二是裂纹走向沿晶界；三是液化裂纹多为微裂纹，尺寸很小，一般在 0.5 mm 以下，个别达 1 mm。

（3）多边化裂纹

多边化裂纹是电弧放电时在钢筋表面电弧坑金属熔化后的凝固区和电弧热影响区的钢筋多边化晶界上，由于在高温和应力的作用下，晶格缺陷发生移动和聚集，形

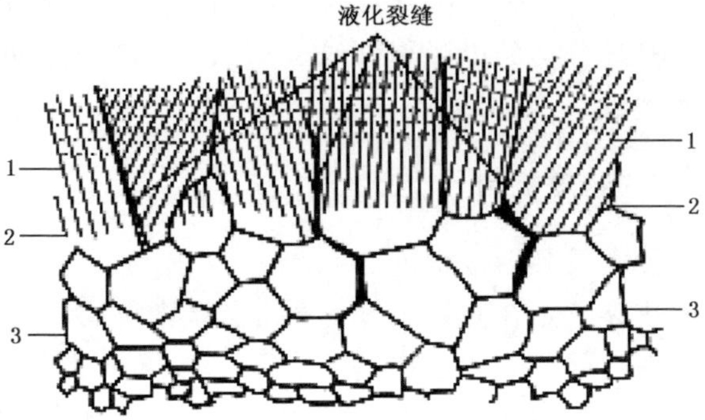

1—电弧热影响区；2—电弧热影响区附近的部分熔化区；3—粗晶区

图 4.20　电弧热影响区的液化裂纹示意图

成二次边界而呈现低塑性状态，在拉应力作用下从而形成热裂纹；因它是由于在高温时塑性很低而造成的，故又称为高温低塑性裂纹。其特点：一是多边化裂纹主要产生在钢筋表面电弧坑金属熔化后的凝固区中，少量产生在电弧热影响区中；二是裂纹走向沿原奥氏体晶界；三是裂纹在钢筋表面电弧坑金属熔化后的凝固区金属中的走向与一次结晶不一致，以任意方向贯穿于树枝状结晶中；四是裂纹附近常伴随有再结晶晶粒出现；五是断口无明显的塑性变形痕迹，呈现高温低塑性开裂特征。

2. 电弧热裂纹的形成机理

热裂纹是电弧放电过程中在钢筋表面电弧坑金属熔化后的凝固区和热影响区中经常出现的一类裂纹，而热裂纹中最常见的是结晶裂纹，其形成过程主要与低熔共晶和拉应力的存在有关，而液化裂纹和多边化裂纹的形成过程也主要与低熔共晶和拉应力的存在有关。因此，本节重点以结晶裂纹的形成机制及影响因素来分析讨论热裂纹的形成机理。

(1)结晶裂纹的形成机制

钢筋表面电弧坑金属熔化后的凝固区金属的结晶不是瞬时完成的，而是一个在液态金属中不断形成和长大的过程。对非共晶成分的共晶合金来说，没有一个单一的结晶温度，而是存在一个结晶温度区间。当液态金属温度降低到和液相线相交时，结晶开始。随着结晶过程的进行，液态金属逐渐向低熔点成分变化，直至达到共晶成分。钢筋表面电弧坑金属熔化后的凝固区金属在结晶过程中，随着温度的不断降低，要经历液态、液—固态(液相占主要部分)、固—液态(固相占主要部分)、固态四个阶段。在这四个阶段中，存在一个温度区间，使钢筋表面电弧坑金属熔化后的凝固区金属的塑性变得非常低，因而这个温度区间被称为脆性温度区间。

在脆性温度区间内，即熔池结晶的固一液阶段，已结晶的固相占主要部分，尚未结晶的液态金属被排挤在已结晶的固态晶粒之间，并呈薄膜状分布，即在晶粒之间形成液态薄膜。此时，如果受到拉伸应力的作用，由于液相本身的抗变形能力很小，变形必将集中于液态薄膜处，在晶粒尚未发生塑性变形时，就沿晶界发生开裂，即产生结晶裂纹。

应当指出，处于脆性温度区间的金属塑性低，这只是结晶裂纹产生的一个条件，此时如果没有拉伸应力的作用，不会产生结晶裂纹。但钢筋表面电弧坑金属熔化后的凝固区金属经历固—液阶段时是在冷却过程中，冷却造成的金属收缩必然在钢筋表面电弧坑金属熔化后的凝固区中产生拉应力。拉应力和液态薄膜的同时存在，为结晶裂纹的形成提供了充分的条件。

为了进一步明确产生结晶裂纹的条件，原苏联学者普洛霍洛夫提出了拉伸应变与脆性温度区间内钢筋表面电弧坑金属熔化后的凝固区金属塑性变化之间的关系，

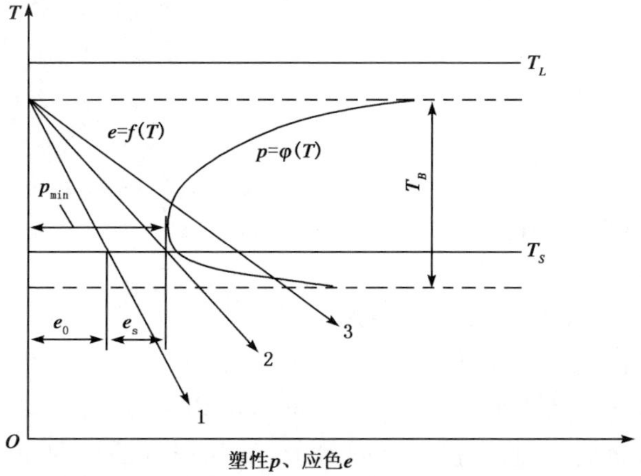

图 4.21 电弧放电时产生结晶裂纹的条件示意图

T_L—液相线；T_S—固相线；T_B—脆性温度区间

如图 4.21 所示。图中 e 表示钢筋表面电弧坑金属熔化后的凝固区在拉伸应力作用下产生的应变，它随温度的变化而变化，其应变增长率为$\partial E/\partial T$，p 表示在脆性温度区间钢筋表面电弧坑金属熔化后的凝固区金属的塑性，在液态薄膜形成的时刻，p 存在一个最小值 p_{min}，此时钢筋表面电弧坑金属熔化后的凝固区金属产生的应变为 e_0。p_{min}和 e_0 的差值 e_s，称为塑性储备，即 $e_s=p_{min}-e_0$。

当应变增长率较小时，应变随温度按图 4.21 中曲线 1 变化，此时，$e_0<p_{min}$，$e_s>0$。钢筋表面电弧坑金属熔化后的凝固区金属具有一定的塑性储备量，不会产生结晶裂纹。

当应变增长率较大时，应变随温度按图 4.21 中曲线 3 变化，此时，$e_0<p_{min}$，$e_s>0$

钢筋表面电弧坑金属熔化后的凝固区金属在拉伸应力作用下产生的应变量已经超过了塑性储备量，钢筋表面电弧坑金属熔化后的凝固区中必然产生结晶裂纹。

当应变随温度按图 4.21 中曲线 2 变化时，$e_0 < p_{\min}$，$e_s > 0$。钢筋表面电弧坑金属熔化后的凝固区金属在拉伸应力作用下产生的应变量等于塑性储备量，处于产生结晶裂纹的临界状态。此时的应变增长率称为临界应变增长率，记作 CST。

从上面的讨论可以知道，钢筋表面电弧坑金属熔化后的凝固区金属对结晶裂纹的敏感性与脆性温度区间，及脆性温度区间内钢筋表面电弧坑金属熔化后的凝固区金属的塑性和应变增长率有关。一般来讲，脆性温度区间越大，在脆性温度区间内钢筋表面电弧坑金属熔化后的凝固区金属的塑性越小，在脆性温度区间内钢筋表面电弧坑金属熔化后的凝固区金属的应变增长率越大，产生结晶裂纹的倾向性越大。

(2)结晶裂纹的影响因素

影响结晶裂纹的因素很多，而且这些影响因素又是相互关联的，影响规律错综复杂。但从上面对结晶裂纹产生机理的分析中可以知道，影响结晶裂纹的本质因素只有两类，即冶金因素和应力因素。

①冶金因素

冶金因素从材料的内因考虑，影响结晶裂纹的冶金因素主要是材料的化学成分，它直接影响结晶温度区间的大小、低熔共晶的形态以及一次结晶的组织，具体表现在以下几方面：

a. 结晶温度区间对结晶裂纹的影响

结晶温度区间对结晶裂纹倾向的影响如图 4.22 所示。从图可知，随合金元素含量的增加，结晶温度区间增大，同时脆性温度区间增大，结晶裂纹倾向增加。直到 S 点时，结晶温度区间最大，脆性温度区间最大，结晶裂纹的倾向也最大。当合金元素含量进一步增加时，结晶温度区间和脆性温度区间减小，产生结晶裂纹的倾向降低。

以上只是根据平衡条件下的相图所进行的分析，而实际电弧放电条件下均属于不平衡结晶。实际固相线位于平衡条件下的固相线的左下方(见图 4.22 中的虚线)，其最大固熔点由平衡条件下的 S 点移至 S'。与此同时，结晶裂纹倾向的变化曲线也随之左移。

b. 低熔共晶形态对结晶裂纹的影响

从结晶温度区间对结晶裂纹影响的分析可知，结晶裂纹产生的冶金条件是在晶界位置产生了低熔共晶液态薄膜。而当最后结晶的低熔共晶以球形状态存在时，产生结晶裂纹的倾向将减小(图 4.23)，当液态第二相 β 在固态基体相 α 的晶粒交界处存在时，其分布受晶界表面张力 $\sigma_{\alpha\alpha}$ 和界面张力 $\sigma_{\alpha\beta}$ 的平衡关系所支配。在高温下夹入晶间的第二相 β 总要调整其形状而使系统的表面能达到最低值，即存在下列关系：

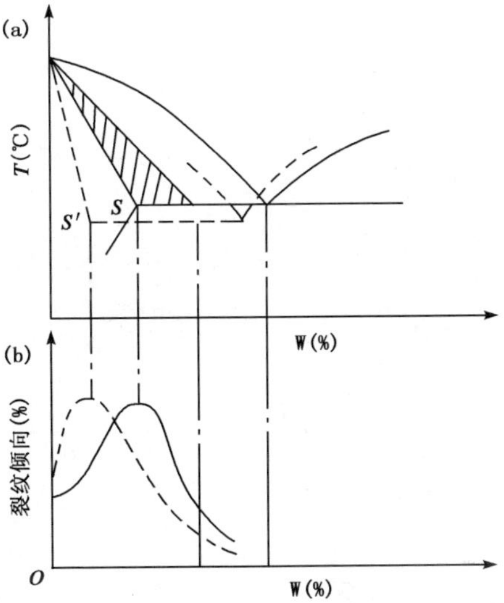

图 4.22 结晶温度区间宽度与结晶裂纹倾向的关系图
（W(%)为金属材料中某合金元素的百分比含量）

$$\sigma_{\alpha\alpha} = 2\sigma_{\alpha\beta}\cos\frac{\theta}{2}$$

式中，θ 为界面接触角。当 $\sigma_{\alpha\alpha}/\sigma_{\alpha\beta}$ 具有不同数值时，θ 角可以从 0°变化到 180°。

如果 $2\sigma_{\alpha\beta}=\sigma_{\alpha\alpha}$，则 $\theta=0°$，第二相易于在晶界的毛细间隙展开而形成连续薄膜；如果 $2\sigma_{\alpha\beta}>\sigma_{\alpha\alpha}$，则 $\theta\neq0°$，第二相难以进入晶界的毛细间隙，不易形成液态薄膜。$\alpha_{\alpha\beta}$ 越大，形成液态薄膜的可能性越小，故增大低熔共晶物的表面张力，有利于避免结晶裂纹的形成。

c. 一次结晶的组织对结晶裂纹的影响

钢筋表面电弧坑金属熔化后的凝固区金属结晶时，所形成的晶粒大小、形态和取向等对结晶裂纹的产生有很大的影响。晶粒越粗大，柱状晶的方向越明显，在晶界形成连续的液态薄膜越容易，产生结晶裂纹的倾向就越大。例如，γ(奥氏体)—δ(铁索体)双相组织产生结晶裂纹的倾向比单相奥氏体小。

d. 合金元素的种类对结晶裂纹的影响

钢筋表面电弧坑金属熔化后的凝固区中的合金元素，通过影响结晶温度区间大小、低熔共晶形态以及一次结晶的组织，从而影响结晶裂纹的形成。不同的合金元素所起的作用不同，相同的元素在不同的合金中所起的作用也不同，必须具体情况具体分析。对于钢材的电弧放电来讲，合金元素对结晶裂纹的影响可以分为两种情况：一种是促进结晶裂纹形成的元素，如硫、磷、碳和镍等；另一种是抑制结晶裂纹形成的元

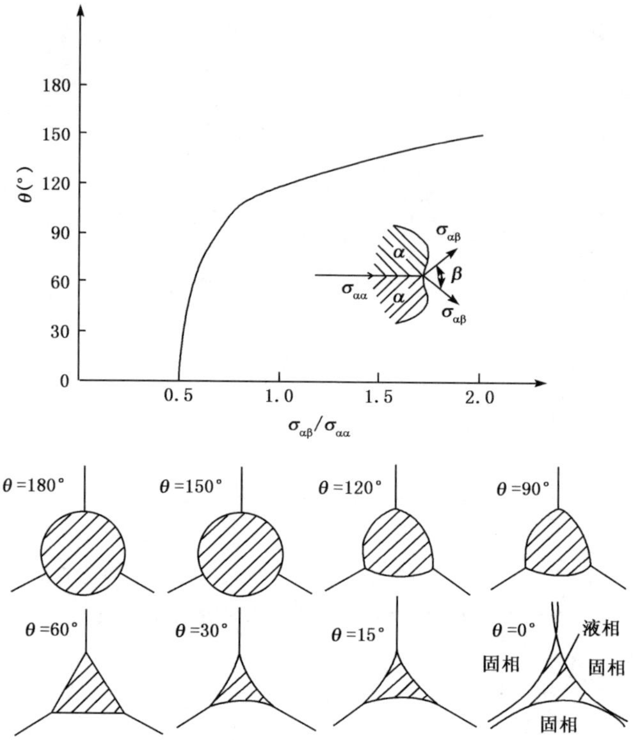

图 4.23　第二相形状与界面接触角的关系图

素，如锰、硅、钛、锆和稀土元素等。

②应力因素

应力因素是影响结晶裂纹的外因。在钢筋表面电弧坑金属熔化后的凝固区金属中存在低熔共晶，在结晶过程中的固—液阶段的晶界位置形成液态薄膜，造成钢筋表面电弧坑金属熔化后的凝固区金属塑性降低，但这只是产生结晶裂纹的一个条件。钢筋表面电弧坑金属熔化后的凝固区金属如果在结晶过程中没有应力的存在，即使在晶界位置形成了液态薄膜，也不会产生热裂纹。只有钢筋结构中存在一定水平的应力，才会促使处于脆性温度区间的钢筋表面电弧坑金属熔化后的凝固区金属产生结晶裂纹。

钢筋表面电弧坑金属熔化后的凝固区金属在结晶过程中所承受的应力主要是热应力。金属具有热胀冷缩的性质，当已结晶的钢筋表面电弧坑金属熔化后的凝固区金属冷却时，将会产生收缩，从而对邻近部位尚处于固—液两相中的晶间液膜产生拉伸作用；当产生的拉伸应变量超过钢筋表面电弧坑金属熔化后的凝固区金属的塑性储备量时，便在晶界形成裂纹。

(二)电弧冷裂纹种类及其形成机理

冷裂纹是电弧放电中最为普遍的一种裂纹，它是在电弧放电后冷至较低温度下产生的。低合金高强钢是在钢的马氏体转变温度 M_s 附近，由拘束应力、淬硬组织和扩散氢的共同作用产生的。冷裂纹主要发生在钢筋表面电弧坑的热影响区，个别情况下也可出现在钢筋表面电弧坑金属熔化后的凝固区。冷裂纹可以在电弧放电后立即出现；有时却要经过一段时间才出现，如几小时、几天甚至更长时间。开始时少量出现，随时间延长逐渐增多和扩展。这类不是在电弧放电后立即出现的冷裂纹称为延迟裂纹，它是冷裂纹中较为常见的一种形态。

冷裂纹的起源多发生在具有缺口效应的电弧放电热影响区或物理化学性能不均匀的氢聚集局部区。冷裂纹有时沿晶界扩展，有时穿晶扩展，这取决于电弧放电的金属熔化后的凝固区的金相组织、应力状态和氢含量等，较多的是沿晶界扩展为主兼有穿晶扩展的混合型断裂。裂纹的分布与最大应力方向有关，纵向应力大，出现横向冷裂纹；横向应力大，出现纵向冷裂纹。

1. 电弧冷裂纹种类

根据被电弧放电的钢种和结构不同，冷裂纹大致可以分为三种：淬硬脆化裂纹、低塑性脆化裂纹和延迟裂纹。

(1)淬硬脆化裂纹

淬硬脆化裂纹是指一些淬硬倾向很大的钢种(例如含碳量较高的钢、马氏体不锈钢、工具钢，以及异种钢等)，在电弧放电时即使没有氢的诱发，仅在应力的作用下也能导致开裂的一种裂纹，这种裂纹也称为淬火裂纹。它完全是由于在冷却时发生马氏体相变而脆化所造成的，与氢的关系不大，基本上没有延迟现象，并且主要发生在电弧放电热影响区。

(2)低塑性脆化裂纹

低塑性脆化裂纹是指某些塑性较低的钢铁材料(例如铸铁、硬质合金、高铬合金等)，在电弧放电冷至低温时，由于收缩而引起的应变超过了材料本身所具有的塑性储备或材质变脆而产生的一种裂纹。通常这种裂纹是在电弧放电冷却后立即产生的，无延迟现象。

(3)延迟裂纹

延迟裂纹是指钢材料在电弧放电冷却后不立即出现裂纹，而是在一定孕育期(又叫潜伏期)之后才出现的一种裂纹。这种裂纹决定于钢种的淬硬倾向、钢材料熔化后的凝固区的应力状态和钢材料熔化区中熔敷金属中的扩散氢含量，具有延迟现象。

2. 电弧冷裂纹的形成机理

钢种的淬硬倾向、钢种熔化后的凝固区中的扩散氢含量及其分布、钢种熔化后的凝固区的拘束应力状态是形成冷裂纹的三大要素。当这三大要素共同作用达到一定程度时，在电弧热影响区域将形成冷裂纹。下面以低合金高强钢种为例，详细论述冷裂纹的形成机理。

低合金高强钢电弧放电热熔合区(见图 4.1)的冷裂纹是由三大因素(淬硬性、扩散氢和拘束应力)综合作用的结果，可能其中的一种或两种因素起主导作用。因此有必要深入分析电弧放电热熔合区的形成机理和热熔合区裂纹起源与扩展的本质及其影响因素。

(1)电弧放电热熔合区的形成机理

多晶体金属材料受电弧放电热熔化是在一个温度范围内进行的，这个温度范围与液相线和固相线之间的垂直距离成正比。电弧放电时，金属材料上的固一液相界面就处于这两个等温面之间。处于这两个等温面之间的晶粒，由于各向异性，晶粒的导热方向彼此不同，结果有的熔化快，有的熔化慢，于是在固—液相界面形成起伏不平的椭球面，所以金属材料电弧坑中金属熔化后的凝固区与原电弧坑中仅仅受到电弧放电热影响而未发生金属熔化的金属区交界处不是一条线，而是一个区域，这个区域称为电弧放电热熔合区。电弧放电热熔合区的晶粒在电弧放电加热时处于部分熔化状态，冷却时成为柱状晶的基底。

电弧放电热熔合区的宽度决定于金属材料的固一液相线之间的温度范围、被电弧放电的金属材料热物理性质及其组织状态。在电弧放电条件下，碳钢和低合金钢热熔合区的宽度为 0.133～0.5 mm；而奥氏体不锈钢为 0.06～0.12 mm。

对于大多数钢材而言，同一合金元素在液相中的溶解度大于在固相中的溶解度。热熔合区是固—液两相的交界处，溶质原子就会自固相向液相扩散。理论分析和实验结果均证明，在固—液相界面上溶质浓度的分布如图 4.24 所示。

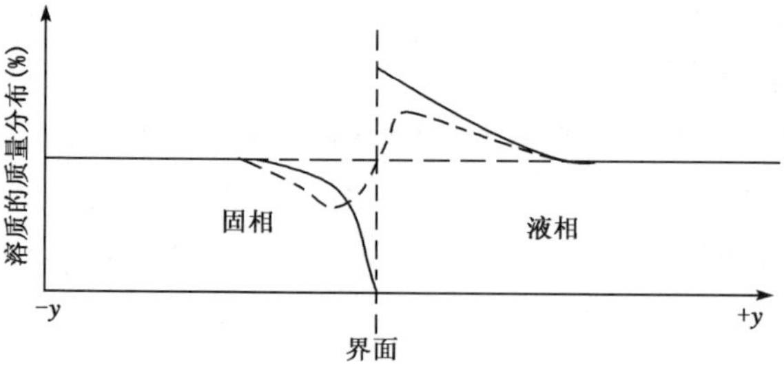

图 4.24　热熔合区固—液相界面的溶质含量分布图

—— 固—液相共存时；- - - 冷凝后

热熔合区的元素浓度分布取决于该元素在固—液相中的分配系数和扩散系数。碳、硫、磷等元素在热熔合区中的偏析现象比较严重。在热熔合区完全凝固后的冷却过程中，元素将发生相反的扩散过程，即元素由电弧坑中金属熔化后的凝固区向原电弧坑中仅仅受到电弧放电热影响而未发生金属熔化的金属区迁移。当同种钢电弧放电时，由于碳在铁中的扩散能力强，故高温下来得及均匀化；而硫、磷在热熔合区的改变甚少，故不均匀程度严重。

(2)电弧放电热熔合区裂纹起源

位错理论的发展，对研究电弧放电热熔合区裂纹的起源和扩展起了很大的推动作用。位错堆积理论对于阐述裂纹起源、解释冷裂纹延迟现象和微观断裂机理具有重要作用。借助原子的跃迁，位错在金属晶格中可以不断运动，位错堆积到一定程度便产生"裂纹核心"。根据形成裂纹的能量和应力，可得到计算裂纹萌生(即形成裂纹源)位错数目的公式：

$$N = \frac{3\pi^2 \gamma}{8\tau b}$$

式中，τ ——滑移面上的切应力，一般低碳钢约为 160 MPa；

γ ——形成裂纹的表面能，约为 10^{-4} J/cm；

b ——Burger 矢量，取值为 2×10^{-8} cm。

强度级别越高的钢种，其热熔合区萌生裂纹所需的位错数目越少。因为强度级别高的钢种热熔合区、半熔化区淬硬倾向大，淬硬后位错的密度显著增多，可高达 10^{12} cm^{-2}(一般轧制条件下只有 10^4～10^8 cm^{-2})，少量位错就可使半熔化区产生裂纹源，亦即冷裂纹敏感性随之增大。

热熔合区附近氢的聚集能促进位错发射、增殖和位错运动，当发展到临界条件就会导致裂纹形核或从原裂纹尖端向前扩展。裂纹尖端发射位错后会钝化成一个缺口，应力分布将有较大变化，由于该局部区位错不断增殖和运动，裂尖的应力可能会超过临界应力，导致微裂纹在该处形核。氢致裂纹的形核和解理裂纹在无位错区中的形核本质基本相同，但由于氢的聚集使熔合区附加一个外应力，从而在更低的拘束应力下位错就能发射、增殖和运动，即氢使位错在更低的外应力下不断增殖和运动。当氢促进位错发射和运动达到临界条件时就引起微裂纹。

(3)电弧放电热熔合区裂纹的扩展

高强钢延迟裂纹容易发生在阻碍位错运动的晶界、马氏体板条界以及夹杂物与基体的界面处。氢与位错相互作用可使位错中心部位具有较高的氢浓度，导致位错运动易于进行。热熔合区、半熔化区裂纹源(或热影响区域有微观缺陷的部位)形成的应力集中的三向应力区，氢极易向该区域扩散，当扩散的氢含量增至某一临界值时可促使裂纹向前扩展。此后氢又向新的三向应力区不断扩散，微裂纹尖端又作为应力集中部位使新的位错在其周围聚集，随塑性变形量的增大而又发生新的裂纹扩展。

高强钢焊接裂纹从孕育、萌生、扩展以至开裂，由许多单个间歇式的微裂纹汇合而成，裂纹扩展过程是断续间歇进行的。由于裂纹扩展是不连续的，呈台阶状发展，扩散氢和拘束应力起着促进和加剧裂纹扩展的作用。

微观分析表明，微观上热熔合区裂纹扩展过程并不是一条直线，而是呈不规则的"锯齿形"(图 4.25)。由于热熔合区同时存在晶界、相界、杂质和微观缺欠，导致裂纹尖端产生不均匀滑移变形，偏向某一方向或某一区域，发生裂纹转折。另外由于热熔合区范围窄小，裂纹尖端可能越过热熔合区向前扩展。W. F. Savage 在对 HY80 和 HY130 钢热影响区氢致裂纹扩展行为的研究中，观察到微裂纹前端局部塑性区随时间的增长有逐步扩大的现象。而且氢含量越高，裂纹前端的局部塑性变形越大，越利于扩展开裂。

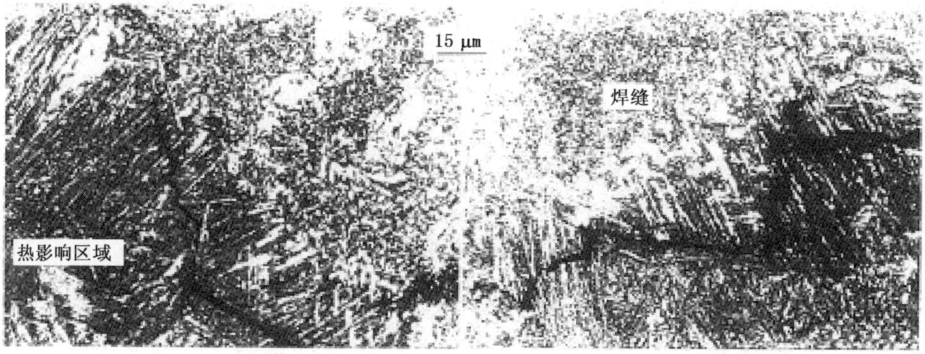

(a)600×，标尺 15 μm　　　(b)600×，标尺 15 μm

图 4.25　热熔合区冷裂纹的微观断续扩展形态图

裂纹扩展过程中出现停止扩展现象的原因在于：裂纹扩展所释放的能量既要为产生新断裂面提供表面能，又要消耗于裂纹尖端的塑性功，且后者比前者大得多，这就使裂纹扩展阻力增大，从而自行停止扩展。加载后裂纹前端存在一个塑变区，随加载时间延长，该区变形量逐渐增大，裂纹沿塑性区边界向前扩展，在显微镜暗场中塑性区内的滑移线是明亮的波纹线，裂纹则呈褐黑色细线。在扩展裂纹前端有时还出现小的次生塑性区。

用扫描电镜(SEM)对低合金钢熔合区裂纹断口进行分析，发现断口上具有塑性和脆性混合破断的特征，这是由于裂纹前沿局部区域塑性耗尽的结果。根据 Griffith 理论，裂纹扩展所需的临界应力为：

$$\sigma_{cr} = \sqrt{\frac{2E(S+P)}{\pi\alpha_{cr}}}$$

式中，S ——裂纹扩展时所需的表面能，单位为 J/cm^2；

P ——裂纹尖端塑性变形所消耗的能量，单位为 J/cm^2；

α_{cr} ——在临界应力 σ_{cr} 作用下裂纹扩展时的临界尺寸，单位为 mm；

E ——弹性模量，为 10^5 MPa。

裂纹前沿局部区域的塑性是阻止裂纹扩展的一个重要因素。电弧放电过程中靠近半熔化区的晶粒淬硬倾向大，淬硬组织的位错密度大幅度增加，促使裂纹扩展；峰值温度 $T_p \geqslant 1350$ ℃的粗晶区冷却时转变为粗大的板条马氏体(ML)，如图 4.26a 所示。

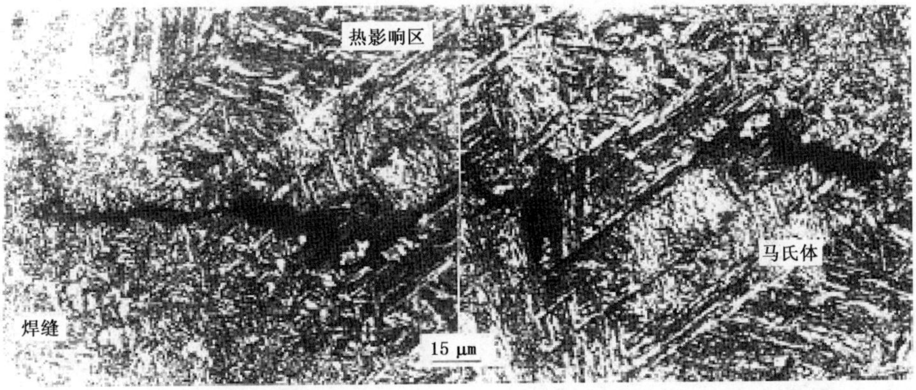

600×，标尺 15 μm

(a)热影响区淬火粗晶区组织

600×，标尺 15 μm

(b)沿 ML 板条扩展的裂纹

图 4.26　HQ130 钢淬火粗晶区组织及裂纹扩展形态图

受 ML 板条和板条束界的影响，在热影响区粗晶区中扩展的裂纹可能沿两个方向扩展并与主裂纹连接，导致形成“Z 形”扩展裂纹。电弧放电裂纹在 HQ130 钢靠近热熔合区的热影响区淬火粗晶区 ML 板条间的扩展形态，如图 4.26b 所示。微裂纹优先沿 ML 板条界扩展，裂纹尖端在 ML 板条组织中扩展受到的阻力小，裂纹扩展消耗的能量低，其宏观表现为具有较大的冷裂敏感性。另外裂纹扩展有明显的方向性，微裂纹沿板条组织扩展比横穿板条组织容易，即使横穿 ML 束界也是呈阶梯状发展。

板条马氏体组织中“Z 形”裂纹的扩展可通过图 4.27 来解释说明：ML 组织的(111)晶面和(001)晶面与外加载荷(F)的取向如图 4.27a 所示，其中 AB，CD 处的(111)晶面在切应力 $\tau_{(111)}$ 作用下滑移变形；而后 BC 处的(001)晶面在正应力 $\sigma_{(001)}$ 作用下开裂，形成的四边形裂纹如图 4.27b 所示；最后四边形裂纹沿 AB，CD 滑动，完成裂纹的 Z 字形扩展，如图 4.27c 所示。

Z 形裂纹由沿密排面(111)晶面相对滑动和沿次密排面(100)晶面生成裂纹两种方式交替进行扩展。Z 形裂纹扩展的外部条件是外加载荷与 ML 板条的相对位置适合，当外力使(111)的某些晶面受到较大切应力、(100)的某些晶面受到较大正应力时，两种应力交替作用导致 Z 形裂纹的扩展。

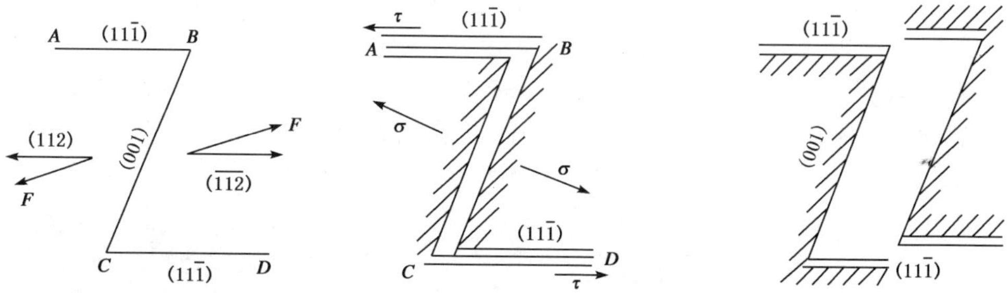

(a)外力与晶粒之间的相对位相　(b)沿(001)晶面形成的裂纹　(c)晶粒沿(111)晶面滑动形成的Z形裂纹

图 4.27　板条马氏体组织中“Z形”裂纹的扩展过程图

一些研究者认为，当达到某一临界应力或临界尺寸的裂纹，一旦起裂就将连续扩展并导致解理断裂。而实际上，大多数微裂纹是不连续形核、断续扩展的，不连续形核的微裂纹很小，其接近裂尖时很快和主裂纹相连。因此，热熔合区氢的聚集能促进位错运动，导致微裂纹形核或从裂纹尖端向前扩展。扩散氢起促进裂纹扩展的作用。

对裂纹跟踪观察分析表明：只有当裂纹前端的局部塑变发展到临界程度时，微裂纹才沿滑移带不连续形核，而且微裂纹形核与原裂纹连接后并不意味着试样立即脆断，因为随着裂纹扩展，阻力越来越大。

(4)热熔合区裂纹产生与扩展的影响因素

①拘束应力的影响

电弧放电热熔合区结晶过渡区和半熔化区粗晶组织对拘束应力的作用很敏感，在裂纹尖端附近存在应力梯度条件下，由于应力集中诱导微裂纹在该区域萌生和向前扩展。扩散到热熔合区附近的氢易富集在裂纹尖端局部区域，当有效氢浓度达到临界值时，裂尖区域的屈服应力降低。

生成高强钢冷裂纹的温度区间在－100～100℃。金属材料不同时，冷裂纹的上限温度可能不变，但下限温度则变化很大。含氢量高的电弧放电的金属熔化后的凝固区，其冷裂纹生成温度下限明显下移，裂纹扩展的潜伏期也显著缩短。电弧放电熔合区微裂纹的产生和扩展，其作用应力之间存在一个上临界应力 (σ_{uc}) 和一个下临界应力 (σ_{cr})，当应力超过上临界应力时很快就开裂，而当应力低于下临界应力时不会产生开裂现象。在上、下临界应力之间产生的开裂多属于延迟开裂。

②氢扩散集聚的影响

为了研究扩散氢对裂纹扩展的影响，我们对载荷试样电解充氢(5% H_2SO_4，电流密度为 20 mA/cm^2)、渗氢(将试样浸入水介质、含水 0.3%丙酮或在热熔合区部位滴上渗入油)。结果表明，相同载荷下充氢或渗氢试样出现裂纹和裂纹扩展的时间明显缩短。在抛光试样横截表面涂以甘油膜，然后在金相显微镜下观察氢的扩散逸出，发现微裂纹的产生伴随有氢气泡的逸出，氢气泡产生在半熔化区晶界或非金属夹杂物诱发的裂纹尖端周围区域。

为了加速氢气泡的聚集和析出，将待观测试样浸入 5% NaCl 与 0.5% CH_3COOH 的饱和 H_2S 水溶液中 24～48 小时。在饱和 H_2S 溶液中，有 $Fe+H_2S \rightarrow FeS+H_2$，产生的分子氢通过吸附作用能分解成原子氢进人裂尖。在水介质中，裂纹尖端通过水解作用可产生离子氢（pH 在 3.7～3.9），它在微电池阴极获得电子并变成原子氢。含有 0.3% 水分的酒精或丙酮溶液，也能在裂纹尖端通过水解作用产生氢。

为了进一步观察拘束应力对氢扩散的影响，我们做了间断载荷裂纹试验。试验结果发现：在载荷条件下渗氢试样微裂纹尖端有氢气泡逸出，不加载荷时气泡的逸出随即停止；重加载荷一段时间后，又开始有氢气泡逸出。实验结果表明：拘束载荷对裂纹尖端氢的扩散有重要影响，即拘束应力越大，氢的扩散逸出越明显，微裂纹越易于扩展。

严格地说，氢气泡不是产生于扩展裂纹的尖端，而是位于裂纹尖端后面一段距离的部位。这时当裂纹扩展时，扩散到裂尖三向应力区的部分原子氢将被释放出来，原子氢会沿着新产生的裂纹面扩散到适于成核的位置，形成氢分子并以气泡形式逸出。

对不同位错密度情况下氢在热熔合区附近的聚集分布的计算结果表明：位错密度增大加剧了氢在热熔合区附近的聚集，α 为 $1\times10^{16}\,cm^{-2}$ 时热熔合区附近氢浓度是 α 为 $1\times10^{15}\,cm^{-2}$ 时氢浓度的 3～4 倍，从而增加了裂纹产生的可能性。

③显微组织和非金属夹杂物的影响

在热熔合区金属材料的晶粒化学不均匀性以及各晶粒散热条件和方向的影响下，处于热熔合区起伏不平的椭球面（液相等温面）上的各晶粒熔化程度差异很大。有的可能全部熔化，有的只是局部熔化，更多的是在晶界处熔化并逐步向晶内扩展，形成液—固相共存区域，即半熔化区，裂纹极易在该区域启裂。

随着电弧放电热输入的提高，熔合区附近除奥氏体晶粒长大外，晶粒长大的范围也在扩大。热影响区组织对裂纹敏感性的影响为（冷裂敏感性依次增大）：F+P，BL，ML，Bu，Bg，M-A 组元。晶粒尺寸增大使晶界处偏析物增多，同时由于应力及热力的不平衡条件，使位错等晶格缺陷产生运动，这两方面均促使冷裂倾向增大。

当电弧放电的高热量输入高强钢时，半熔化区脆化的原因是粗大的高温转变上贝氏体（Bu）的大量生成，Bu 组织冲击韧性低的原因又主要是由于 M-A 组元的存在。M-A 组元是析出于条状 Bu 化铁索体板条之间（或粒状 Bu 化铁素体周围）的岛状相。M-A 组元只在生成 Bu 的冷却条件下产生，与 Bu 化铁素体生成过程中向周围奥氏体析出碳并使碳浓度增高有关。

M-A 组元生成过程中由于先形成铁素体而使残余奥氏体的碳浓度增高(连续冷却到 400～350℃,周围奥氏体的碳浓度可达 0.5%～0.8%),随后这些高碳奥氏体转变为 ML 和片状(孪晶)马氏体的混合组织,但仍有 5%～15%的残余奥氏体被保留下来。X 射线衍射证实,在岛状组织中存在有残余奥氏体。

热熔合区附近温度梯度大,结晶潜热的析出使界面金属凝固速度变化起伏大,甚至会出现瞬时停滞状态,使半熔化区杂质元素(Mn,Si,S 等)集聚。熔合区附近的层状偏析和硫化夹杂物的密度要比金属熔化后的凝固区其他部位高得多,约 80%的夹杂物尺寸处于 0.5～1 μm。半熔化区裂纹的形核还受到结晶过程中溶质再分布和成分偏析的影响。

有研究表明,裂纹在熔合区具有较高应力集中的条状夹杂物的尖角处易形核(氢也易于在该部位聚集),夹杂物与基体界面的 H－S 反应($2H_2+S_2 \rightarrow 2H_2S$)促使了裂纹的产生。

(三)电弧层状撕裂裂纹形成机理

当雷电电弧放电在建筑(构)物的大型厚壁钢结构形成电弧坑时,如果在钢板厚度方向受到较大的拉伸应力,就可能在钢板内部出现沿钢板轧制方向发展的具有阶梯状的裂纹,这种裂纹称为层状撕裂。图 4.28 给出了层状撕裂常出现在 L 形钢电弧坑的示意图。层状撕裂不发生在电弧坑中金属熔化后的凝固区上,只发生在电弧放电热影响而未发生金属熔化的金属内部。层状撕裂和其他裂纹的明显不同是其呈阶梯状形态,且其裂纹是由基本平行轧制表面的平台和大体垂直于平台的剪切壁两部分组成,并且在钢表面上一般难以被发现。

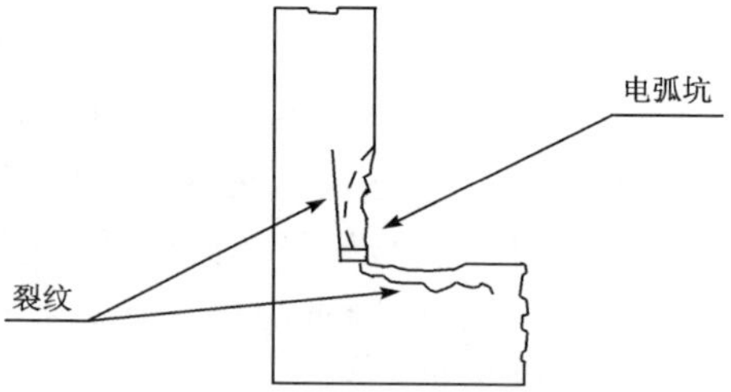

图 4.28　电弧层状撕裂示意图

层状撕裂与钢种强度级别无关,主要与钢中夹杂物的数量及其分布状态有关,在撕裂平台上常发现不同种类的非金属夹杂物。当沿钢的轧制方向有较多的片层状 MnS 时,层状撕裂才以阶梯状形态出现。如果是以硅酸盐夹杂为主,则呈直线状;若以 Al_2O_3 夹杂为主,则呈不规则的阶梯状。

层状撕裂的危险在于它的隐蔽性,且外观上没有任何迹象,现有的无损检测手段难以发现，即使发现了，修复起来也相当困难，且成本很高。更为严重的是，发生层状撕裂的结构多为大型厚壁的重要结构。

(四)电弧应力腐蚀裂纹形成机理

电弧放电在金属材料表面形成电弧坑、在金属材料电弧坑中金属熔化后的凝固区中形成气孔以及在热熔合区中形成裂纹，而电弧坑、气孔、裂纹容易沉积金属的腐蚀介质。因此金属材料在一定温度下受这些腐蚀介质和拉伸应力共同作用会产生新裂纹，这种新裂纹就是应力腐蚀裂纹。

由于应力腐蚀而引起的断裂是在没有明显宏观变形、无任何征兆的情况下发生的，破坏具有突发性。裂纹往往深入到金属内部，一旦发生很难修复，有时甚至造成安全事故。

从宏观形态看，应力腐蚀裂纹只产生在电弧坑、气孔、裂纹中与腐蚀介质接触的金属表面，然后由表面向内部延伸。从表面看，多呈直线状、树枝状、龟裂状或放射状等多种形态，但都没有明显塑性变形，裂纹走向与所受拉应力垂直。

从微观形态看，深入金属内部的应力腐蚀裂纹呈干枯的树枝状，根须细长而带有分支，裂纹断口为典型的脆性断口。一般情况下，受应力腐蚀的低碳钢、低合金钢、铝合金、α 黄铜和镍合金等多为沿晶断裂，B 黄铜呈穿晶断裂。奥氏体不锈钢的断裂性质因腐蚀介质不同而不同，在硝酸和硝酸盐中为沿晶断裂，在硫化氢水溶液中呈穿晶断裂，在硫酸、亚硫酸中呈穿晶和沿晶断裂，在海水、河水、碱溶液中呈穿晶或穿晶与沿晶断裂。

(五)电弧再热裂纹形成机理

再热裂纹也称为消除应力裂纹，属于热裂纹系列，是受扩散控制的晶界开裂。再热裂纹是在再次加热过程中产生的，一般是在雷电的短时雷击(雷电的 A,B 分量)对金属进行火花放电加热后，由随后的长时间雷击(雷电的 C 分量)对金属进行电弧放电加热过程中形成的。由于雷电的 A,B 分量与 C 分量之间的时间间隔很短，因此这种方式形成的再热裂纹的可能性很低，属于小概率事件；或者是由于多次雷击放电点在金属材料同一位置而再次加热过程中形成再热裂纹，由于适当时间间隔多次雷击放电点在金属材料同一位置的可能性也很低，因此这种方式形成的再热裂纹仍然是属于小概率事件件。

再热裂纹产生的部位一般是在电弧放电热影响区的过热区。再热裂纹在金相组织上和裂纹走向上有明显的特征，主要是沿过热粗晶的边界发生和扩展，并且多发生在低合金高强钢、珠光体耐热钢、奥氏体不锈钢和某些镍基合金的电弧放电热影响区粗晶部位。再热裂纹的敏感温度，依据钢种的不同在 550～650℃。

第五章

雷电电弧放电效应的危害机理研究

雷电电弧放电效应主要是通过电弧锈蚀侵蚀、电弧弧坑侵蚀、电弧气孔侵蚀、电弧裂纹侵蚀等四种方式单独作用或相互耦合共同作用对被雷击金属部件进行一般电弧侵蚀、应力电弧侵蚀、疲劳电弧侵蚀，从而导致金属部件受拉性能遭到削弱，显著降低金属部件的抗拉强度和韧性，最终影响与被雷击金属部件相关的建(构)筑物和不同类型的电气电子等强电弱电设施的使用性和耐久性，甚至造成事故。为此本章重点论述一般电弧侵蚀、应力电弧侵蚀、疲劳电弧侵蚀的危害机理以及影响因素。

第一节　雷电电弧放电的一般电弧侵蚀危害机理

雷电电弧放电的一般电弧侵蚀危害主要是指由电弧锈蚀侵蚀、电弧弧坑侵蚀、电弧气孔侵蚀、电弧裂纹侵蚀等自身单独作用或相互耦合共同作用使被雷击金属部件的受拉性能削弱，从而降低金属部件的抗拉强度和韧性，而没考虑被雷击金属部件及与其相关的建(构)筑物和不同类型的电气电子等强电弱电设施准恒定应力和交变应力的影响与耦合效应。而金属部件受拉性能的抗拉强度及韧性在其他条件不变的情况下，主要与金属部件的横截面积密切相关，并随着横截面积的减小，其抗拉强度及韧性都降低。如以钢筋为例的金属部件抗拉强度正比于金属部件拉断时所承受的最大拉力，并反比于金属部件原始横截面积。显然当金属部件原始横截面积由于损伤减小时，其金属部件拉断时所承受的最大拉力也必然随之减小。因此，雷电电弧放电的一般电弧侵蚀危害主要是由于雷电电弧放电导致金属部件原始横截面积热损伤减小以及电弧弧坑、电弧气孔、电弧裂纹气孔在锈蚀介质作用下加剧金属部件局部锈蚀所致。所以对其机理分析的实质是分析雷电电弧热损伤减小金属部件原始横截面积和电弧锈蚀对金属部件的抗拉强度和韧性的影响与危害。故本节以钢筋为例详细论述雷电电弧放电的一般电弧侵蚀危害机理。

一、雷电电弧热损伤钢筋原始横截面积对其抗拉强度影响分析

(一)热损伤钢筋原始横截面积对其抗拉强度影响机理分析

钢筋抗拉强度是钢筋由均匀塑性变形向局部集中塑性变形过渡的临界值,也是钢筋在静力拉伸条件下的最大承载能力,它表示钢筋在拉力作用下抵抗破坏的最大能力。其计算公式为:

$$\sigma=F_b/S_o$$

式中,σ——抗拉强度,单位为 N/mm^2;

F_b——钢筋拉断时所承受的最大拉力,单位为 N;

S_o——钢筋原始横截面积,单位为 mm^2。

当钢筋屈服到一定程度后,由于内部晶粒重新排列,其抵抗变形能力又重新提高,此时变形虽然发展很快,但却只能随着应力的提高而提高,直至应力达最大值。此后,钢筋抵抗变形的能力明显降低,并在最薄弱处发生较大的塑性变形,此处钢筋截面迅速缩小,出现颈缩现象,直至断裂破坏。

雷电电弧产生高温导致钢筋表面局部熔化产生金属粒子强烈蒸发或者喷射使钢筋表面局部热损伤(包含电弧坑、气孔、裂纹),从而减小钢筋原始横截面积。而在其他条件不变的情况下,钢筋的抗拉强度是不变的,由于钢筋表面局部热损伤处的原始横截面积减小,其对应的钢筋拉断时所承受的最大拉力也减小,抵抗变形的能力也明显降低。因此雷电电弧放电在钢筋表面局部形成的热损伤处就是钢筋最薄弱处,使钢筋力学性能降低,甚至发生断裂破坏。

(二)热损伤钢筋原始横截面积对其抗拉强度影响的实验验证

为了进一步分析雷电电弧热损伤钢筋原始横截面积对其抗拉强度影响,重庆市防雷中心在省级重点实验室——重庆市雷电灾害鉴定与防御工程技术研究中心对长时间雷击电流的 $\Phi12$ 热轧光圆钢筋(HRB335)表面进行雷电电弧放电的钢筋表面局部热损伤试验(也即弧坑雷击实验),并应用 WDW-100 微机控制电子万能试验机对雷击后的 12 个 $\Phi12$ 钢筋试验样品进行了拉力试验。

雷电电弧放电的钢筋表面局部热损伤如图 5.1 所示。试验结果表明:随着长时雷击的库仑增加,其雷电电弧放电的钢筋表面局部热损伤越来越显著,形成的电弧坑越来越明显,对钢筋原始横截面积影响也越来越明显。

雷击后的 12 个 $\Phi12$ 钢筋试验样品拉力试验断裂的宏观断面如图 5.2 所示。试验结果表明,除 49 C,58 C 长时雷击的钢筋试验样品拉力试验断裂点不在热损伤处(电弧坑)外,在 67 C 长时雷击以上的 10 个钢筋试验样品拉力试验断裂点均在热损伤处(电弧坑), 也即长时雷击的库仑需要增加到一定程度(67 C 以上),其雷电电弧放电的钢筋表面局部热损伤导致钢筋力学性能降低,在拉力试验中才能发生断裂现

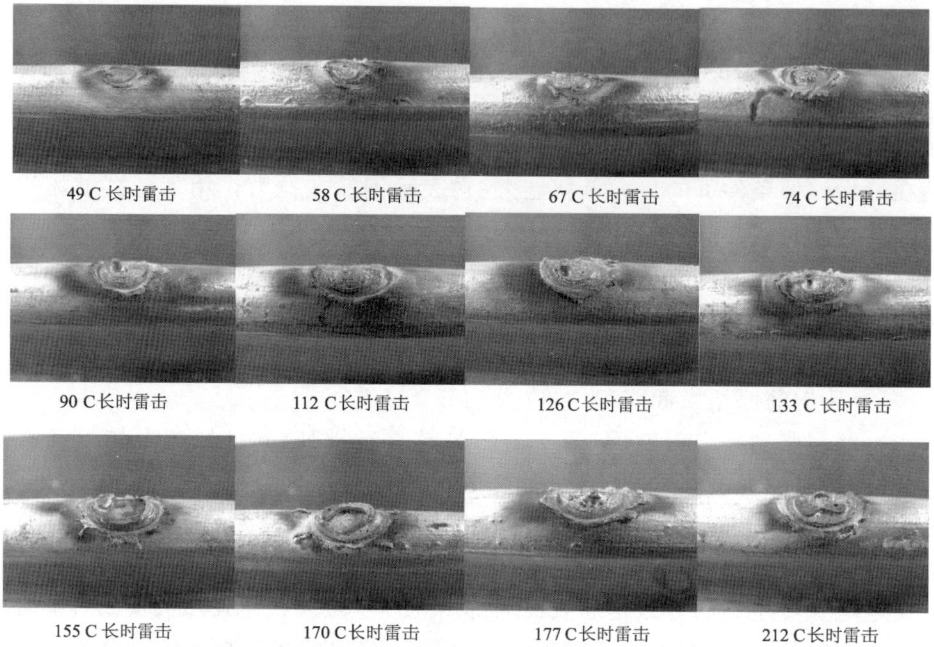

图 5.1　雷电电弧放电的钢筋表面局部热损伤图

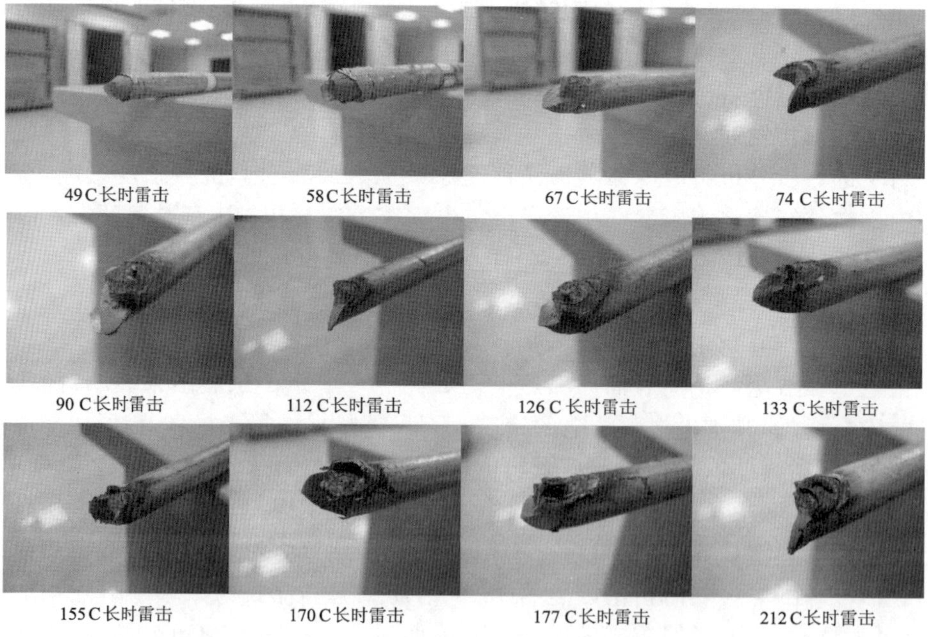

图 5.2　雷击后钢筋试验样品拉力试验断裂的宏观断面图

象。另外上述雷击后的 12 个 Φ12 钢筋试验样品拉力试验的最大拉力(kN)、抗拉强度 R_m(MPa)如表 5.1 所示。从表可知,最大拉力、抗拉强度 R_m 的数值,比没有进行雷电电弧放电的钢筋表面局部热损伤的同类型的最大拉力、抗拉强度 R_m 的数值小,总的趋势是下降的;但并非是随着长时雷击的库仑增加而下降,而是存在一定的轻微波动,并且 49 C,58 C 长时雷击的钢筋试验样品的最大拉力、抗拉强度也分别下降了,这种现象的发生可能与钢筋内部化学成分及其微观结构的微差异有关。

表 5.1 钢筋试验样品拉力试验的最大拉力(kN)、抗拉强度 R_m(MPa)数值表

试样	最大拉力(kN)	抗拉强度 R_m(MPa)	长时雷击参数(C)	备 注
AC0	53.720	455.640	/	初始圆钢
AC1	48.690	412.977	49	断点不是雷击点
AC2	48.890	414.673	58	断点不是雷击点
AC3	48.590	412.129	67	断点是雷击点
AC4	47.430	402.290	74	断点是雷击点
AC5	47.530	403.138	90	断点是雷击点
AC6	49.500	419.847	112	断点是雷击点
AC7	48.930	415.013	126	断点是雷击点
AC8	48.240	409.160	133	断点是雷击点
AC9	47.030	398.897	155	断点是雷击点
AC10	49.260	417.812	170	断点是雷击点
AC11	47.970	406.870	177	断点是雷击点
AC12	46.370	393.299	212	断点是雷击点

上述试验结果表明,当雷电电弧放电能量达到一定程度时,雷电电弧放电在钢筋表面局部形成的热损伤处的确就是钢筋最薄弱处,并且热损伤钢筋原始横截面积对其抗拉强度降低存在显著影响。

二、电弧锈蚀对钢筋抗拉强度和韧性的影响分析

锈蚀对钢筋抗拉强度和韧性的影响在国内外已有较多的研究,多数学者认为锈蚀后钢筋的强度降低和延性减弱;但是也有少数学者认为,钢筋锈蚀对钢筋的强度没有明显影响。因此,本节以姬永生等(2003,2007,2009,2011)关于"锈蚀钢筋力学性能试验"的研究成果为参考,详细论述锈蚀对钢筋抗拉强度和韧性的影响。

(一)锈蚀钢筋力学性能试验样品

本试验样品来自采用加速环境下的锈蚀钢筋混凝土构件破型所得的锈蚀钢筋,也即选择表面裂缝沿钢筋长度方向较为均匀的钢筋混凝土构件进行破型,取出钢筋。

另外各选用两根未锈蚀的不同类型的钢筋作为对比试样，取其平均值以与锈蚀钢筋作对比。其具体分组见表 5.2。

表 5.2　钢筋拉伸试验样品分组表

试件编号	加速锈蚀方法	Cl^- 侵入方式	钢筋种类	钢筋直径(mm)	表面锈蚀特征	根数
SD	人工气候环境	氯离子外侵	HRB335	12		26
SG	通电环境	氯离子外侵	HRB335	12		6

（二）试验结果及分析

1. 两类样品不同锈蚀程度的钢筋应力—应变曲线

当钢筋锈蚀后，相应的应力—应变曲线会发生变化，但是从试验结果看来，其曲线形状保持良好。图 5.3 给出了钢筋在不同加速锈蚀方法下对应不同锈损率的几个比较典型的钢筋应力—应变曲线。

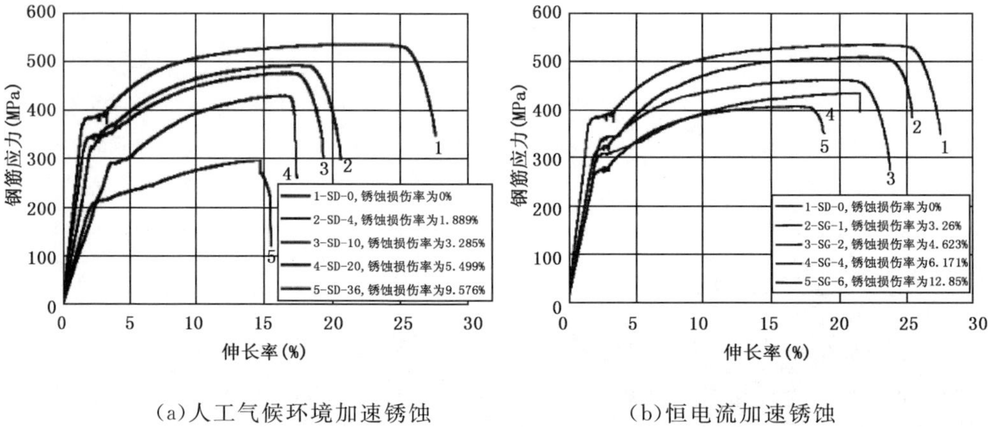

(a)人工气候环境加速锈蚀　　(b)恒电流加速锈蚀

图 5.3　不同加速锈蚀方法的变形钢筋应力—应变曲线图

从图可知，钢筋在两种不同加速锈蚀方法下都表现出以下共同特征：

(1)随着锈蚀程度的逐渐增加，锈蚀的不均匀性和离散性增大，应力—应变曲线将发生明显变化，表现出钢筋的屈服点降低，从未锈蚀时的 376.3 MPa 下降到 210～270 MPa，且屈服点变得越来越不明显，也即结构计算时的抗拉强度降低；应力峰值也从 536.1 MPa 下降到 260 MPa 左右，通电试件减低到 405.1 MPa，而且应力峰值对应的应变也随锈损率的增加而减小。

(2)屈服平台逐渐变短且不太明显，屈服后强度增长不多，即强屈比变小。

(3)极限延伸率减小，且减小程度远大于截面锈蚀率的降低程度，由未锈蚀时的

27.5%下降到16.6%～19.75%。

2. 两类样品对应相同锈蚀程度的钢筋应力—应变曲线对比分析

尽管两类试样表现出一些相同的特征，但是它们之间还是存在一些区别的（图5.4）。在相近锈蚀程度下，通电方法加速锈蚀的混凝土构件中的钢筋力学性能略大于人工气候环境下的钢筋，随着锈蚀程度的增加，这种差别越来越大。原因是恒电流加速使得钢筋锈蚀沿圆周和纵向表现为均匀，而人工气候环境下的钢筋锈蚀沿圆周不均匀，更主要的是该环境下坑蚀现象突出，容易使钢筋发生应力集中，从而造成力学性能的差别，当锈蚀程度增大时这种差别会表现得更为明显。另外，两种加速方法下相同锈蚀损伤率对应的失重率是不同的，如果加上这个因素，两种加速方法之间的区别会更大。

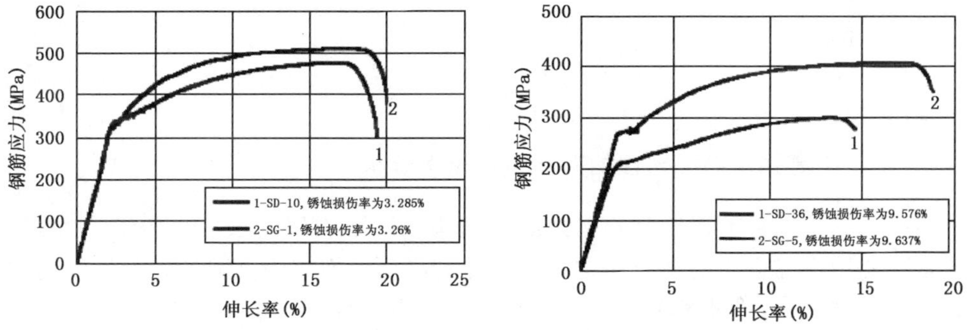

(a)SD-10与SG-1之间的比较　　(b)SD-36与SG-5之间的比较

图5.4　相近锈损率对应人工气候环境(SD)和通电加速(SG)锈蚀试件之间的对比图

不同的试验室加速锈蚀方法所得到的锈蚀钢筋的表面锈蚀特征有明显的差异（图5.5）。

人工气候环境下混凝土内钢筋表面锈蚀分布沿圆周方向锈蚀是不均匀的，靠近保护层一侧锈蚀较背向保护层一侧严重；更重要的是沿钢筋纵向表面出现很多不规则的锈坑，随着锈蚀程度的增加，这种现象越来越明显，锈蚀严重的部位锈蚀作用向钢筋深部发展，甚至造成部分钢筋的变形损失。坑蚀沿钢筋纵向的分布的不规则，即离散性很大，对钢筋的力学性能的影响是至关重要的，这与自然气候环境条件下的钢筋锈蚀特征相同；但是恒电流加速的钢筋锈蚀沿纵向和圆周方向都是比较接近均匀的，坑蚀现象也不明显。钢筋表面锈蚀特征的不同会显著影响锈蚀钢筋的力学性能。

以上试验结果表明：由于锈蚀导致钢筋截面减小和坑蚀，使得锈蚀钢筋的强度降低，屈服点变得越来越不明显，强屈比变小和伸长率减小。因此，雷电电弧锈蚀对被雷击金属部件的抗拉强度和韧性的影响与危害主要是通过钢筋截面减小和坑蚀造成。

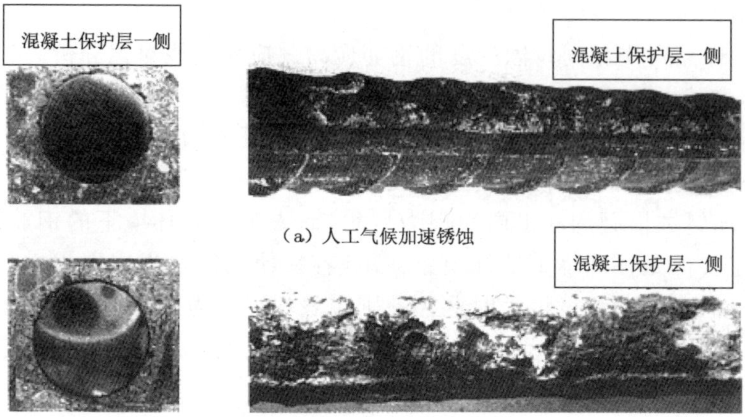

(a) 人工气候加速锈蚀

(b) 恒电流加速锈蚀

图 5.5 不同加速条件下钢筋内外侧锈蚀对比图

三、空气中高强度钢丝锈蚀的破坏机理个例分析

高强度钢丝是目前建筑(构)物预应力结构中广泛应用的预应力钢筋,尤其是桥梁承重结构中广泛应用的预应力钢筋。因此有必要对空气中高强度钢丝锈蚀的破坏机理进行详细探讨,为此本节重点论述高强钢丝断口特征及断裂机理。

(一)高强度钢丝断口特征

1. 高强度钢丝断口宏观特征

对钢绞线静力拉伸后可得到其钢丝断口(图 5.6)。对断口的宏观观察结果表明,未锈蚀钢丝主要出现杯锥式断口和铣刀式断口两种基本断口形式以及它们的组合形式,但也出现了极少的劈裂式断口;锈蚀钢丝也主要出现劈裂式断口、杯锥式断口和铣刀式断口三种基本断口形式以及它们的组合形式。

从图可知,杯锥式断口和铣刀式断口的附近均出现了颈缩现象(前者的颈缩程度相对较轻),二者均属于宏观延性断口;劈裂式断口附近未出现颈缩现象,属于宏观脆性断口;劈裂—铣刀式断口附近未出现明显的颈缩现象,总体上也属于宏观脆性断口。

杯锥式断口由杯和锥共轭组成。杯由杯底和杯壁(杯壁又称“剪切唇”)组成,有些杯底宽阔平坦,有些杯底则狭小如 V 尖形;杯壁内表面与钢丝纵轴线成 10°～45°角,如图 5.6e 所示。

铣刀式断口由许多沿横断面半径线方向呈辐射状排列的“小脊”组成,小脊的两个小斜面大致与钢丝纵轴线成 10°～45°角,如图 5.6c～f 所示。

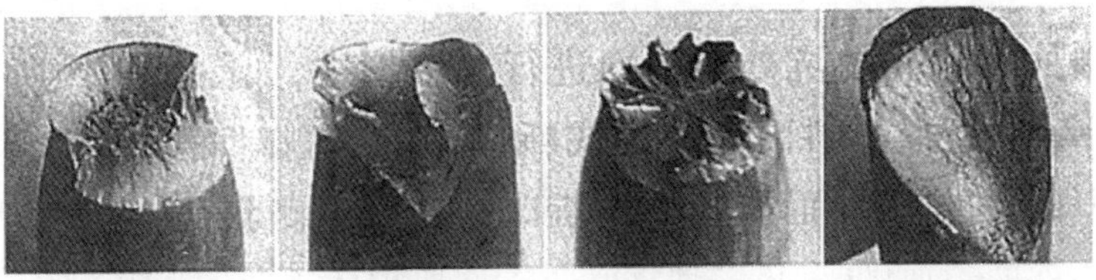

(a)杯锥式断口1　(b)杯锥式断口2　(c)铣刀式断口　(d)劈裂式断口

未锈蚀钢丝的静力拉伸断口(单侧)

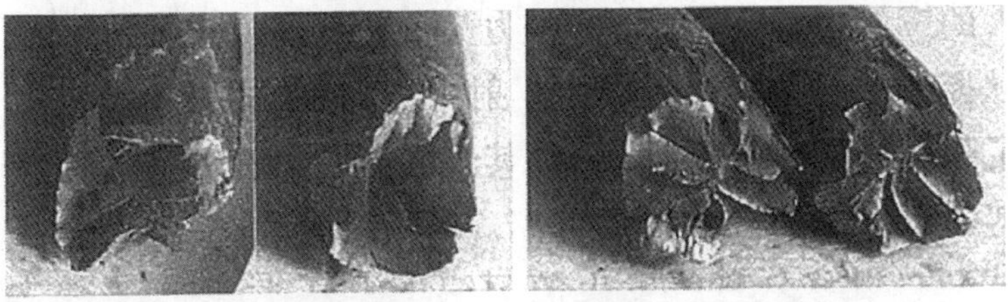

(e)杯锥式断口　(f)铣刀式断口

(g)劈裂—铣刀式断口　(h)劈裂式断口

锈蚀钢丝的静力拉伸断口(共轭)

图 5.6　钢丝锈蚀前后静力拉伸断口比较图

劈裂式断口由若干个劈裂面组成,各劈裂面与钢丝纵轴线大致成 10°～45°角,色泽较为明亮,有许多闪闪发亮的结晶状“小刻面”,并可看见人字形“放射棱”,“放射棱”的放射源在蚀坑边缘,如图 5.6h 所示。

劈裂—铣刀式断口由若干个劈裂面与小范围的铣刀式断裂区组成,劈裂面区的宏观特征与劈裂式断口相同,铣刀式断裂区的宏观特征与铣刀式断口相同,如图 5.6g 所示。

2. 高强度钢丝断口区的微观特征

分别对铣刀式断口的小脊小斜面、杯锥式断口的杯壁内侧斜面、劈裂式断口接近蚀坑边缘处的斜面和远离蚀坑处的斜面进行电镜扫描(图 5.7)。从图可得到以下高强度钢丝典型断口区的微观特征。

(1)铣刀式断口小脊小斜面和杯锥式断口杯壁内侧斜面的微观特征

在铣刀式断口的小脊小斜面和杯锥式断口的杯壁内侧斜面上主要可见珠光体横断面组织，如图 5.7a～b 所示。由于这些面上的剪应力和正应力均较大，同时考虑到其宏观断口特征，可以确定这些面是由滑移分离机制造成的。

铣刀式断口和杯锥式断口在断裂前首先发生显著的颈缩变形，颈缩变形导致钢丝中心出现较大的三轴拉应力，三轴拉应力又促使钢丝中心的微孔洞长大和聚合而形成等轴韧窝状断裂区（铣刀式断口为辐射中心，杯锥式断口为杯底或 V 尖），该区域的形成缓解了颈缩变形的不协调，同时其边缘部位产生了应力、应变集中，并向 45°左右的薄弱受剪斜面发展而产生滑移分离。

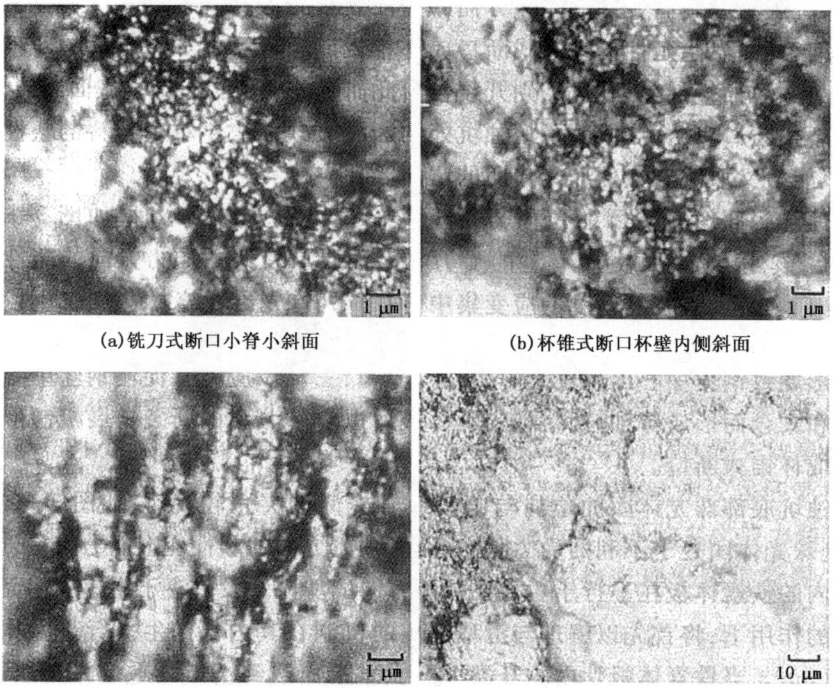

(a)铣刀式断口小脊小斜面　　(b)杯锥式断口杯壁内侧斜面

(c)劈裂式断口近蚀坑处斜面　　(d)劈裂式断口远蚀坑处斜面

图 5.7　典型高强度钢丝型断口区扫描电子显微镜

铣刀式断口滑移分离前发生的颈缩更为显著，因而形成了许多沿横断面半径方向呈辐射状的开裂线并更大程度地缓解颈缩变形的不协调，从而形成铣刀式断口中的小脊；而杯锥式断口滑移分离前发生的颈缩相对较轻，因而只需形成沿横断面周围方向的一条开裂线便可缓解颈缩变形的不协调，从而形成杯锥式断口中的杯壁。

(2)劈裂式断口接近蚀坑边缘处斜面的微观特征

在劈裂式断口接近蚀坑边缘处的斜面上，可看较为完整的珠光体板片组织，如图

5.7c 所示。这种断裂机制可解释为，在平行于主片层平面方向的剪应力及垂直于主片层平面方向的正应力的作用下，首先在铁索体板片内部发生平行于主片层平面方向的开裂，这种开裂来自同时进行的两种机制，即解理与滑移分离。当铁素体板片内的开裂进行到末端而遇到不与其平行的渗碳体板片时，渗碳体板片也被撕裂，如此实现了断裂面的扩张。

(3)劈裂式断口远离蚀坑边缘处斜面的微观特征

在劈裂式断口远离蚀坑边缘处的斜面上可看见较大的解理舌，同时在解理舌上还有细小的韧窝，如图 5.7d 所示。结合断口的宏观特征，可以确定这是一种以解理断裂为主，同时伴有韧窝断裂的混合断裂机制。

(二)锈蚀钢绞线钢丝的断裂机制分析

从试验研究结果可知，未锈蚀钢绞线中的钢丝主要发生延性断裂，而锈蚀钢绞线中的钢丝则既可能发生延性断裂，又可能发生脆性断裂。

锈蚀钢绞线钢丝不同的断裂形式取决于蚀坑处的断裂效应特征及微观组织结构特征，前者主要取决于蚀坑的几何特征，后者主要取决于蚀坑底珠光体同的位向特征。

当蚀坑非常尖锐——如图 5.8 所示的横向尖锐缺口时，缺口根部会出现高度局部化的应力—应变集中现象，由此产生的局部过塑变形使其发生局部脆性断裂，断裂的微观机制为解理与韧窝；该局部脆性断裂迅速失稳扩展而实现全截面的脆性断裂，断口形式为劈裂式。由于无法发生较大范围的塑性变形，因而观察不到宏观颈缩现象。显然，该脆性断裂过程主要由高度局部化的断裂效应特征所决定，与微观组织结构特征关系不大。当然，这种非常尖锐的蚀坑很少出现，但有些棱锥形蚀坑也可能会出现较高程度的应力—应变集中而发生上述劈裂式断口。

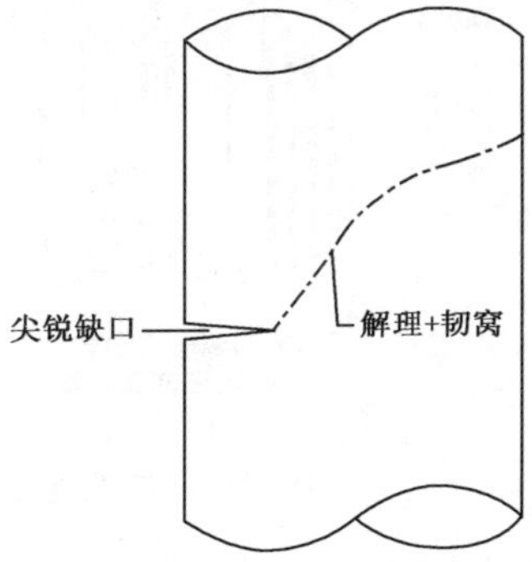

图 5.8 尖锐缺口钢丝试样的断裂示意图

大部分蚀坑具有钝型几何特征，因而蚀坑处的应力—应变集中程度也不是很高。

此时，如果坑底材料具有良好的顺力方向的塑性变形能力，则会出现较大范围的塑性变形而颈缩，继而发生延性的铣刀式断口或杯椎式断口；反之，如果坑底材料不具有良好的顺力方向的塑性变形能力，则开裂会由此而生并失稳扩展至全截面断裂，出现脆性的劈裂式断口。由此看来，钝型蚀坑处的断裂方式取决于坑底材料的塑性变形能力，而该能力又取决于该处珠光体团的位向。

当蚀坑底部珠光体团的位向与钢丝纵轴线间的夹角较小时(图 5.9a～b)，该处珠光体团处于有利的受力状态而具有良好的顺力方向的塑性变形能力。于是，较大范围、较低程度的应变集中使蚀坑处首先出现较大范围的塑性变形，继而在蚀坑处各截面内发生应力—应变重分布而整体出现塑性变形，同时出现颈缩现象。颈缩变形导致钢丝中心出现较大的三轴拉应力，三轴拉应力又促使钢丝中心的微孔洞长大和聚合而形成等轴韧窝状断裂区，最后以滑移分离的断裂扩展机制形成铣刀式断口或杯锥式断口。

当蚀坑底部珠光体团的位向与钢丝纵轴线间的夹角较大时(图 5.9c)，该处珠光体团处于不利的受力状态，因而顺力方向的塑性变形能力较差，此时，珠光体团内的铁素体板在平行于主片层平面方向的剪应力及垂直于主片层平面方向的正应力的作用下，将首先以解理与滑移分离的机制在其内部产生平行于主片层平面方向的开裂。当铁素体板片内的开裂进行到末端而遇到不与其平行的珠光体团时，珠光体团将同时以解理和韧窝的机制沿铁素体板片内的开裂方向被撕裂，如此实现了断裂面的扩张，最终形成脆性的劈裂式断口。由于整个断裂过程没有发生充分的塑性变形，因而不会产生颈缩现象。

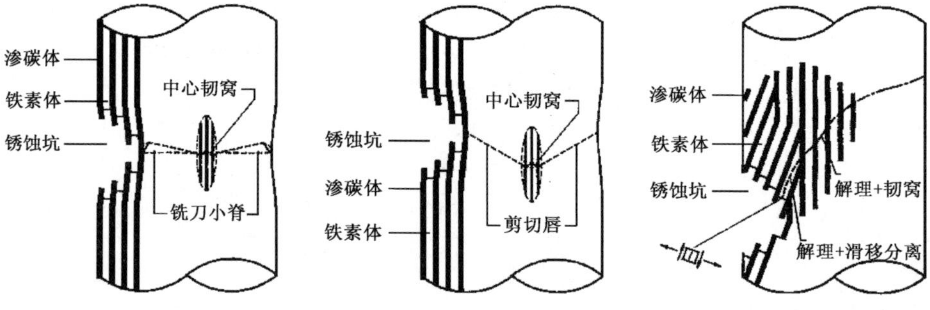

(a)与纵轴夹角较小时的铣刀式断裂　(b)与纵轴夹角较小时的杯锥式断裂　(c)与纵轴夹角较大时的劈裂式断裂

图 5.9　基于蚀坑处珠光体团位向的钢丝断裂机制示意图

显然钢绞线的最大承拉力取决于首批断裂钢丝，首批钢丝断裂时平均拉应力决定了整根钢绞线的破断力。如果每根外围钢丝上所有蚀坑处正好为平行珠光体团，则首批钢丝断裂时已发生足够的拉伸变形而使所有钢丝充分受拉，因而整根钢绞线的最大承拉力削弱不大，其削弱主要来自首批断裂钢丝在断裂面处的蚀坑对整根钢绞线横截面积的减少。反之，只要钢绞线中的某一根外围钢丝的某一个蚀坑处是倾斜珠光体团，则这根钢丝就会在拉伸变形并不充分的条件下，首先以宏观脆性方式断裂，由此决定的整根钢绞线的最大承拉力将受到较大削弱。当然，钢绞线所有外围钢丝的蚀坑"打中"倾斜珠光体团的问题是一个概率问题。从定性角度来讲，对发生坑蚀的钢绞线而言，其总体锈蚀程度越大，则蚀坑"打中"倾斜珠光体团的概率也越大，钢丝出现脆性断裂的概率也越大，整根钢绞线的脆性断裂特征也越明显。

第二节　雷电电弧放电的应力电弧侵蚀危害机理

一、应力电弧侵蚀危害机理

由于一般电弧侵蚀在雷电电弧放电的应力电弧侵蚀危害中，其影响程度非常轻微，但一般电弧侵蚀与应力的超非线性耦合作用使其破坏非常突然，因此，雷电电弧放电的应力电弧侵蚀危害机理分析实质是分析在准恒定应力与一般电弧侵蚀环境（包括氢环境）耦合作用下引起金属滞后开裂或断裂的机理。而准恒定应力与一般电弧侵蚀环境（包括氢环境）耦合作用下引起金属滞后开裂或断裂的机理也就是金属应力腐蚀机理，因此金属应力腐蚀机理就是雷电电弧放电对被雷击金属部件的应力电弧侵蚀危害机理。虽然目前对金属应力腐蚀的机理还不十分清楚，但是金属应力腐蚀的阳极溶解型机理和氢致开裂型机理已得到学术界的广泛认可。

（一）金属应力腐蚀的阳极溶解型机理

图 5.10 给出了阳极溶解型金属应力腐蚀机理。虽然阳极溶解型金属应力腐蚀机理在应力与阳极溶解二者如何引起裂纹形核和扩展的具体描述上互不相同，但是学术界却普遍认可二者在协同促成破裂通道的定性作用上是一致的。下面以预应力钢筋为例进一步分析阳极溶解型应力腐蚀的敏感性。

能引起碳钢应力腐蚀的介质主要有：NO_3^- 水溶液、HCN 水溶液、H_2S 水溶液、Na_2PO_4 水溶液、醋酸水溶液、NH_4CNS 水溶液、氨水、碳酸盐和重碳酸盐溶液、湿 $CO-CO_2$ 空气、海洋大气、工业大气、浓硝酸、硝酸和硫酸混合酸等。

当碳钢的含碳量约为 0.12％时，其应力腐蚀敏感性最大，低于或超过此值都会逐渐降低。其原因的解释目前尚未统一，但可从碳钢的组织结构方面获得比较合理的解释。

含碳量较高的共析钢中，其组织结构为由铁素体和渗碳体按一定的比例均匀混合而成的珠光体。珠光体在空间中又形成不同的位向，如图 5.11a 所示，这使锈蚀不易，甚至无法沿着一条或几条便捷的横向通道向纵深发展，而只能从表面开始全面锈

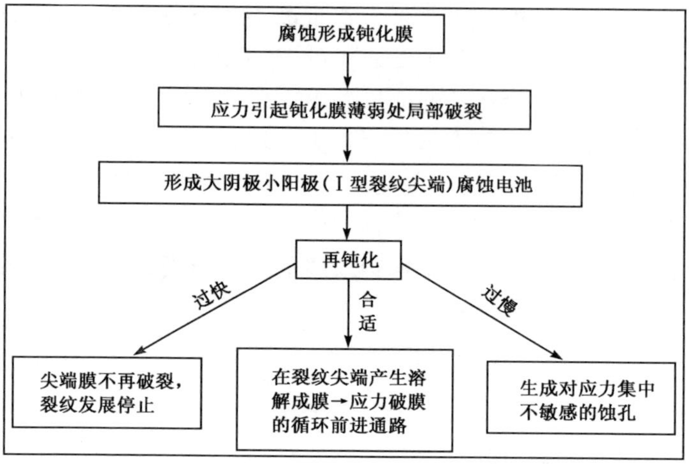

图 5.10　阳极溶解型金属应力腐蚀机理图解

蚀(铁索体为阳极,渗碳体为阴极),整体向内逐渐推进,因而不易发生阳极溶解型应力腐蚀。含碳量更高的过共析钢,如图 5.11c 所示,与共析钢类似。

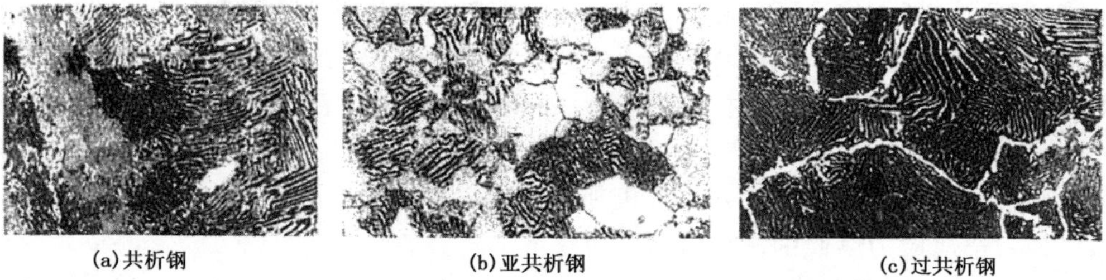

图 5.11　高碳钢的显微组织图

含碳量较低的亚共析钢中,其组织结构由先共析铁素体和共析珠光体组成,如图 5.11b 所示。当含碳量合适(0.12%左右)时,可以形成横向连通性较好的珠光体与铁素体的界面,界面两侧的铁素体(包括先共析铁素体和共析珠光体中的铁素体)作为阳极,渗碳体作为阴极,如此形成一条或几条便捷的横向锈蚀通道而使锈蚀向纵深发展,从而容易产生阳极溶解型的应力腐蚀。当含碳量远离这个值(大于或小于 0.12%)时,都不容易形成横向连通性较好的两相界面,因而使应力腐蚀的敏感性都降低。

上述解释可用图 5.12 表示。

(二)金属应力腐蚀的氢致开裂型机理

图 5.13 给出了氢致开裂型金属应力腐蚀机理。虽然氢致开裂型金属应力腐蚀机理的基本框架是统一的,即在特殊条件下,金属发生了闭塞电池锈蚀,蚀坑内部发

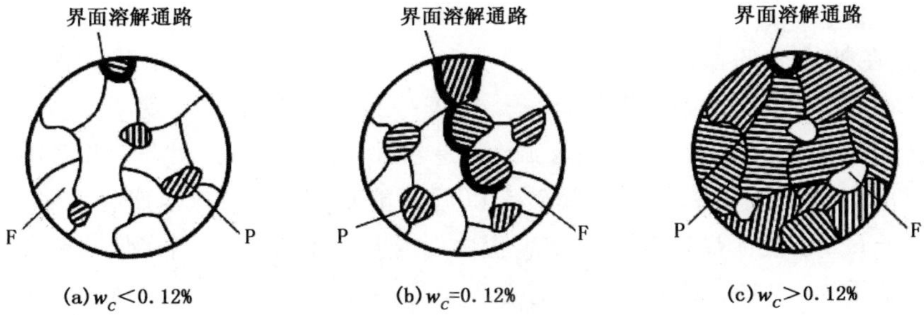

图 5.12 碳钢组织结构与界面溶解通路图

生析氢反应，析出的氢进入金属引起氢脆，进而导致氢致开裂；但是氢进入金属内是如何引起脆断的，这方面在学术界尚未得到统一的认识，还需要进一步研究。

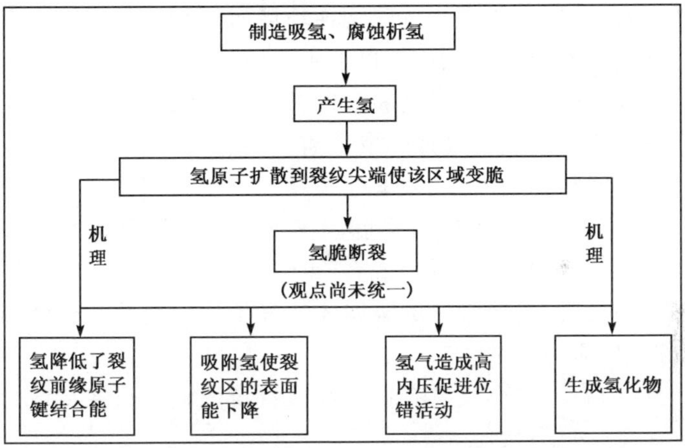

图 5.13 氢致开裂型金属应力腐蚀机理图解

如果应力腐蚀体系中阳极溶解所对应的阴极过程是吸氧反应，或者虽然是析氢反应，但进入金属的氢不足以引起氢致开裂，这时金属应力腐蚀裂纹的形核和扩展就由金属的阳极溶解过程控制，称为阳极溶解型应力腐蚀；如果应力腐蚀体系中阳极溶解所对应的阴极过程是析氢反应，而且氢能进入金属并控制了裂纹的形核和扩展，则称为氢致开裂型应力腐蚀。下面以预应力钢筋为例进一步分析氢致开裂型应力腐蚀的敏感性。

当有氢扩散进入预应力钢筋内部，则其中有些氢原子直接进入氢陷阱（如各种晶体缺陷、第二相、有些溶质元素以及三向拉应力区），有些存在于晶格间隙位置处；处于晶格间隙位置的氢原子在浓度梯度和应力梯度的作用下进行扩散，扩散过程中又会陷入氢陷阱。上述过程可以引起氢在陷阱中的富集，富集到一定程度便可引起氢致开裂。

显然，在外应力的作用下，只要有充分的氢扩散进入预应力钢筋内部，那么氢致开裂就必然会发生，因此，氢供应的充分与否是预应力钢筋能否发生氢致开裂的关键。一般应力钢筋有三种可能的氢源：一是在供水充分的条件下，当锈蚀介质（如Cl^-）引起应力钢筋表面局部钝化膜破裂以后可能形成“闭塞电池腐蚀”，这种腐蚀会产生氢原子；二是在有些建筑（构）物工程中对金属结构部件施行了阴极保护措施，其间如果控制不当，出现过保护现象，也会产生氢原子；三是建筑（构）物工程在对金属结构部件制作过程中的酸洗可能产生氢原子。

二、应力电弧侵蚀特征

雷电电弧放电对被雷击金属部件的应力电弧侵蚀危害就是金属应力腐蚀危害，而金属应力腐蚀是在准恒定应力与特殊锈蚀环境（包括氢环境）耦合作用下引起金属滞后开裂或断裂的一种过程，因此具有以下主要特征。

一是金属应力腐蚀的发生需要足够大的拉应力，但是该拉应力值一般低于金属材料的屈服极限；或者金属应力腐蚀的发生需要足够大的应力强度因子，但是该应力强度因子一般低于金属材料在空气中的断裂韧性。在大多数产生应力腐蚀的系统中存在一个临界应力值 σ_{cri} 或临界应力强度因子 K_{Iscc} ，当所受应力或应力强度因子低于相应临界值时，不会产生应力腐蚀。

二是只有那些对应力腐蚀敏感的金属才能发生应力腐蚀。合金和含有杂质的金属比纯金属容易产生应力腐蚀。

三是金属的应力腐蚀对介质具有选择性。特定的金属只在特定的介质中发生应力腐蚀。

四是金属应力腐蚀体系有特定的电化学状态，有些体系存在一个临界破裂电位 E_{cri}，当外部电位高于 E_{cri} 时，将发生应力腐蚀；低于 E_{cri} 时，则不发生应力腐蚀。另一些体系存在一临界破裂电位范围，当电位处于这段电位范围内，将发生破裂；超出这段范围（电位更高或更低），则破裂时间显著延长或不发生破裂。相反，还有一些体系是在临界范围内不发生应力腐蚀，超出范围则发生破裂。

五是金属应力腐蚀时金属的锈蚀量很微小，锈蚀局限于微小的局部。同时，产生应力腐蚀断裂的金属表面往往存在钝化膜或保护膜。

六是金属应力腐蚀破裂通常有一个时间尺度，即从若干年到几小时的潜伏期（也称孕育期）。

七是金属应力腐蚀断裂，在宏观上，都属于脆性断裂；在微观上，有些断裂面上仍有塑性流变的痕迹。断裂途径有穿晶型、沿晶型和混合型三种。

第三节　雷电电弧放电的疲劳电弧侵蚀危害机理

一、疲劳电弧侵蚀危害机理

疲劳断裂是金属结构失效的一种主要形式。大量统计资料表明，在金属结构失效中，约 80%以上是由疲劳引起的。金属结构部件的雷电放电电弧形成电弧坑的疲劳断裂往往是由于电弧坑附近部位在循环应力或应变的反复作用下所发生的材料性能变化，使疲劳损伤累积到一定程度所发生的断裂，是一种损伤累积的过程，因此疲劳电弧侵蚀危害机理实质就是金属疲劳断裂机理，所以本节重点论述金属疲劳断裂机理。

金属的疲劳与脆性断裂相比较，二者断裂时的形变都很小，但前者需要多次加载，而后者一般不需要多次加载；结构脆性断裂是瞬时完成的，而疲劳裂纹的扩展较缓慢，需经历一段时间甚至很长时间才发生破坏。对于脆性断裂而言，温度的影响是极其重要的，随着温度的降低，脆性断裂的危险性迅速增加，但材料的疲劳强度变化不显著。

金属结构的疲劳抗力取决于材料本身、构件的形状、尺寸、表面状态和服役条件。任何材料的疲劳断裂过程都要经历裂纹萌生、稳定扩展和失稳扩展（即瞬时断裂）三个阶段。在疲劳断口上可观察到“年轮弧线”的痕迹，并可分为疲劳裂纹源区、疲劳裂纹扩展区和瞬时断裂区（图 5.14）。因此金属疲劳断裂机理主要是研究疲劳断裂过程所经历三个阶段的形成机理。

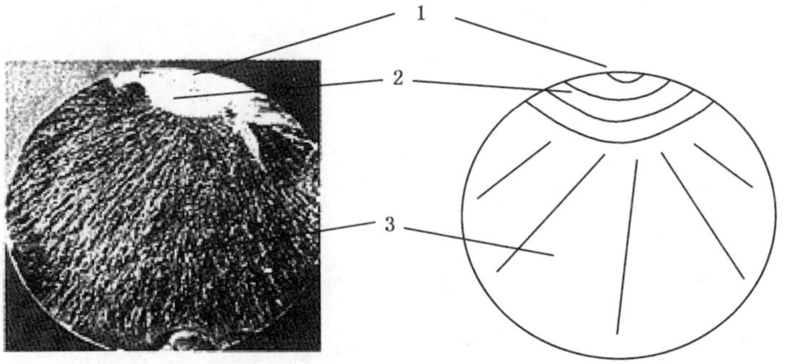

图 5.14　金属疲劳断口示意图
1—裂纹源区；2—裂纹扩展区；3—瞬时断裂区

（一）疲劳裂纹萌生机理

疲劳源区即疲劳裂纹的萌生区，疲劳裂纹萌生都是由局部塑性应变集中所引起的,这往往是由于材料的质量(冶金缺陷与热处理不当等)、设计不合理、电弧坑等造成的应力集中,或是加工不合理造成的表面粗糙或损伤等,使裂纹在金属部件的某一部位萌生。疲劳裂纹一般有三种常见的萌生方式,即滑移带开裂;晶界和孪生界开裂;夹杂物或第二相与基体的界面开裂。

疲劳裂纹常常在金属表面上萌生。有研究表明,具有与最大切应力面相一致的滑移面的晶粒在载荷作用下,一般首先开始屈服而发生滑移。图 5.15a 为在单调载荷和高应力幅循环载荷作用下的粗滑移;而在低应力幅循环载荷作用下,则出现细滑移现象(如图 5.15b 所示);随着循环加载的不断进行,金属表面出现滑移带的挤入和挤出的现象(如图 5.15c 所示),滑移带的挤入会形成严重的应力集中,从而形成疲劳裂纹。

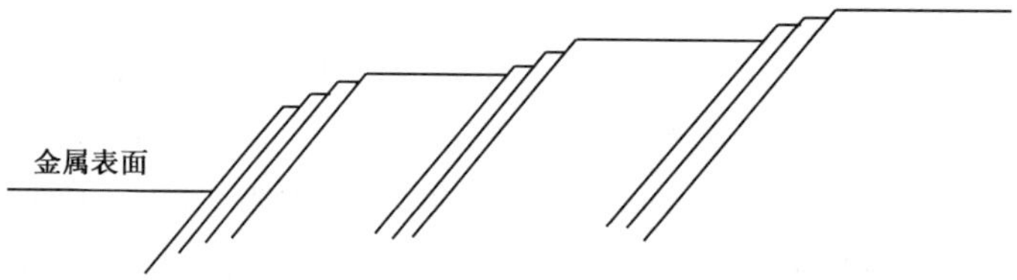

(a)粗滑移

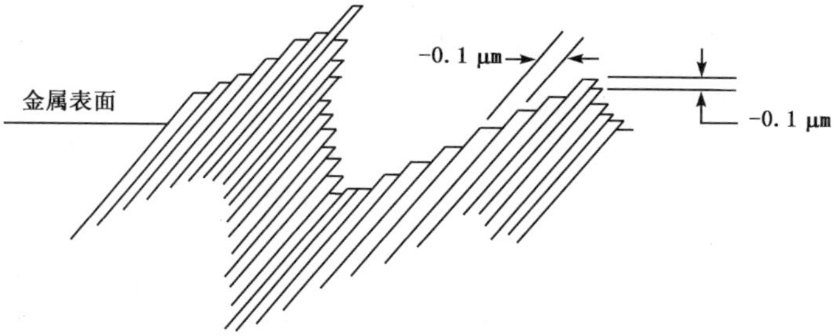

(b)细滑移

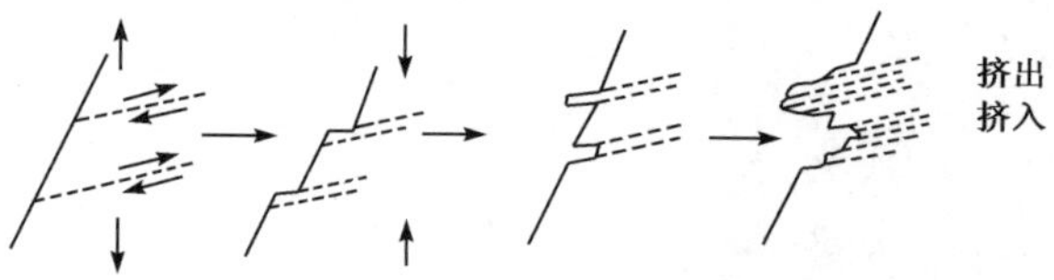

(c)挤入和挤出过程

图 5.15　金属表面上的疲劳裂纹形成过程示意图

(二)疲劳裂纹扩展机理

疲劳裂纹的扩展可以分两个阶段来完成(图 5.16)。第一阶段裂纹扩展是指在滑移带上;第二阶段在裂纹扩展中,疲劳断口在电子显微镜下可显示出疲劳条带(如图 5.17 所示)。

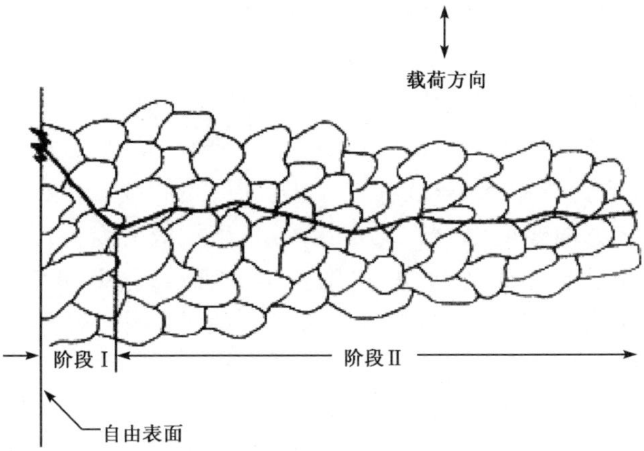

图 5.16 疲劳裂纹扩展示意图

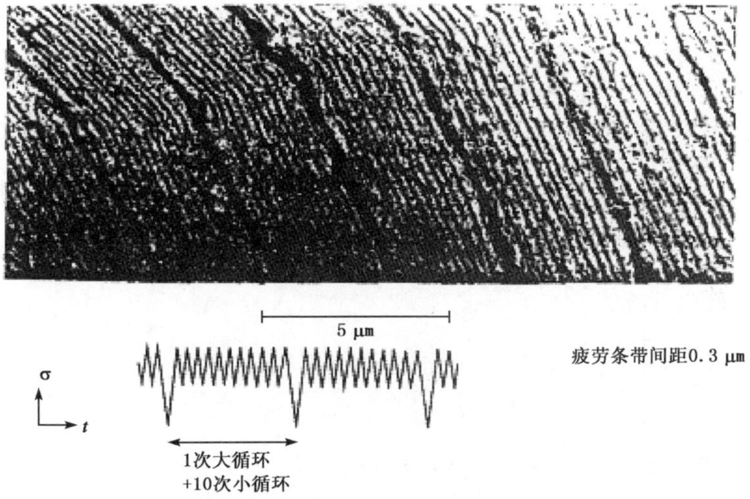

图 5.17 金属疲劳裂纹断面剖面示意图

萌生的疲劳裂纹首先沿着与拉应力成 45°角的滑移面扩展；第二阶段裂纹扩展是指在微裂纹扩展到几个晶粒或几十个晶粒的深度后，裂纹的扩展方向开始由与应力成 45°角的方向逐渐转向与拉伸应力相垂直的方向扩展。并且第二阶段裂纹扩展是宏观疲劳裂纹直至失稳和断裂的关键阶段。

从图可知，疲劳断口的疲劳带数目和排列随着循环加载次数发生变化，并且疲劳带数目和排列与循环加载次数存在很好的正相关性，凡加载一个循环则形成一个疲劳条带，因此可推断出，只有在循环加载的拉伸部分裂纹才扩展。

显然疲劳条带的形成可以应用塑性钝化模型来解释:在每一循环开始时,应力为零,裂纹处于闭合的状态(如图5.18a所示);当拉应力增大时,裂纹张开,并在裂纹尖端沿最大切应力方向产生滑移(如图5.18b所示);当拉应力增长到最大值,裂纹进一步张开,塑性变形也随之增大,使得裂纹尖端发生钝化(如图5.18c所示),而裂纹尖端发生钝化会导致应力集中减小,裂纹就停止扩展;当卸载时,拉应力减小,裂纹逐渐闭合,裂纹尖端滑移方向改变(如图5.18d所示);当拉应力变为压应力时,裂纹闭合,裂纹尖端锐化,又恢复到原先的状态(如图5.18e所示)。上述分析表明:每加载一次,裂纹向前扩展一段距离,同时在断口上留下一疲劳条带,而且裂纹扩展是在拉伸加载时进行的(如图5.18f所示)。

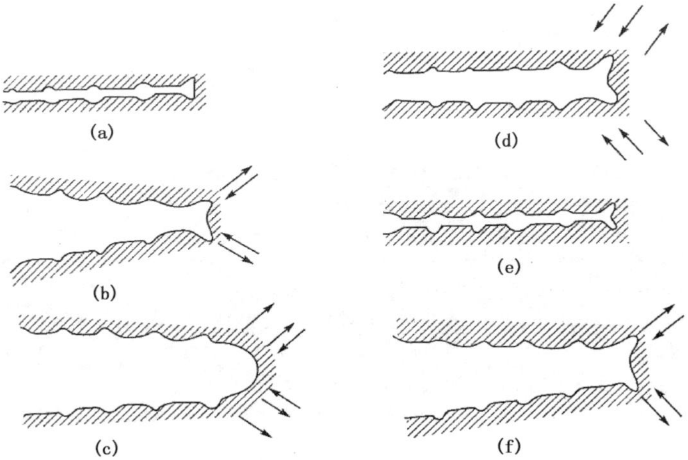

图5.18 金属疲劳裂纹扩展示意图

(三)疲劳裂纹断裂机理

断裂是疲劳破坏的最终阶段,与疲劳裂纹萌生阶段和疲劳裂纹扩展阶段完全不同。它是指在疲劳损伤逐渐累积过程中金属构件的剩余面积越来越小,当构件剩余断面不足以承受外载荷时,也即剩余断面上的应力达到或超过材料的静强度时,或者当应力强度因子超过材料的断裂韧度时,裂纹突然发生失稳扩展以至断裂,具有显著的瞬间突然发性。

二、疲劳电弧侵蚀危害的试验研究

疲劳电弧侵蚀危害机理实质就是金属疲劳断裂机理,因此本节以预应力钢筋的腐蚀疲劳效应的试验研究为例,重点论述疲劳电弧侵蚀危害。实际工程环境下的腐蚀疲劳是一个长期累积的过程,在有限的时间内难以准确模拟。目前,试验室的研究一般都是加速进行的,首先采用一般锈蚀方式进行钢绞线钢丝和光圆钢筋进行锈蚀,然后在空气中对其进行弯曲疲劳试验，以此探讨两类钢筋锈蚀后的疲劳断裂特性。试验中采用了对称等幅弯曲疲劳制度，即弯曲角度为60°，弯曲频率为每秒1次。

图5.19为受锈蚀钢绞线（1×7－15.2 mm－1860 MPa）中的钢丝和普通光圆钢筋（HPB235级Φ6）的弯曲疲劳断面。从中可以看出，普通光圆钢筋的断面总体平行于横断面，比较平坦，可以观察到疲劳断裂扩展区（图中发亮的断面区）和残余截面瞬断区（图中发暗的断面区），显示了各向同性的特征（图5.19c）；而钢绞线钢丝的断面非常粗糙，断裂扩展区由横向扩展区和纵向扩展区两部分组成，最后瞬断区总体平行于横断面，整个断裂显示了各向异性特征（图5.19a～b）。

(a)钢丝宏观断面(共轭)　(b)钢丝断面SEM照片　(c)光圆钢筋宏观断面

图5.19　锈蚀钢绞线钢丝及普通光圆钢筋在空气中的弯曲疲劳断面图

受锈蚀钢绞线钢丝的疲劳断裂过程可分为裂纹形核、裂纹横向扩展、裂纹纵向扩展以及残余截面瞬断四个阶段，如图5.20所示。

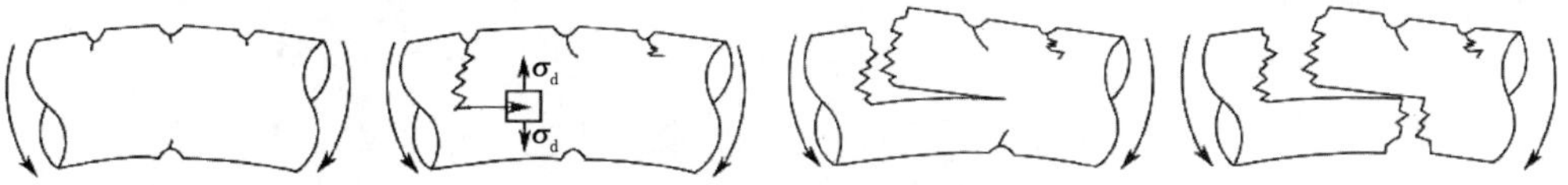

(a)裂纹形核　(b)裂纹横向扩展　(c)裂纹纵向扩展　(d)残余截面瞬断

图5.20　锈蚀钢绞线钢丝的弯曲疲劳断裂发展过程示意图

在铁素体和渗碳体组成的混合体中，锈蚀溶解只发生在铁素体中，因而锈蚀表面在微观上很不平坦，在往复应力下容易产生应力集中，因而裂纹形核位置一般在锈蚀坑处，且可在多个坑处形核。形核机制是通过正交滑移面的相交销毁位错，从而形成孔洞，孔洞便成为裂纹核。裂纹形核后，在拉应力的半周期内，裂纹尖端在应力集中的作用下因局部塑性流变而向前扩展，但同时也使裂纹尖端钝化而释放应力，扩展最终停止。在压应力的半周期内，先前张开钝化的裂纹重新闭合，裂纹尖端又尖锐化，从而在下一个拉应力半周期内承受应力集中作用而作新一次的扩展。如此拉压往复交替,裂纹不断向前扩展。裂纹的局部扩展既有沿倾斜方向(大致与钢丝纵轴线成45°角)滑移或解理的,也有沿横断面方向韧断的,但总体扩展基本沿横断面方向,如图 5.20a 所示。

随着裂纹横向扩展的不断进行,裂纹所在横截面的抗弯刚度(B)也不断减小,于是,裂纹所在横截面与其两侧相邻横截面的抗弯刚度之间出现了不断发展的突变。由于各截面的弯矩(M)相同,因此裂纹所在横截面与其两侧相邻横截面的曲率(φ , $\varphi=M/B$)之间也要发生突变,但曲率的突变又不符合变形协调条件,因此所谓的突变也只是在裂纹所在横截面两侧附近很短的区域内完成曲率的快速但又连续的变化,于是裂纹两侧截面也出现了较大的曲率。由于裂纹的两个裂开面是自由的,因此,裂纹两侧截面的整体弯曲必须要靠裂纹尖端以下区域对裂纹尖端以上区域的拖拽方能实现,即在裂纹尖端出现了纵向剥离应力 σ_d,如图 5.20b 所示。

钢丝的各向异性特性,使剥离应力发展到一定程度时有可能大于剥离强度,于是出现了沿纵向剥离的裂纹扩展模式,如图 5.20c 所示,其开裂机制为解理机制(如图 5.20b 所示)。

当剥离裂纹扩展至与钢丝另一侧较深横向扩展裂纹的延长线接近垂直相交时,发生了薄弱残余截面的过载瞬断,如图 5.20d 所示。断裂机制多为韧窝机制,也有滑移机制。

综上所述,由于微观组织结构的不同,使得钢绞线钢丝的腐蚀疲劳断裂具有典型的各向异性特征,断裂的扩展区由横向扩展区和纵向扩展区两部分组成;而普通光圆钢筋的腐蚀疲劳断裂则相反,具有典型的各向同性特征,断裂面为一个完整的横断面。从两类钢筋不同的腐蚀疲劳断裂特性可以看出,钢绞线钢丝的断裂耗能能力要好于普通光圆钢筋。

第四节　影响电弧侵蚀的主要因素

影响被雷击金属部件的雷电电弧侵蚀因素很多,但主要可归结为雷电电弧放电参数、被雷电电弧放电侵蚀的金属部件材料及该金属部件所处的环境等因素。

一、雷电电弧放电参数对电弧侵蚀的影响

(一)雷电电弧放电电流

雷电电弧放电电流是决定被雷电电弧放电侵蚀的金属部件表面电弧坑深度及体积大小的主要因素。在其他条件不变的情况下,随电弧放电电流的增大,电弧力和对被雷电电弧放电侵蚀的金属部件表面的热输入也随着增大,因此在被雷电电弧放电

侵蚀的金属部件表面形成的电弧坑深度及体积也会随着增大，反之亦然。

(二)雷电电弧放电电压

电弧电压是决定被雷电电弧放电侵蚀的金属部件表面电弧坑的圆面积及直径大小的主要因素。在其他条件一定时，随着雷电电弧放电电压增大，电弧长度也随着增加，使被雷电电弧放电侵蚀的金属部件表面电弧斑点范围扩大，从而导致雷电电弧放电侵蚀的金属部件表面电弧坑圆面积及直径显著增加；但是随着电弧坑在金属部件表面上的圆面积及直径显著增加，使电弧热在金属部件表面的分布范围扩大、电弧对电弧坑熔池的作用力分散、金属部件局部熔化量有所减小，导致被雷电电弧放电侵蚀的金属部件表面形成的电弧坑深度及体积也会随着减小。

(三)雷电电弧放电时间

雷电电弧放电时间是决定被雷电电弧放电侵蚀的金属部件表面电弧坑深度及体积大小的主要因素，同时也是决定该电弧坑圆面积及直径大小的主要因素。在其他条件一定时，随着电弧放电时间延长，在被雷电电弧放电侵蚀的金属部件表面转移的热能量也随着增加，电弧力和对被雷电电弧放电侵蚀的金属部件表面的热输入也随着增大，导致金属部件表面的电弧斑点范围也随着扩大，弧坑深度增加，因此在被雷电电弧放电侵蚀的金属部件表面形成的电弧坑圆面积及直径和电弧坑深度及体积也会随着增大，反之亦然。

二、金属材料对电弧侵蚀的影响

(一)金属材料微观结构影响

金属材料的微观结构主要是指被雷击金属部件组成成分的微观物理化学结构，这些微观结构决定了被雷击金属部件热传导特性及熔点、沸点等参数，从而影响被雷击金属部件表面电弧坑的形成及大小，同时还影响被雷击金属部件表面电弧坑附近电弧热熔合区的气孔、裂纹形成及大小。因此，被雷击金属部件的微观结构是决定被雷电电弧放电侵蚀的金属部件表面电弧坑大小和电弧气孔、裂纹形成的主要因素。例如在其他条件一定时，被雷击金属部件熔点越低，在被雷击金属部件表面越就容易形成电弧坑，并且形成的电弧坑就越大；随着被雷击金属部件导热性越好，其比热容越大，单位体积被雷击金属部件加热到同样温度所需热量越多，在被雷击金属部件表面就越不容易形成电弧坑，且形成的电弧坑也就越小，反之亦然。又如在其他条件一定时，被雷击金属部件的密度或黏度越大，则电弧对电弧坑金属熔化区的金属排开作用就越弱，在被雷击金属部件表面就越不容易形成电弧坑，并且形成的电弧坑就越小，反之亦然。

(二)金属材料宏观特征影响

金属材料的宏观特征主要是指被雷击金属部件形状和雷电电弧坑的金属部件表

面与重力方向的夹角 θ(图 5.21),这些宏观特征决定了被雷击金属部件热传导特性和被雷击金属部件表面电弧坑的形成及大小,同时还影响被雷击金属部件表面电弧坑形态、电弧坑金属熔化后凝固区域厚度和形态。因此,被雷击金属部件的宏观特征是决定被雷电电弧放电侵蚀的金属部件表面电弧坑形成及大小和被雷击金属部件表面电弧坑形态、凝固区域厚度及形态的主要因素。例如在其他条件一定时,随着被雷击金属部件的厚度增加,被雷击金属部件材料的内部热量传导的散热越大,在被雷击金属部件表面就越不容易形成电弧坑,并且形成电弧坑的坑深与坑宽就越小,反之亦然。又如在其他条件一定时,随着被雷击金属部件表面与重力方向的夹角 θ 的增加($0° \leqslant \theta \leqslant 90°$,$\theta = 0°$即被雷击金属部件表面为垂直,$\theta = 90°$即被雷击金属部件表面为水平),被雷击金属部件表面电弧坑金属熔化区中液体金属受重力作用有向下流动的趋势也随着减小,电弧对金属部件电弧坑熔化区底部金属的加热作用减弱,且其电弧坑的坑深减小、坑宽增大,反之亦然。

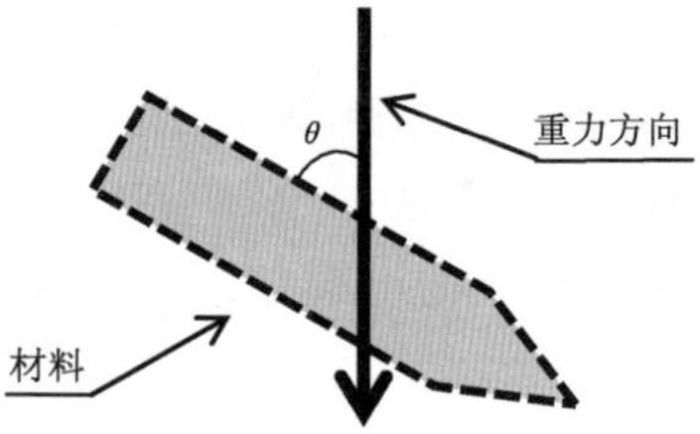

图 5.21 被雷击金属部件表面与重力方向的夹角 θ 示意图

三、金属材料所处环境对电弧侵蚀的影响

(一)雷暴日数的影响

被雷击金属部件所在地的雷暴日是影响被雷电电弧放电侵蚀的金属部件表面电弧坑形成可能性的主要因素。在其他条件不变的情况下,随雷暴日数的增加,金属部件表面被雷击的频率随着增大,因此在被雷击金属部件表面形成电弧坑的可能性也会随着增大,反之亦然。

(二)腐蚀环境影响

被雷击金属部件所在位置的环境腐蚀状况是影响被雷电电弧放电侵蚀的金属部件表面电弧坑进一步电弧侵蚀的主要因素。在其他条件不变的情况下,随被雷击金属部件所在位置的环境腐蚀性增强,金属部件表面形成的电弧坑被锈蚀的可能性也随着增强,因此在金属部件表面形成电弧坑的电弧腐蚀性也会随着增大,反之亦然。

(三)荷载环境影响

当被雷击金属部件所在位置属于建筑(构)物承重结构部件(即被雷击金属部件是建筑(构)物承重结构的有机组成部分)时,建筑(构)物荷载状况是影响被雷电电弧放电侵蚀的金属部件表面的电弧坑进一步电弧侵蚀的主要因素。在其他条件不变的情况下,随金属部件所载荷载而变化,尤其是荷载增加、荷载变化弧度增加、荷载变化频率增加,金属部件表面形成的电弧坑被应力腐蚀的可能性也随着增强,因此在金属部件表面形成电弧坑的电弧腐蚀性也会随着增大,反之亦然。

第六章 雷电电弧放电对缆索承重桥梁缆索防雷的影响研究

第一节 缆索承重桥梁缆索防雷的必要性研究

桥梁按其受力构件的力学特征可分为梁式桥、拱桥、钢架桥、缆索承重桥，而缆索承重桥是现代大跨度桥梁的重要结构形式。尤其在跨越峡谷、海湾、大江、大河等不易修筑桥墩的地方架设大跨径特大桥梁时，往往都选择缆索承重桥型。缆索承重桥可分为斜拉桥和悬索桥两种，斜拉桥受力特点为外荷载从梁传递到斜拉索，再到索塔；悬索桥受力特点为外荷载从梁经过吊索传递到主缆，再到两端锚锭。因此斜拉索和主缆、吊索分别是斜拉桥和悬索桥的受力核心构件(图 6.1)。

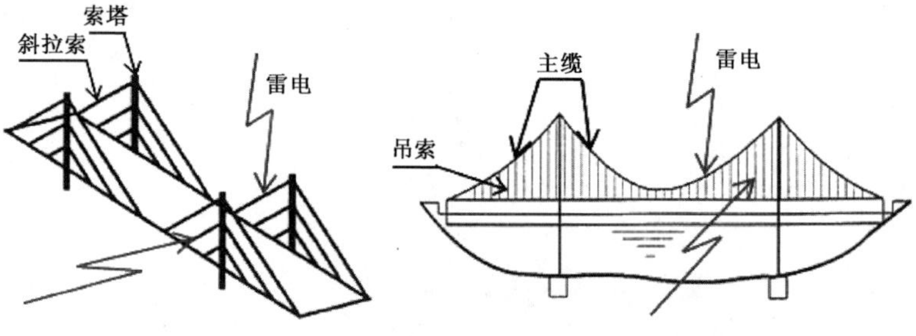

图 6.1 缆索承重桥受力构件示意图

缆索承重桥所处地理位置的特殊性和其自身的特殊性，导致缆索承重桥的缆索容易发生雷击事故。然而根据现行防雷技术规范，在缆索承重桥设计和施工中通常只着重考虑索塔、主缆的防雷设计与施工，这使斜拉索、吊索存在较大雷击风险，从而危及缆索承重桥结构安全。而自然界中可能出现的雷击有首次短时雷击、首次以后短时后续雷击、长时间雷击，其中只有长时间雷击电流有可能通过对被雷击缆索金属部件(包含缆索防腐保护层上的金属部件和缆索防腐保护层内的金属部件)表面或(和)缆索金属部件之间形成电弧放电高温，并以被雷击缆索金属部件形成电弧坑、气孔、裂纹和锈蚀等方式对缆索金属部件进行电弧侵蚀危害，进而对缆索承重桥的缆索使用寿命造成影响，有时甚至导致缆索断裂。因此为了避免斜拉索、吊索遭受雷电电弧放电而损坏，确保缆索承重桥防雷安全，有必要研究雷电电弧放电对缆索承重桥梁缆索的影响及危害，进而提出缆索承重桥的缆索防御雷电电弧放电影响及危害的措施。

一、缆索承重桥梁地理位置的特殊性导致缆索易遭受雷击的机理分析

缆索承重桥用途的特殊性导致桥梁建设的选址一般都位于江、河、湖、海的交界处，丘陵地带的山脉之间以及城市之中。而其桥梁所处地理位置的特殊性容易使其遭受雷暴灾害天气的影响，发生雷击事故。主要原因如下。

(一)桥梁所处地理位置的特殊性容易形成雷电

1. 桥梁建设选址在水面时易形成雷电的机理

当桥梁建设选址在水面时，江、河、湖、海等水面的水蒸发形成比陆地丰富的水汽，然后进入雷雨云的对流空气中，对流空气随高度升高而发生膨胀并绝热冷却，导致水汽发生相变形成液态的云滴或固态的冰晶而释放相变潜热。众所周知，1 g 水相变为水汽，大约要吸收 2500 J 或 600 cal 的热量，因此水汽在雷雨云内转变为液态或固态释放的相变潜热将通过正反馈机制来进一步提升雷雨云中的对流空气温度，形成雷雨云新的热浮力又进一步促进雷雨云旺盛发展，使雷雨云对地的高度更高，对地形成的空间电场强度更强，因而更容易形成雷电。

水汽在雷雨云内转变为液态或固态释放相变潜热，形成雷雨云旺盛发展新的热浮力，其正反馈机制如下。

在大气中，任何一块空气在铅直方向的运动都可用如下方程来解释：

$$\frac{\mathrm{d}\bar{\omega}}{\mathrm{d}t}=-\frac{1}{\rho}\frac{\partial p}{\partial z}-g$$

上式即为气块在铅直方向上的运动方程，该式表明任何一块空气在铅直方向上所受的作用力主要有两个：一个是重力，其方向指向下；另一个是铅直气压梯度力，其方向指向上，刚好与重力相反。当此二力的平衡状态遭到破坏时，空气就会产生铅直运动。当铅直气压梯度力小于重力时，空气具有向下加速度，如原来是静止的，就会产生下降运动；当铅直气压梯度力大于重力时，空气具有向上加速度，如果原来空气是静止的，就会产生上升运动。

对于单位体积的一块空气(如图 6.2)，假设该气块吸收外界热量或其内部有不稳定能量和潜热释放而被加热，它的密度为 ρ'，周围空气的密度为 ρ，并且开始时，它们都是静止的。由于该气块是单位体积，则它的质量就是 ρ'，它所受的重力等于 $\rho' g$。该气块所受铅直气压梯度力为 $-\frac{\partial p}{\partial z}$(即浮力)，等于和它同体积周围空气的重

量，即 $-\frac{\partial p}{\partial z} = \rho' g$。

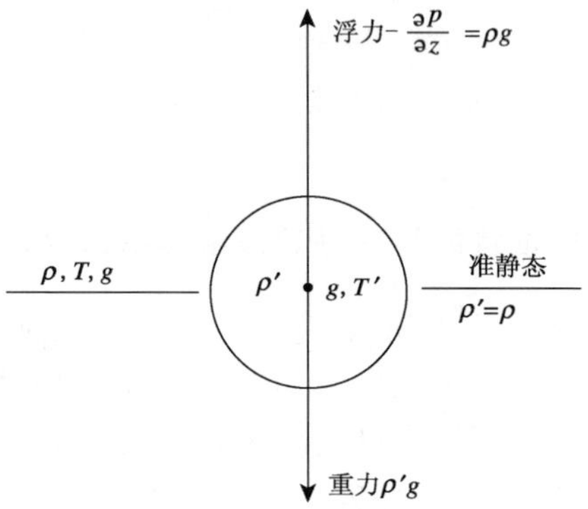

图 6.2　单位体积气块的受力示意图

应用铅直方向运动方程，可计算升降加速度，此时单位质量空气块所受气压梯度力为 $-\frac{1}{\rho'}\frac{\partial p}{\partial z}$，重力为 g，代入铅直方向运动方程计算得

$$\frac{d\bar{\omega}}{dt} = -\frac{1}{\rho'}\frac{\partial p}{\partial z} - g$$

将 $-\frac{\partial p}{\partial z} = \rho g$ 代入上式，则

$$\frac{d\bar{\omega}}{dt} = \frac{\rho}{\rho'}g - g = g(\frac{\rho}{\rho'} - 1)$$

气块如以上升为正方向，则它此时所受合外力为 $(-\frac{\rho}{\rho'} + 1)g$。

当 $\rho > \rho'$ 时，气块上升；

当 $\rho < \rho'$ 时，气块下沉。

应用状态方程 $\rho' = \frac{p'}{RT'}$，$\rho = \frac{p}{RT}$，在准静态条件下，$p' = p$，则

$$\frac{d\bar{\omega}}{dt} = \frac{\rho}{\rho'}g - g = g(\frac{\rho}{\rho'} - 1)$$

可化为

$$\frac{d\bar{\omega}}{dt} = \frac{T' - T}{T}g = (\frac{T'}{T} - 1)g$$

从上式可知：当 $T' > T$ 时，$\frac{d\bar{\omega}}{dt} > 0$；当 $T' < T$ 时，$\frac{d\bar{\omega}}{dt} < 0$。即说明当气块比周围空气暖时，气块获得上升加速度，产生上升运动；当气块比周围空气冷时，气块获得下降加速度，产生下降运动。

美国新墨西哥矿业技术学院的 C. B. Moore 和美国纽约州立大学奥尔巴尼分校的 B. Vonnegut 的有关研究表明，厚度小于 3 km 的积雨云（雷雨云的前生）很少发生闪电。这一研究成果也从客观实际中证明了水汽在雷雨云内释放相变潜热形成雷雨云旺盛发展的新热浮力，对雷电的形成有重要意义。

2. 桥梁建设选址在丘陵地带的山脉之间时易形成雷电的机理

当桥梁建设选址在丘陵地带的山脉之间时，地形对雷雨云的对流空气阻挡形成强迫爬坡抬升作用和强迫辐合抬升作用，这为雷雨云旺盛发展提供了新的动力性浮力。形成这两种新的动力性浮力的机制如下。

（1）地形对雷雨云的对流空气阻挡形成强迫爬坡抬升作用机制

地形对雷雨云的对流空气阻挡形成强迫爬坡产生上升运动如图 6.3 所示。

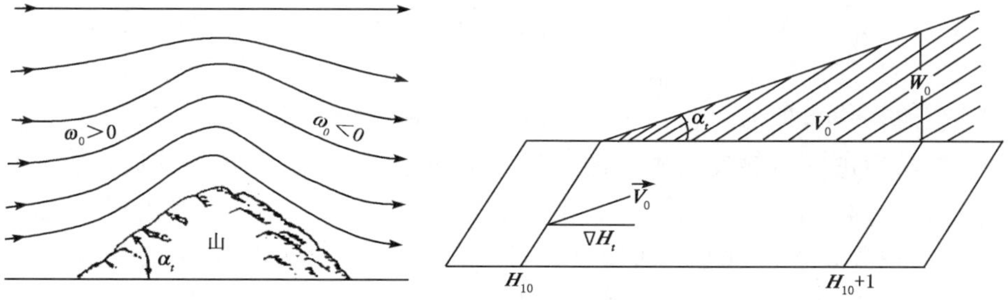

图 6.3　气流过山及地形坡度造成的垂直运动示意图

设 V_n 为垂直于山脉的风速分量，山坡的坡度角为 α_t，则上升速度（W_0）可由下式确定：

$$W_0 = V_n \tan \alpha_t$$

若气流不与山脉垂直，首先必须由地面风速 V_0，求得与山脉垂直的风分量：

$$V_n = V_0 \cos \beta$$

式中，β 为风速与迎风坡法线的夹角，则

$$W_0 = V_0 \cos \beta \tan \alpha_t$$

上式说明，地形抬升速度与风速大小、风向与山脉正交的程度及山脉坡度三者成正比。若风速愈大，风向与山脉的走向相交愈近于垂直（$\beta \to 0$），山坡愈陡，则上升速度愈大。

（2）地形对雷雨云的对流空气阻挡形成强迫辐合抬升作用机制

若雷雨云尺度比较大，则其宽广深厚的对流空气绕山而行的状况如图 6.4 所示。

由图可见，在地形迎风坡两侧强迫雷雨云的对流空气形成辐合，产生上升运动；在地形背风坡两侧强迫雷雨云的对流空气形成辐散，产生下沉运动。

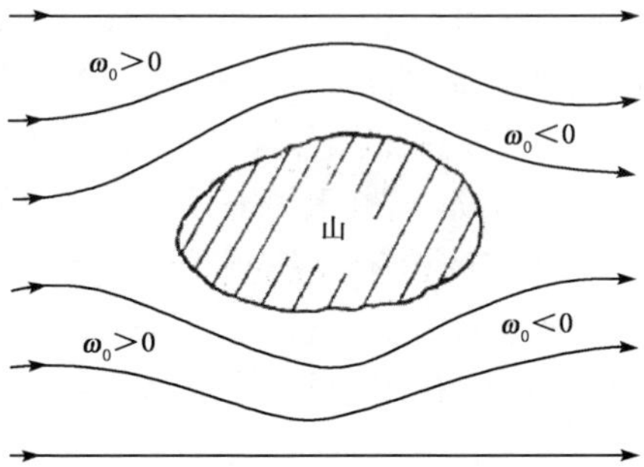

6.4　气流绕过山脉造成的垂直运动示意图

另外一些特殊的山谷地形，如喇叭口状地形，对气流也有明显的辐合作用。空气流入喇叭口谷地，由于两侧高山阻塞，气流突然收缩，于是水平辐合加大，产生强迫抬升，可以进一步促进雷雨云旺盛发展。

上述分析表明，地形对雷雨云的对流空气的强迫抬升作用，促进了对流不稳定能量的释放，从而进一步触发雷雨云的空气对流发生，使雷雨云旺盛发展，因而更容易形成雷电。国内外的有关研究表明，山区的雷雨云对地闪击的频率比平原或小丘陵地区的地闪现象要多。这些客观事实也进一步证明了，地形对雷雨云的对流空气阻挡形成强迫爬坡抬升作用和强迫辐合抬升作用，为雷雨云旺盛发展提供新的动力性浮力，对雷电的形成有重要意义。

3. 桥梁建设选址在城市时易形成雷电的机理

在城市化后，人口的高度密集，众多建筑物构成的特殊下垫面，高强度经济活动中消耗的大量燃料，并释放出的有害气体和粉尘，以及其他人类生产和生活等，改变了该地区原有的区域气候状况，形成一种与城市周围不同的局地气候(也称为城市气候)。在这种特殊气候条件下形成了城市气温明显高于郊区的“城市热岛效应”和城市空气中尘埃及其他吸湿性核较多的“城市浑浊岛效应”。例如重庆气象局在《重庆市主城区雾害形成机理、变化规律及其与大气污染的关系研究》(该课题获得重庆市科技进步三等奖)课题研究中就发现并得到的科学结论也证明了“城市浑浊岛效应”的存在。该课题关于“城市浑浊岛效应”存在的主要科学结论如下。

重庆市政府严格按国家有关法律、法规和技术标准，对工业“三废”的污染首先通过在工艺和设备改造进行综合治理及利用，把“三废”消灭在生产过程中。同时还投资上亿元资金在全市开展烟尘控制区建设和制定大气颗粒物控制的有关政策(严格控制道路扬尘、施工扬尘、工业粉尘、餐饮废气、机动车辆尾气污染)。但由于重庆地形的特殊性和气象条件的复杂性，以及环保除尘技术的宏观性和滞后性，尤其现阶段环保技术处于宏观技术，除尘的标准是以污染物颗粒物的重量为治理标准，而不是以污染物颗粒物的粒子浓度为治理标准，除尘设备对工厂排放在大气中直径在 10 μm 以下的可吸入性颗粒物还不能有效防治。有关研究资料表明：工业燃煤锅炉虽然经各种方法除尘后，仍然有直径为 10～30 μm 烟尘排向空中，其重量百分浓度仅占 7%左右；重钢烧结窑经多管道除尘后，排放的烟尘颗粒直径小于 70 μm，其中直径以<10 μm的烟尘为主，约占 40%；重庆市水泥厂旋转窑排尘，经静电除尘后，大部分烟尘直径在 60μm 以下，其中直径在 20～60 μm 的烟尘约占 95%左右；二次扬尘（含建筑尘、道路尘）粒径多为 10～100 μm 的可悬浮微粒；汽车尾气尘粒直径为 0.4～9.0 μm，占 80%以上，尤其柴油车，其尾气尘粒直径小于 1 μm 的超过排出尘的 70%。这些导致重庆市主城区的大气污染仍然严重，烟雾事件时有发生，影响了重庆市的生态环境、投资环境以及都市形象。表 6.1 给出了重庆市主城区、远郊区缙云山大气可吸入性颗粒物（PM_{10}）与大气悬浮物（TSP）对比分析，可以看出除了渝北区的 PM_{10} 为总量的 49.4%以外，其他均超过 61%，渝中区和缙云山分别高达 72.7%和 73.3%，并且以扬尘、建筑尘、煤烟尘为主，其次是机动车尘和钢铁尘。因此对形成主城区烟雾的 PM_{10} 颗粒物控制不能单纯依靠以前的宏观环保技术和关停政策来治理，必须结合重庆市的山水园林规划，采用城区生态园林网微观环保防治技术通过生态园林网吸附和净化大气污染物来治理。

表 6.1 主城区与远郊区缙云山 PM_{10} 与 TSP 对比表

测站	统计指标	PM_{10} 颗粒物来源分量						PM_{10} (μg/m³)	TSP (μg/m³)
		扬尘	建筑尘	煤烟尘	钢铁尘	机动尘	其他尘		
渝中区测站	贡献值(μg/m³)	45.0	28.8	26.9	4.6	16.4	17.6	139.3	191.6
	分担率(%)	32.3	20.7	19.3	3.3	11.8	12.6	72.7	
江北区观音桥测站	贡献值(μg/m³)	44.1	45.1	37.8	7.6	20.9	3.8	159.3	266.5
	分担率(%)	27.7	28.3	23.7	4.8	13.1	2.4	59.8	
沙坪坝区气象局测站	贡献值(μg/m³)	56.7	45.1	31.3	9.1	25.6	7.7	175.5	282.2
	分担率(%)	32.3	25.7	17.8	5.2	14.6	4.4	62.2	
南岸区南坪测站	贡献值(μg/m³)	53.0	34.8	28.8	8.6	15.4	22.0	162.6	264.6
	分担率（%）	32.6	21.4	17.7	5.3	9.5	13.5	61.5	
九龙坡区杨家坪测站	贡献值(μg/m³)	34.8	38.8	30.4	25.7	9.7	14.0	153.4	245.8
	分担率(%)	22.7	25.3	19.8	16.7	6.3	9.2	62.4	
渝北区两路测站	贡献值(μg/m³)	31.2	25.1	14.5	1.9	12.6	17.2	102.5	207.5
	分担率(%)	30.4	24.5	14.1	1.9	12.3	16.8	49.4	
主城区各测站平均值	贡献值(μg/m³)	44.1	36.3	28.3	9.6	16.7	13.7	148.7	243.0
	分担率(%)	29.7	24.4	19.0	6.5	11.2	9.2	61.2	

续表

测　站	统计指标	PM10颗粒物来源分量						PM_{10}	TSP
		扬尘	建筑尘	煤烟尘	钢铁尘	机动尘	其他尘	($\mu g/m^3$)	($\mu g/m^3$)
北碚区缙云山测站	贡献值($\mu g/m^3$)	17.5	19.3	16.7	2.2	3.2	6.8	65.7	89.6
	分担率(%)	26.6	29.3	25.7	3.3	4.8	10.3	73.3	

说明：①PM_{10}是指大气中空气动力学当量直径≤10 μm 的可吸入性颗粒物。

②TSP 是指大气中空气动力学当量直径≤100 μm 的总悬浮颗粒物。

③PM_{10}中各类颗粒物的分担率是针对 PM_{10}的重量的分担率，而 PM_{10}的分担率是针对 TSP 的重量的分担率。

该课题研究表明，目前环保除尘技术的宏观性和滞后性以及受其他因素的影响，导致“城市浑浊岛效应”的存在，而通常空气中细微污染颗粒（如 PM_{10}，$PM_{2.5}$）容易形成带电的粒子。因此“城市浑浊岛效应”的存在，也从另外一个侧面证明了城市上空的空气中相对郊区而言具有非常丰富的细微带电粒子。

另外，城市附近的江河等水面相对城市陆地而言更易因水面蒸发而形成上升气流，导致江河附近陆地的气流向江河方向流动而在江河上空形成气流辐合带，当然城市空气中的细微带电粒子也随着气流在江河上空形成细微带电粒子辐合带。例如重庆市气象局与重庆市环保局合作进行《重庆主城区观音桥区 SO_2 总量控制研究》（该课题获四川省环境科学技术成果一等奖）课题研究中，在观音桥野外试验的观测基地——总观测点进行该地区低层气流平衡气球轨迹跟踪分析时（图 6.5），发现了在距离地面 100 m 的高度释放的 75 个平衡气球的飞行高度一般在 800 m 以下，并且所

图 6.5　低层气流平衡气球轨迹跟踪分析图

有的平衡气球没有过嘉陵江，即使平衡气球到达江边，也是沿嘉陵江运行而不过江（如 49 号、47 号平衡气球），有的平衡气球运行至江面时就掉入江中（如 26 号平衡气球）。因此该课题研究所得的科学结论表明，在城市江河上空大气存在气流辐合带这一客观事实。

上述分析表明，城市气候的特殊性和城市附近江河上空大气存在气流辐合带，导致桥梁建设选址在城市时，其桥梁上空具有丰富的细微带电粒子，这些带电粒子在同样雷雨云对地大气电场作用下容易产生雪崩效应而形成雷电，并且更容易形成比较大的雷电流。例如重庆的秦文摄影师于 2005 年 7 月 15 日晚，在南岸涂山峰顶用数码相机以 30s 的曝光速度拍摄的重庆长江朝天门大桥所在地附近的主城区渝中半岛柱状雷电（图 6.6）。这也从另外一个侧面证明了城市江河上空大气中丰富的细微带电粒子在雷雨云对地放电时产生雪崩效应形成比较大的雷电流的客观事实的确存在。

图 6.6 重庆长江朝天门大桥所在地的柱状雷电流图片

（二）桥梁所处地理位置的特殊性容易吸引雷电

桥梁所在地的土壤电阻率比较低时易吸引雷电。桥梁常常处于水—陆交界的地方，这使桥梁防雷接地装置所在地的土壤含水量比较丰富，而丰富的土壤含水量有利于土壤中电解质活性增强，并能够溶解更多土壤电解质物质，从而改善土壤导电特性、降低土壤电阻率。因此在雷电放电的先导阶段，桥梁接地装置所在地有限的地表面区域内土壤中丰富的电解质物质在雷电电场的影响下积聚了被逐渐接近先导感应的大量电荷，导致雷电先导电流与土壤中形成回路的电导电流主要沿着土壤中有高电导的路径流动，从而造成雷电放电自发地沿着指向这个地区的方向发展，也即雷电总是沿着电阻最小的路径发展（图 6.7）。由此可见，处于水—陆交界桥梁的特殊的地理位置容易吸引雷电。

例如，河北邯郸热电厂到蕙兰村 110 kV 变电所线路的第 98～99 号杆（老杆号，

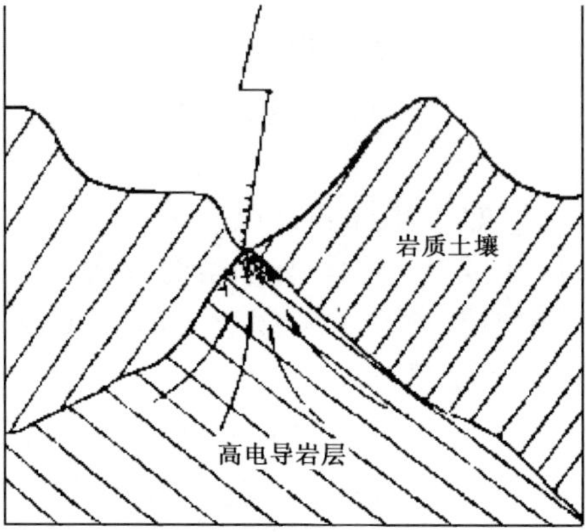

图 6.7　雷电对土壤中有高电导物质的雷击路径选择性图解

图 6.8)的一段,经常遭受雷击。起初误认为是对土壤电阻率的测量不正确,杆塔接地电阻不合格,但经多次重测土壤电阻率与杆塔接地电阻,发现均符合规程要求,后又加装接地体,但雷击问题仍未解决。根据第 98～99 号杆的地形情况,测出干河道的土壤电阻率,比 99～101 号杆的土壤电阻率小 10 倍左右。另外从其他地区线路雷击事故分析中也发现了,土壤电阻率低的地区的线路雷击放电与一般地区有明显不同:一般地区的线路雷击放电都是由雷云底部先导向地面发展,而土壤电阻率低的地区的线路雷击放电却是由地面先导向空中迅速发展;并且土壤电阻率低的地区的线路雷击几乎与线路杆塔接地电阻无关,而与线路杆塔所在地不同深度的高导电土壤有关。

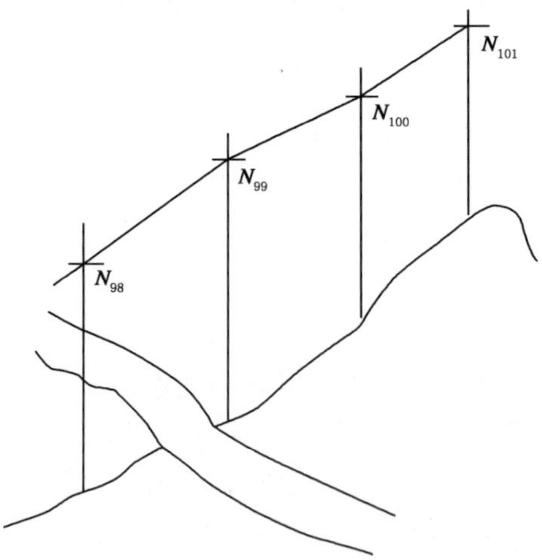

图 6.8　第 98～101 号杆的地形情况示意图

二、缆索承重桥梁自身的特殊性导致缆索容易发生雷击事故的机理分析

(一)缆索承重桥自身突出孤立特性容易吸引雷电

桥梁所在位置的地势都比较空旷,孤立在其中的桥梁就越容易遭受雷击,这是由桥梁上的接闪器的引雷特性所决定的。接闪器的防雷保护作用的实质是利用接闪器的引雷来实现的,而接闪器的接闪机理与雷电闪击的形成有很大关系。大量的实验及研究结果表明,云地闪(或叫落地雷)的类型通常为负极性。高空出现负极性雷云的时候,大气电场将会逐渐增大。在云中的负电荷中心的电场强度达到 10^4 V/cm 左右,云雾粒子之间的绝缘中性空气就会发生电击穿,主要是获得足够大动能的电子撞击气体分子,使其游离,而产生大量导电介质,通常称这部分导电的气体为流光,这段导电气体是逐级往下方延伸的。电子雪崩导电是靠电场给予的动能去碰撞前方的气体分子,它基本上沿着电场作用力的方向,但是有很多随机因素造成导电气体的向下发展的方向并不垂直向下,而是出现一条弯曲有分叉的折线段,逐级向下方推进,称它为梯级先导。当靠近地面的场强超过 1.5～2 kV/m 时,具有小曲率半径的完全裸露的物体(特别是金属物体,如避雷针)在电场的作用下将开始释放正极性的离子至空气中。当向下梯级先导与地面尖端放电离子之间构成的电容中的电场强度足够大而形成击穿导通的时候,主放电通道便形成,云中所带电荷就会经过主放电通道流入大地。然而雷闪并不是一开始就确定了它在地面的雷击点,常规的负先导要向下发展到离地较低的高度后才确定雷击点,雷闪下有接闪器的情况同样遵从这一规律。于是出现闪击距离的概念。闪击距离是取先导顶端离地面的某一高度,在这一高度下最终的空气间隙正好达到临界的击穿强度。在 GB 50057—2010 条文说明的第五章里,给定了一个电气一几何模型:

$$I=\left(\frac{h_r}{10}\right)^{1.54}$$

式中,h_r 就是指闪击距离。在《建筑物防雷设计规范》(GB 50057—2010)中对于不同防雷安全等级的一、二、三类建筑物,h_r 对应的值分别为 30 m,45 m,60 m。将此数据代回以上公式就得出三个电流值分别为 5.4 kA,10.1 kA,15.8 kA。当雷电流小于上述数值时,闪电通道的能量就不足以导通避雷针与大地之间的连接,它会绕过避雷针随机地击落在避雷针的保护范围内,而等于和大于上述数值时雷闪就会击于接闪器上。当雷闪成功地击于避雷针上的时候称之为接闪成功,反之我们称之为接闪失败。不管是接闪成功还是接闪失败,这都说明接闪器具有吸引雷电流的作用。

例如,江苏省徐州市气象局张道群等对铁塔雷击事故分析表明,40～80 m 高的建筑物,预计每 10 年会遭受 1 次雷击。但是近几年江苏省徐州市 40～80 m 高的铁塔是平均每 5 年就遭受 2.3 次雷击(表 6.2)。

表 6.2 江苏省徐州市铁塔遭受雷击事例表

遭雷击单位	铁塔高度及相对建筑物位置	雷击时间及损失情况
徐州沂沭泗管理局	铁塔位于楼顶，楼高 30 m，铁塔距楼面高 35 m	1995 年 5 月 12 日办公楼内通讯设备被击坏，直接经济损失约 3 万元；2000 年 7 月 9 日办公楼内通讯设备及附近职工宿舍楼家电被击，损失约 30 万元
徐州人民广播电台	铁塔位于楼顶，楼高 20 m，铁塔距楼面高 30 m	1995 年 7 月 10 日雷击造成经济台停播 6 小时；2000 年 7 月 9 日通讯机房、网络机房被击，直接经济损失约 10 万元
沛县公安局	铁塔位于楼后边 5 m 处，楼高 18 m，铁塔高 80 m	2000 年 8 月 24 日 110 指挥系统被击；2001 年 8 月 17 日 110 指挥系统被击，瘫痪 24 小时，直接经济损失约 10 万元；2004 年 6 月 20 日调度系统、话务交换机、语音复用器、网络系统等被击，直接经济损失约 70 万元
徐州矿务集团张小楼矿	铁塔位于楼后边 5 m 处，楼高 24 m，铁塔高 70 m	1999 年 9 月 28 日办公楼通讯机房被击，瘫痪；2004 年 8 月 19 日办公楼通讯机房被击，直接经济损失约 10 万元

又例如，俄罗斯莫斯科 537 m 高电视塔附近，在离塔半径 500 m 以内地面落雷密度[大于 4 次/(千米^2 · 年)]反而比莫斯科一般开阔地的落雷密度[2～2.5 次/(千米^2 · 年)]大得多；在离塔半径 1 km 地面的雷击，比离塔 1～3 km 地面的雷击要多。这些客观事实都证明了突出孤立建筑物容易吸引雷电。

另外通过大量的雷击事故调查表明，从任何两个高度相差悬殊的建筑物顶部接闪器之间的比较来看，常常会出现低建筑物被雷击的事件，这是因为被击建筑物附近存在比它高很多的建筑(构)物，这些建筑(构)物房顶的金属接闪器对雷电流有强烈的吸引作用，但是这些接闪器的保护范围存在有限性和不稳定性，因此一旦它们接闪失败，就会直接影响附近的建筑(构)物，增加了这些建筑(构)物遭受雷击的概率。例如重庆市大足县城南中学在 2002 年以前几乎没有雷击事故发生。但是 2002 年大足县移动通信公司在学校后的小山坡顶设立了一高为 15 m 的移动通信基站，同年夏季校园屡屡出现雷击(图 6.9)。

根据现场勘测可知，基站为钢结构铁塔，设置在山坡顶部，学校则地处半山腰，于是出现较大的高度差。显然基站对于雷电的吸引要比学校的建筑物强很多。在 2002 年以前学校从未遭受过雷击，这就说明此处闪电幅值电流不够强，它不足以导通雷击通道。基站吸引作用虽强却也不能改变当地雷电的幅值。于是这就造成了基站强烈的吸引雷电却不能接闪雷电的现象。基站不能接闪雷电，那么它附近的学校

图 6.9 移动通信基站与学校位置及学校雷击事故报告图片

就成了雷电穿越基站首选的泄流目标。

根据《建筑物防雷设计规范》(GB 50057—2010)所提供的年预计雷击次数的计算公式：

$$N = 0.024 T_d^{1.3} k A_e$$

式中，N——建筑物预计雷击次数(次/年)；

k——矫正系数；

T_d——年雷暴日数(日)；

A_e——与建筑物截收相同雷击次数的等效面积。

可知，学校在基站设置前的 N=0.045 次/年。

基站设置后，上述公式矫正系数 k 不能正确描述当地状况，但可以参考国防科工委设计研究院研究得出的建筑物预计雷击次数计算公式：

$$N = 0.015 T K_1 K_2 h^2 \times 10^{-4}$$

式中，N——雷击概率(次/年)；

T——年雷暴日数(日)；

K_1——落雷不均匀系数，易受雷击的建筑物为 1.5～2.0；

K_2——建筑材料影响系数，其中金属材料为 1.5，非金属材料为 0.15；

h——避雷针高度(米)。

利用该公式可计算学校在基站设置后的预计雷击次数(N=0.052 次/年)。通过前后数据比较，我们发现学校在基站设置后的预计雷击次数比设置前增加了约 16%。

另外，该公式还引进了接闪器高度。从公式可知，预计雷击概率 N 与避雷针高度 h^2 成正比，也就是说接闪器越高它遭受雷击的概率越大。

由此可以得出，基站的设立确实增大了学校遭受雷击的概率，其根本原因是基站强烈的吸引作用。

图 6.10 给出了由 Kitterman 于 1981 年提供的四种 300 m 高的电视发射塔向更高的雷云发出闪电的放电现象、由 Salanave 于 1980 年提供的山脉上环状向上圈且水平方向延伸很长距离的放电现象，以及法国国家科学研究中心高压试验室进行高压试验中用图像转换器得到的上行先导发展过程的图像照片资料。这些图片资料充分证明了，突出孤立建筑物容易向雷云中电荷区发展向上先导，最终将地面接地体上空大范围的雷电引泄入地，也即证明了突出孤立建筑物容易吸引雷电这一客观事实。

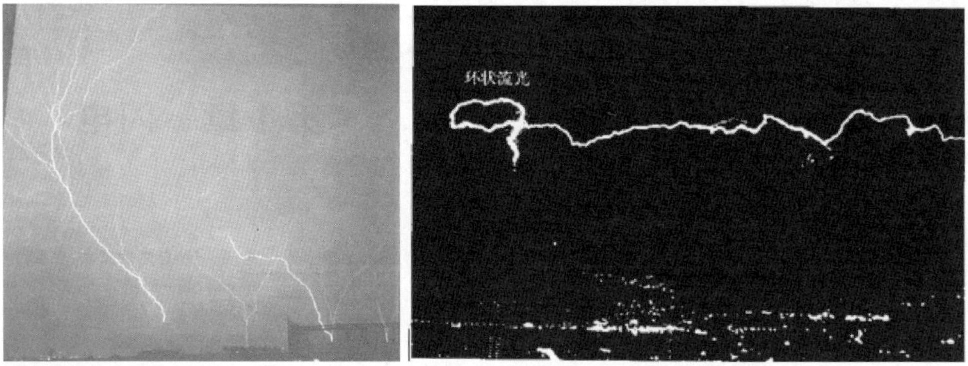

(Kitterman, 1981)　　(Salanave, 1980)

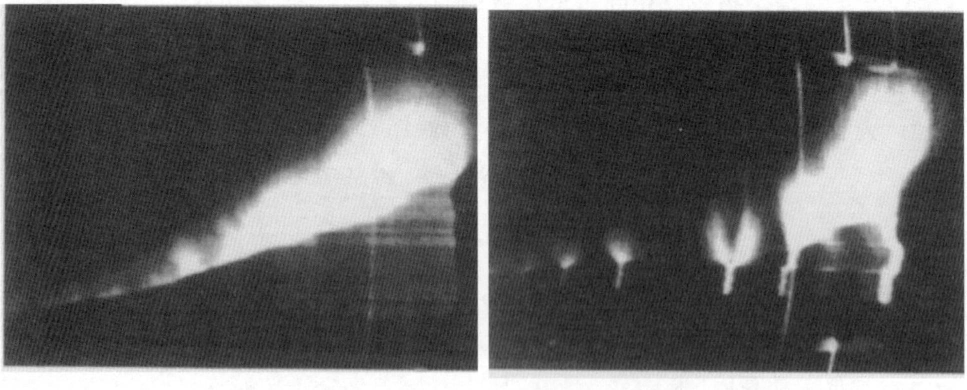

法国国家科学研究中心高压试验室上行先导发展过程的图像

图 6.10　上行先导放电现象图

上述分析表明，桥梁所在位置的地势越空旷、孤立和桥梁越高大，桥梁就越容易吸引雷电，从而越容易导致桥梁的组成部分(尤其是电气设施和电子设施)遭受雷击。

(二)缆索承重桥梁缆索外缘设置导致缆索易发生雷击事故的机理分析

目前缆索承重桥梁设计和施工中通常只重点考虑索塔、主缆防雷，因此不时有缆索承重桥梁的缆索遭受雷击的报道。例如，2009 年检修人员在对广东省番禺某大桥的斜拉索进行检修时，发现大桥顶部一根斜拉索因雷击导致其钢拉丝及高密度聚乙烯(HDPE)保护层损坏；2005 年世界上最长斜拉桥之一的希腊 Rion-Antirion 跨海大桥发生了因雷击导致一根斜拉索断裂事故。而缆索承重桥梁按照《建筑物防雷设计规范》(GB 50057—2010)规定属于第二类防雷建筑物，应采用 45 m 滚球确定其索塔接闪器的保护范围。因此悬索桥的主缆和斜拉桥的斜拉索容易遭受从桥梁上空方向雷电的直击雷击；同时悬索桥的吊索和斜拉桥的斜拉索也易遭受从桥梁侧面方向雷电的侧击雷击，其易遭侧击雷击的高度 H(m)可按以下两种情况计算。

1. 索面垂直于桥面的计算公式

垂直于桥面的斜拉索面或吊索面防侧击雷击保护范围如图 6.11 所示，其防侧击雷击保护范围按以下公式确定：

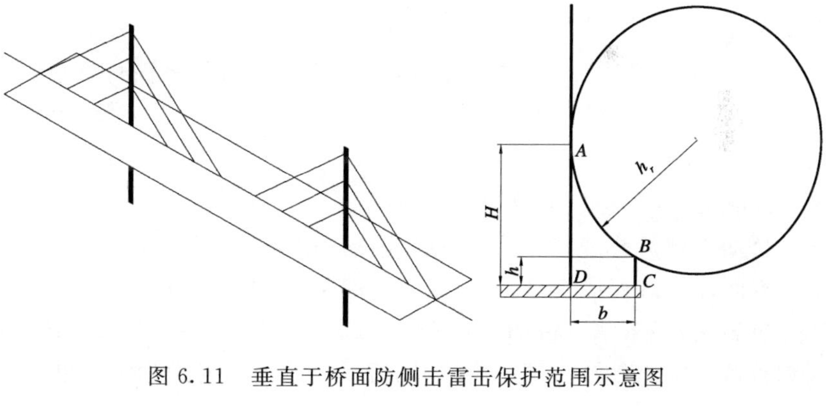

图 6.11 垂直于桥面防侧击雷击保护范围示意图

$$H=\sqrt{h_r^2-(h_r-b)^2}+h$$

式中，H——雷电侧击高度，A，B 点为滚球(半径为 45 m)与桥面灯杆(或栏杆)和索面的切点(m)；

h_r——桥梁滚球半径，值为 45 m；

b——索面距桥面外侧灯杆或栏杆 C，D 点之间的宽度(m)，悬索桥的吊索面的 b 一般为 0，而斜拉桥的斜拉索面的 b 可为 0，也可不为 0；

h——桥面外侧灯杆或栏杆 B，C 点之间的高度(m)。

2. 索面不垂直于桥面的计算公式

不垂直于桥面的斜拉索面或吊索面防侧击雷击保护范围如图 6.12 所示，其防侧击雷击保护范围按以下公式确定：

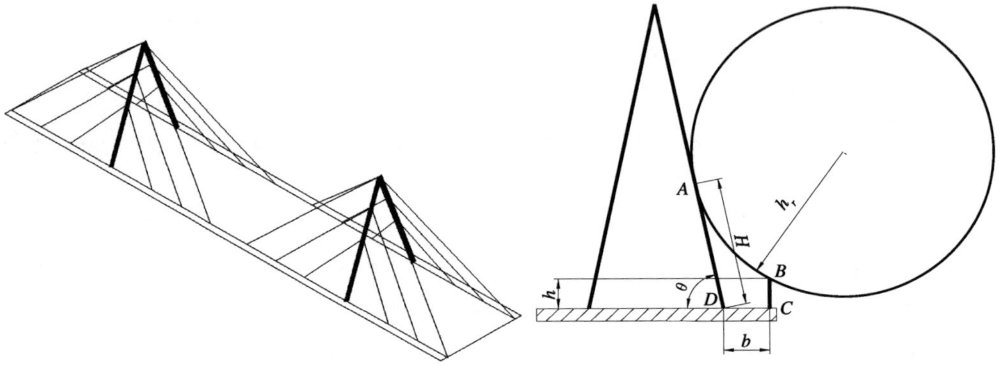

图 6.12　不垂直于桥面防侧击雷击保护范围示意图

$$H=\sqrt{h_r^2-[h_r-\sin(\pi-\theta-\mathrm{arctg}\frac{h}{b}\sqrt{b^2+h^2}]^2}$$

$$+\cos(\pi-\theta-\mathrm{arctg}\frac{h}{b})\sqrt{b^2+h^2}$$

式中，H——闪电侧击高度，A，B 点为滚球（半径为 45 m）与桥面灯杆（或栏杆）和索面的切点，单位为 m；

h_r——桥梁滚球半径，为 45 m；

θ——桥面与索面夹角，单位为度（°）；

h——桥面外侧灯杆或栏杆 B，C 点之间的高度，单位为 m；

b——索面外侧灯杆或栏杆 C，D 点之间的宽度，单位为 m。

上述分析表明，缆索承重桥的斜拉索和主缆、吊索容易遭受天面和侧面的雷击，因此缆索承重桥的缆索外缘设置的特殊性，容易导致缆索易发生雷击事故，须采取相应的防直击雷击和侧击雷击措施。

第二节　雷电电弧放电对缆索承重桥梁缆索危害的实验分析

一、缆索承重桥梁的缆索结构

根据《斜拉桥热挤聚乙烯高强钢丝拉索技术条件》（GB/T 18365—2001）、《悬索桥预制主缆丝股技术条件》（JT/T 395—1999）、《公路悬索桥吊索》（JT/T 449—2001）等技术标准的规定，斜拉桥的斜拉索由若干根 **Φ**5 或 **Φ**7 的桥梁缆索用热镀锌钢丝平行集束构成，斜拉索钢丝束外包高密度聚乙烯为防腐保护层（图 6.13）。悬索桥的主缆和吊索有两种方式构成索体，一是采用若干根 Φ5 或 Φ7 的桥梁缆索用热镀锌钢丝平行集束为索体；二是吊索采用优质钢芯钢丝绳为索体，而主缆采用钢绞线为索体。索体防腐保护层是依据委托方要求，可采用环氧树脂、聚氨酯、沥青、橡胶、聚乙烯（PE）或高密度聚乙烯等为防腐保护层（图 6.14）。

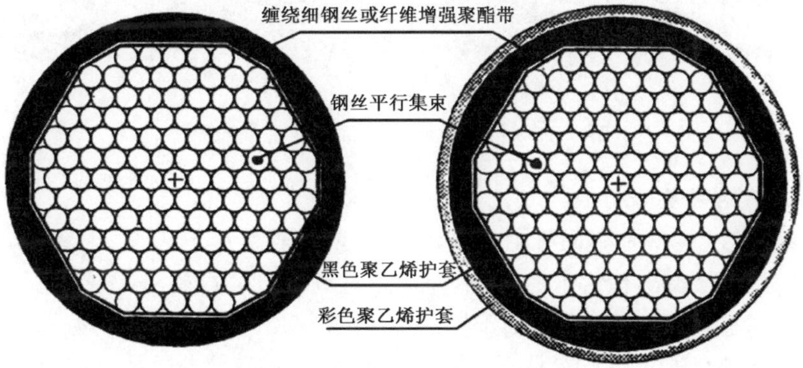

图 6.13　斜拉桥的斜拉索断面结构示意图

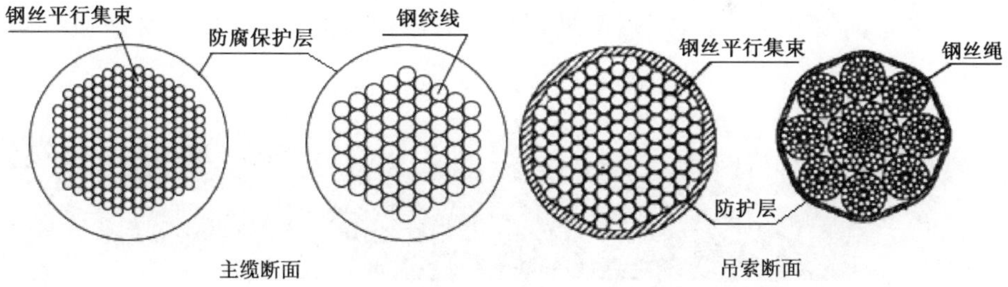

图 6.14　悬索桥的主缆和吊索断面结构示意图

二、缆索承重桥梁缆索模拟雷电冲击试验

（一）雷电冲击试验波形

自然界可能出现的雷击有短时首次雷击、首次以后短时后续雷击、长时间雷击三种方式，其雷击参数的定义应符合前面图 2.20 的规定。因此缆索遭受雷击的危害性分析，主要是分析短时雷击和长时间雷击的雷击参数对缆索的影响。

（二）试验样品

根据图 2.20 规定的雷电流波形对桥梁用高强度钢丝样品 A（Φ=5.1 mm）和包裹 2 mm 厚高密度聚乙烯保护层的斜拉索样品 B（内部 7 股高强度钢丝，每股 Φ=5.1

mm)及包裹 7 mm 厚高密度聚乙烯保护层的斜拉索样品 C(内部 55 股高强度钢丝,每股 Φ=5.1 mm)进行雷击模拟试验(图 6.15)。

雷击模拟试验装置　样品A　样品B　样品C

图 6.15　桥梁拉索模拟雷电冲击试验图

(三)试验结果及分析

试验结果表明:一是不同峰值雷电流短时雷击样品 A,B,C 时,样品 B,C 无任何变化,而样品 A 仅仅出现雷击的痕迹,即使是连续 18 次对同一样品 A 的同一位置进行模拟雷击试验,其直接损害仅限于样品 A 的镀锌层(已熔化)内,对样品 A 的钢铁部分无任何影响(图 6.16);二是不同峰值雷电流长时间雷击样品 A,B,C 时,当长时间雷击电荷量达到 39.84 C,样品 A 出现雷击痕迹,并随着长时间雷击转移电荷量的增加,样品 A 出现严重烧蚀现象,其镀锌层熔化并对样品 A 的钢铁部分损毁严重,而样品 B,C 无任何变化(图 6.17)。可见,包裹的高密度聚乙烯保护层对高强度钢丝起保护作用。

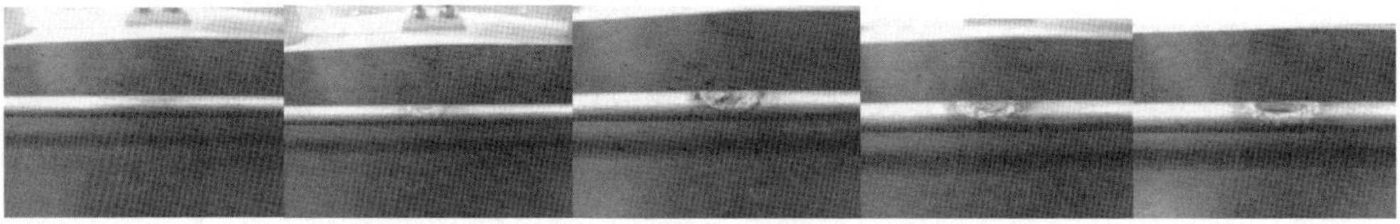

1次　连续4次　连续5次　连续10次　连续18次

图 6.16　40 kA 峰值雷电流短时雷击试验痕迹图片

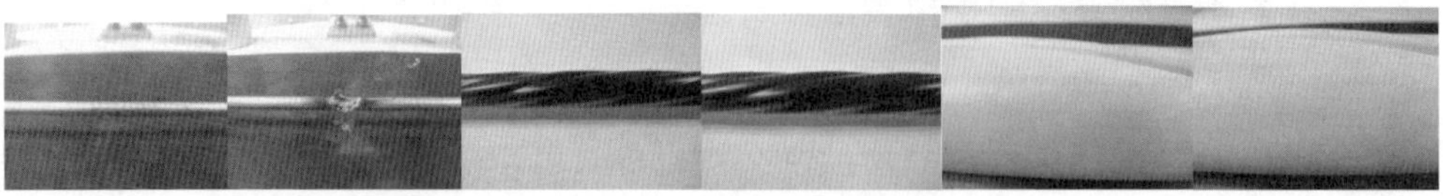

样品A　样品A实验后　样品B　样品B实验后　样品C　样品C实验后

图 6.17　电流 336 A 转移电荷 176.7 C 持续 526 ms 的长时间雷击试验痕迹图片

对严重烧蚀的样品 A 进行抗拉强度试验和微观分析(图 6.18),其试验结果表明:长时间雷击在样品 A 形成电弧坑的金属,熔化后凝固区中的确存在电弧气孔、电弧裂纹，并且由于电弧坑、气孔、裂纹等三种电弧侵蚀的耦合效应，实验后样品 A 的抗拉强度仅为试验前的 44.4%，即其抗拉强度不合格。这与胡毅等(2005)从 OPGW 光缆雷击断股事故现场取回的 OPGW 雷击断股样品断口处有大量气孔、熔坑和熔渣的客观事实完全一致。

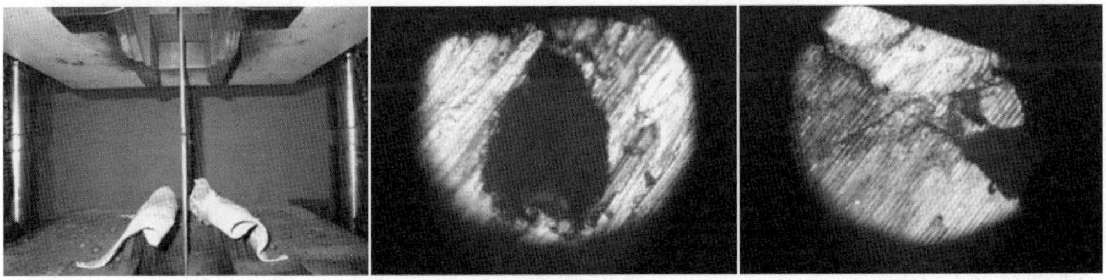

图 6.18 对实验后样品 A 的抗拉强度试验及电弧坑凝固区中的电弧气孔、电弧裂纹图片

A. Rousseau 等科学家在希腊的 ELEMKO、法国的 CEAT、德国的 DEHN 实验室对桥梁缆索样品进行的长时间雷击试验表明：只有长时间持续电流转移电荷大于 500 C 的雷击，才有可能使缆索样品的高密度聚乙烯保护层被引燃(图 6.19)。一旦保护层的火花大到足够自燃，热量就会传递给桥梁缆索保护层内的钢丝平行集束，将导致钢丝平行集束在接连不断的高温和张力双重效应下发生断裂。另外有关研究表明，雷电长时间雷击转移电荷量大于 40 C 的地闪累积概率在 20%～30%，大于 350 C 地闪累积概率小于 5%。而 2005 年希腊 Rion-Antirion 跨海大桥雷击事件表明。自然界的确存在长时间雷击转移电荷大于 500 C 的雷击事件。

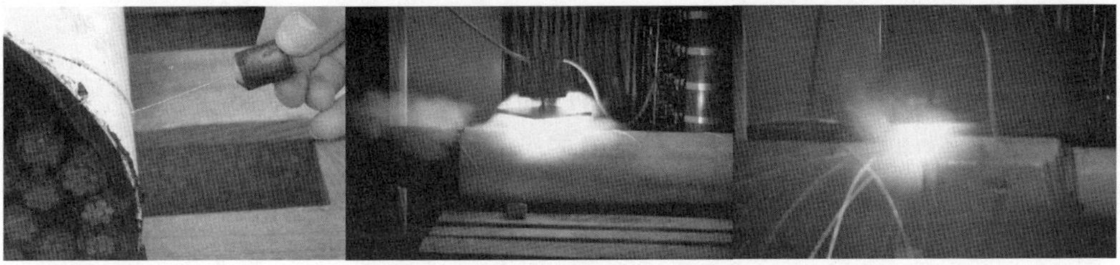

图 6.19 A. Rousseau 等科学家对桥梁缆索样品进行的长时间雷击试验图

上述分析表明：雷电长时间雷击的能量对无保护层的裸体桥梁高强度钢丝有 20%～30%概率产生严重烧蚀的电弧放电现象，导致桥梁高强度钢丝受到严重损坏，但可以通过绝缘阻燃的高密度聚乙烯管道保护层进行防护；当概率小于 5%的雷电长时间雷击转移电荷量大于 500 C 的雷击出现时，会导致桥梁缆索的高密度聚乙烯管道保护层被引燃，使桥梁缆索在接连不断的高温和张力双重效应下发生断裂，因此需在悬索桥主缆和斜拉桥外缘斜拉索明敷接闪带，并在桥面横向外侧面沿斜拉索、吊

索平行或垂直方向明敷接闪带，以减少桥梁缆索雷击概率。因此雷电电弧放电是影响缆索承重桥的缆索使用寿命的主要因素，有时甚至可以导致缆索承重桥的缆索断裂。

三、缆索承重桥梁缆索模拟雷电冲击试验结论

（1）雷电短时雷击的能量不足以击穿桥梁缆索高密度聚乙烯管道保护层，即使击到无高密度聚乙烯管道保护层的桥梁高强度钢丝，但由于雷电脉冲能量通过接地被转移，因而不会对桥梁高强度钢丝性能造成严重影响。

（2）雷电长时间雷击的能量对无保护层的裸体桥梁高强度钢丝有 20％～30％概率产生严重烧蚀的电弧放电现象，并使桥梁高强度钢丝受到严重损坏，进而导致其抗拉强度降低。应采取绝缘阻燃的高密度聚乙烯管道保护层进行防雷保护。

（3）雷电电弧放电对缆索承重桥有绝缘阻燃的高密度聚乙烯管道保护层的缆索高强度钢丝有小于 5％概率产生严重烧蚀，使其抗拉强度降低。应在悬索桥主缆和斜拉桥外缘斜拉索明敷接闪带，并在桥面横向外侧面沿斜拉索、吊索平行或垂直方向明敷接闪带等措施进行防雷保护。

（4）长时间雷击是影响缆索承重桥的缆索使用寿命的主要因素，有时甚至直接导致缆索承重桥的缆索断裂。

第三节　缆索承重桥梁缆索防御雷电电弧放电危害的技术措施

一、斜拉桥外缘斜拉索明敷接闪带的技术规定

缆索承重桥分为斜拉桥和悬索桥两种，而斜拉桥的斜拉索以及悬索桥的主缆、吊索分别是斜拉桥和悬索桥受力核心构件，为了避免这些构件遭受雷击而损坏，并确保缆索承重桥防雷安全，斜拉桥外缘斜拉索应明敷接闪带，接闪带抱箍式固定架间距不宜大于 2 m，接闪带两端应分别与索塔和桥面防雷装置相连，并应考虑接闪带与斜拉索之间膨胀系数差异的影响，其接闪带可参考图 6.20 的设置方式设置(图 6.20)。

二、悬索桥主缆明敷接闪带的技术规定

对于具有主缆检修通道两侧金属护栏的悬索桥，应利用通过螺栓或焊接连接形成电气连通的主缆检修通道两侧金属护栏作为接闪带(图 6.21)。

三、缆索承重桥梁缆索设置阻燃绝缘的护套保护层的防雷击技术规定

桥梁所以地 20％～30％雷电直接击到缆索承重桥斜拉索、主缆与吊索的高强度

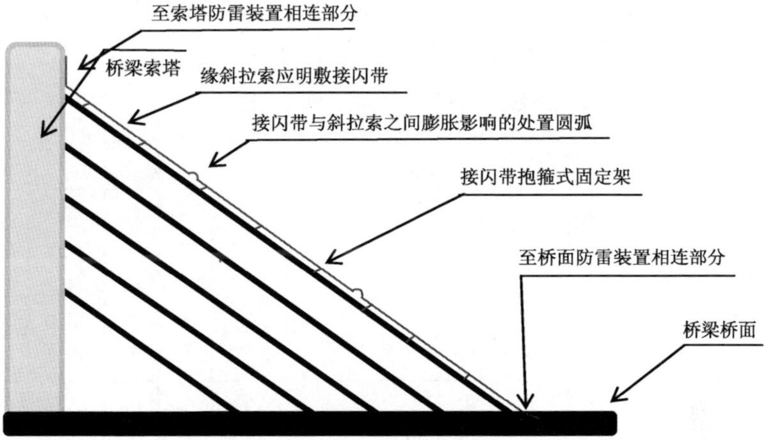

图 6.20 斜拉桥外缘斜拉索接闪带设置示意图

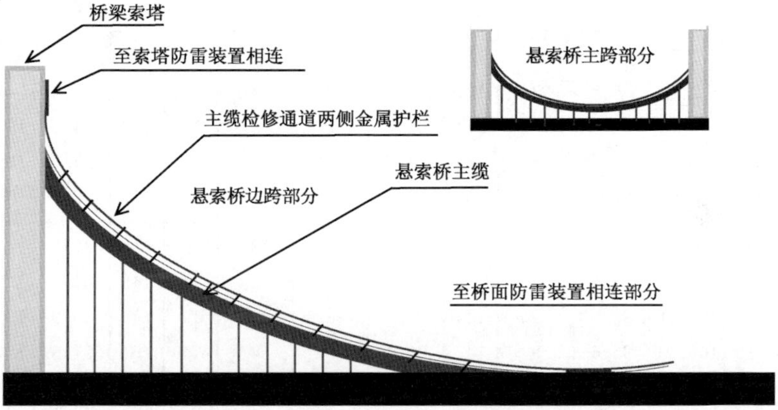

图 6.21 悬索桥主缆检修通道两侧金属护栏作为接闪带示意图

钢丝，使其抗拉强度降低，影响桥梁防雷安全。缆索承重桥的斜拉索、主缆与吊索的高强度钢丝应防雷接地并设置阻燃、绝缘的环氧树脂、聚氨酯、沥青、橡胶、聚乙烯或高密度聚乙烯等为护套防腐保护层，其厚度应以通过实验室模拟峰值为 200 kA 雷电流的冲击试验而不被击穿为宜，并且当斜拉索、主缆与吊索护套防腐保护层为热挤聚乙烯防腐保护层时，其厚度应符合《斜拉桥热挤聚乙烯高强钢丝拉索技术条件》(GB/T 18365—2001)的有关规定。缆索承重桥不同规格型号热挤聚乙烯高强钢丝拉索的热挤聚乙烯防腐保护层的厚度规定如表 6.3 所示。

表 6.3a 热挤聚乙烯高强钢丝拉索的防腐保护层厚度(Φ7mm, σ_b=1570 MPa)

规格型号	钢丝束公称截面积(cm²)	钢丝束单位重(kg/m)	黑色单层结构(H 型)			黑色内层彩色外层双层结构(C 型)					公称破断索力 P_b(kN)	设计索力 k=2.5(kN)
			黑色护套厚(mm)	拉索外径(mm)	拉索单位重(kg/m)	黑色护套厚(mm)	彩色护套厚(mm)	护套总厚(mm)	拉索外径(mm)	拉索单位重(kg/m)		
PES( )7-055	21.17	16.6	5	68	17.9	4	3	7	72	18.3	3 323	1 329
* PES( )7-061	23.48	18.4	5	73	20.0	4	3	7	77	20.5	3 686	1 474
PES( )7-073	28.09	22.1	5	78	23.7	4	3	7	82	24.2	4 411	1 764
PES( )7-085	32.71	25.7	6	83	27.5	5	3	8	87	28.0	5 136	2 054
* PES( )7-091	35.02	27.5	6	89	29.8	5	3	8	93	30.4	5 498	2 199
PES( )7-109	41.95	32.9	6	93	35.1	5	3	8	97	35.7	6 586	2 634
PES( )7-121	46.57	36.6	7	99	39.1	6	3	9	103	39.7	7 311	2 924
* PES( )7-127	48.88	38.4	7	105	41.6	6	3	9	109	42.2	7 673	3 069
PES( )7-139	53.49	42.0	7	107	45.1	6	3	9	111	45.7	8 398	3 359
PES( )7-151	58.11	45.6	7	109	48.5	6	3	9	113	49.2	9 124	3 649
* PES( )7-163	62.73	49.2	8	114	52.5	7	3	10	118	53.2	9 849	3 999
PES( )7-187	71.97	56.5	8	121	60.0	7	3	10	125	60.8	11 299	4 519
PES( )7-199	76.58	60.1	8	124	63.7	7	3	10	128	64.5	12 024	4 809
PES( )7-211	81.20	63.7	8	129	67.8	7	3	10	133	68.6	12 749	5 100
PES( )7-223	85.82	67.4	8	133	71.7	7	3	10	137	72.6	13 474	5 390
PES( )7-241	92.75	72.8	8	135	76.9	7	3	10	139	77.7	14 561	5 825
PES( )7-253	97.37	76.4	9	139	80.8	8	3	11	143	81.7	15 286	6 115
* PES( )7-265	101.98	80.1	9	144	85.0	8	3	11	148	85.9	16 011	6 405
PES( )7-283	108.91	85.5	9	147	90.4	8	3	11	151	91.3	17 099	6 840
PES( )7-301	115.84	90.9	9	151	96.0	8	3	11	155	96.9	18 187	7 275
PES( )7-313	120.46	94.6	9	154	99.8	8	3	11	158	100.8	18 912	7 565
* PES( )7-337	129.69	101.8	10	160	107.5	9	3	12	164	108.5	20 362	8 145
PES( )7-349	134.31	105.4	10	162	111.2	9	3	12	166	112.5	21 087	8 435
PES( )7-367	141.24	110.9	10	167	117.1	9	3	12	171	118.1	22 174	8 870
PES( )7-379	145.86	114.5	11	170	121.0	10	3	13	174	122.0	22 899	9 160
* PES( )7-409	157.40	123.6	11	176	130.4	10	3	13	180	131.5	24 712	9 885
* PES( )7-421	162.02	127.2	11	177	133.8	10	3	13	181	134.9	24 473	10 175
* PES( )7-439	168.95	132.6	11	183	140.2	10	3	13	187	141.3	26 525	10 610
* PES( )7-451	173.57	136.2	11	185	143.9	10	3	13	189	145.0	27 250	10 900
* PES( )7-475	182.80	143.5	12	190	151.6	11	3	14	194	152.7	28 700	11 480

注:1 带 * 为不推荐使用规格型号;

2 规格型号栏( )内可以是 H 或 C。

表 6.3b 热挤聚乙烯高强钢丝拉索的防腐保护层厚度(Φ7mm，σ_b = 1670 MPa)

规格型号	钢丝束公称截面积(cm^2)	钢丝束单位重(kg/m)	黑色单层结构(H型)			黑色内层彩色外层双层结构(C型)					公称破断索力 P_b(kN)	设计索力 k=2.5(kN)
			黑色护套厚(mm)	拉索外径(mm)	拉索单位重(kg/m)	黑色护套厚(mm)	彩色护套厚(mm)	护套总厚(mm)	拉索外径(mm)	拉索单位重(kg/m)		
PES( )7-055	21.17	16.6	5	68	17.9	4	3	7	72	18.3	3 535	1 414
* PES( )7-061	23.48	18.4	5	73	20.0	4	3	7	77	20.5	3 920	1 568
PES( )7-073	28.09	22.1	5	78	23.7	4	3	7	82	24.2	4 682	1 877
PES( )7-085	32.71	25.7	6	83	27.5	5	3	8	87	28.0	5 463	2 185
* PES( )7-091	35.02	27.5	6	89	29.8	5	3	8	93	30.4	5 848	2 399
PES( )7-109	41.95	32.9	6	93	35.1	5	3	8	97	35.7	7 055	2 802
PES( )7-121	46.57	36.6	7	99	39.1	6	3	9	103	39.7	7 777	3 111
* PES( )7-127	48.88	38.4	7	105	41.6	6	3	9	109	42.2	8 162	3 256
PES( )7-139	53.49	42.0	7	107	45.1	6	3	9	111	45.7	8 993	3 573
PES( )7-151	58.11	45.6	7	109	48.5	6	3	9	113	49.2	9 705	3 882
* PES( )7-163	62.73	49.2	8	114	52.5	7	3	10	118	53.2	10 476	4 190
PES( )7-187	71.97	56.5	8	121	60.0	7	3	10	125	60.8	12 018	4 807
PES( )7-199	76.58	60.1	8	124	63.7	7	3	10	128	64.5	12 790	5 116
PES( )7-211	81.20	63.7	8	129	67.8	7	3	10	133	68.6	13 561	5 424
PES( )7-223	85.82	67.4	8	133	71.7	7	3	10	137	72.6	14 332	5 733
PES( )7-241	92.75	72.8	8	135	76.9	7	3	10	139	77.7	15 489	6 196
PES( )7-253	97.37	76.4	9	139	80.8	8	3	11	143	81.7	16 260	6 504
* PES( )7-265	101.98	80.1	9	144	85.0	8	3	11	148	85.9	17 031	6 813
PES( )7-283	108.91	85.5	9	147	90.4	8	3	11	151	91.3	18 188	7 275
PES( )7-301	115.84	90.9	9	151	96.0	8	3	11	155	96.9	19 345	7 738
PES( )7-313	120.46	94.6	9	154	99.8	8	3	11	158	100.8	20 116	8 046
* PES( )7-337	129.69	101.8	10	160	107.5	9	3	12	164	108.5	21 659	8 663
PES( )7-349	134.31	105.4	10	162	111.2	9	3	12	166	112.5	22 430	8 972
PES( )7-367	141.24	110.9	10	167	117.1	9	3	12	171	118.1	23 587	8 435
PES( )7-379	145.86	114.5	11	170	121.0	10	3	13	174	122.0	24 358	9 743
* PES( )7-409	157.40	123.6	11	176	130.4	10	3	13	180	131.5	26 286	10 514
* PES( )7-421	162.02	127.2	11	177	133.8	10	3	13	181	134.9	27 057	10 823
* PES( )7-439	168.95	132.6	11	183	140.2	10	3	13	187	141.3	28 214	11 286
* PES( )7-451	173.57	136.2	11	185	143.9	10	3	13	189	145.0	28 985	11 594
* PES( )7-475	182.80	143.5	12	190	151.6	11	3	14	194	152.7	30 528	12 211

注：1 带 * 为不推荐使用规格型号；

2 规格型号栏( )内可以是 H 或 C。

表 6.3c　热挤聚乙烯高强钢丝拉索的防腐保护层厚度(Φ5mm，σ_b＝1570 MPa)

规格型号	钢丝束公称截面积(cm^2)	钢丝束单位重(kg/m)	黑色单层结构(H 型)			黑色内层彩色外层双层结构(C 型)					公称破断索力 P_b (kN)	设计索力 k=2.5 (kN)
			黑色护套厚(mm)	拉索外径(mm)	拉索单位重(kg/m)	黑色护套厚(mm)	彩色护套厚(mm)	护套总厚(mm)	拉索外径(mm)	拉索单位重(kg/m)		
PES(　)7-055	10.80	8.5	5	51	9.3	4	3	7	55	9.6	1 695	678
* PES(　)7-061	11.98	9.4	5	55	10.4	4	3	7	59	10.8	1 880	752
PES(　)7-073	14.33	11.3	5	59	12.4	4	3	7	63	12.8	2 250	900
PES(　)7-085	16.69	13.1	5	61	14.2	4	3	7	65	14.6	2 620	1 048
* PES(　)7-091	17.87	14.0	5	65	15.4	4	3	7	69	15.8	2 805	1 122
PES(　)7-109	21.40	16.8	5	68	18.1	4	3	7	72	18.5	3 360	1 344
PES(　)7-121	23.76	18.7	5	71	20.0	4	3	7	75	20.4	3 730	1 492
* PES(　)7-127	24.94	19.6	5	75	21.2	4	3	7	79	21.7	3 915	1 566
PES(　)7-139	27.29	21.4	6	78	23.2	5	3	8	82	23.7	4 285	1 714
PES(　)7-151	29.65	23.3	6	79	24.9	5	3	8	83	25.4	4 655	1 862

注：1 带 * 为不推荐使用规格型号；

2 规格型号栏(　)内可以是 H 或 C。

表 6.3d　热挤聚乙烯高强钢丝拉索的防腐保护层厚度(Φ5mm，σ_b＝1670 MPa)

规格型号	钢丝束公称截面积(cm^2)	钢丝束单位重(kg/m)	黑色单层结构(H 型)			黑色内层彩色外层双层结构(C 型)					公称破断索力 P_b (kN)	设计索力 k=2.5 (kN)
			黑色护套厚(mm)	拉索外径(mm)	拉索单位重(kg/m)	黑色护套厚(mm)	彩色护套厚(mm)	护套总厚(mm)	拉索外径(mm)	拉索单位重(kg/m)		
PES(　)7-055	10.80	8.5	5	51	9.3	4	3	7	55	9.6	1 803	721
* PES(　)7-061	11.98	9.4	5	55	10.4	4	3	7	59	10.8	2 000	800
PES(　)7-073	14.33	11.3	5	59	12.4	4	3	7	63	12.8	2 394	957
PES(　)7-085	16.69	13.1	5	61	14.2	4	3	7	65	14.6	2 787	1 115
* PES(　)7-091	17.87	14.0	5	65	15.4	4	3	7	69	15.8	2 984	1 194
PES(　)7-109	21.40	16.8	5	68	18.1	4	3	7	72	18.5	3 574	1 430
PES(　)7-121	23.76	18.7	5	71	20.0	4	3	7	75	20.4	3 968	1 587
* PES(　)7-127	24.94	19.6	5	75	21.2	4	3	7	79	21.7	4 164	1 666
PES(　)7-139	27.29	21.4	6	78	23.2	5	3	8	82	23.7	4 558	1 823
PES(　)7-151	29.65	23.3	6	79	24.9	5	3	8	83	25.4	4 951	1 981

注：1 带 * 为不推荐使用规格型号；

2 规格型号栏(　)内可以是 H 或 C。

四、缆索承重桥梁缆索防侧击雷的技术规定

经桥梁雷电灾害风险评估确认，桥梁所在地存在概率小于5%的雷电长时间雷击转移电荷量大于500 C的雷电灾害天气，其雷电长时间雷击转移电荷量可使缆索承重桥缆索的环氧树脂、聚氨酯、沥青、橡胶、聚乙烯或高密度聚乙烯等护套防腐保护层被击穿。当斜拉索和吊杆上的灯饰等附属设施存在较大风险时，宜在桥面横向外侧面设置防侧击雷的接闪带，可沿斜拉索、吊杆（吊索）平行或垂直方向设置接闪带，其间距不应大于10 m，并应考虑接闪带与主缆、斜拉索、吊杆（吊索）之间膨胀系数差异的影响。其中，沿斜拉索、吊杆平行方向设置接闪带可参考图6.20的设置方式设置；沿斜拉索、吊杆垂直方向设置接闪带可参考图6.22的设置方式设置。

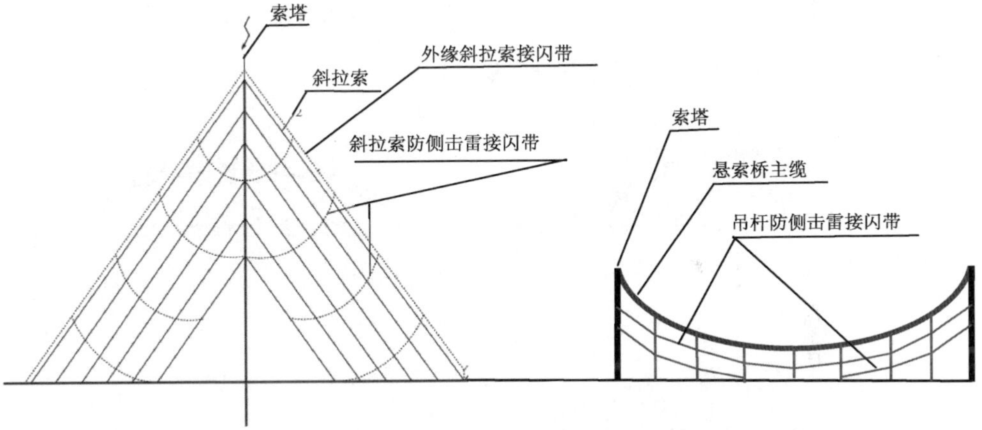

图6.22 沿斜拉索或吊杆垂直方向设置接闪带示意图

当斜拉桥的斜拉索防振措施采用连接器（索夹）或辅助索，将若干斜拉索相互连接起来，将长索转换成相对比较短的短索，使斜拉索的振动基频提高，从而抑制斜拉索的振动时，可利用斜拉索相互连接起来的金属索作为斜拉桥的斜拉索防侧击雷接闪带（图6.23）。

五、拱式桥吊索防侧击雷的技术规定

拱式桥是一种以拱圈或者拱肋为主要承重构件的桥梁，可分为上、中、下承式拱桥（图6.24）。当中、下承式拱桥的吊索经桥梁雷电灾害风险评估确认需要进行侧击雷防护时，宜在桥面横向外侧面设置防侧击雷的接闪带，可沿吊杆平行或垂直方向设置接闪带，其间距不应大于10 m，并应考虑接闪带与吊杆（吊索）之间膨胀系数差异的影响。沿吊杆（吊索）平行方向设置接闪带可参考图6.20的设置方式设置；沿吊杆（索垂）直方向设置接闪带可参考图6.22的设置方式设置。

图 6.23　希腊斜拉桥利用金属辅助索防侧击雷接闪带图片(D. Kokkinos,2006)

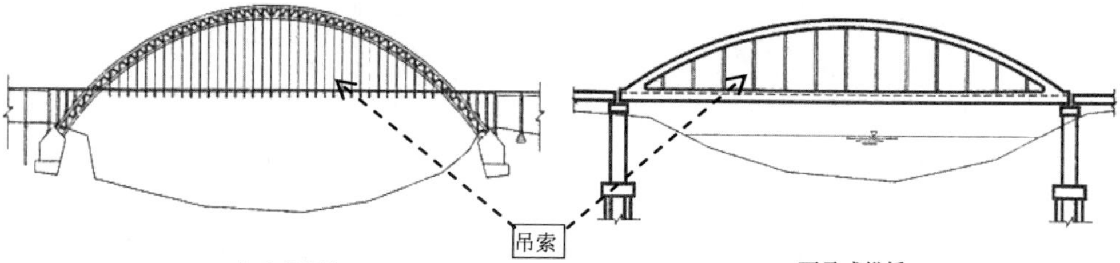

中承式拱桥　　　　下承式拱桥

拱式桥实景——重庆菜园坝长江大桥复线桥

图 6.24　中、下承式拱桥示意图

第四节 雷电电弧放电对缆索承重桥梁缆索影响案例分析

由于缆索承重桥的缆索是外缘设置，使缆索承重桥的缆索所处的位置类似普通建筑物外部防雷装置接闪杆所处的位置，容易遭受雷击。而前面第三章关于“建筑物接闪杆的雷电电弧放电现象分析”的结论已经表明，自然界的确存在长时间持续雷电流的电弧放电使避雷针顶部高温熔损。因此缆索承重桥外缘设置的缆索被雷电电弧放电导致缆索高温熔损的现象是有可能发生的。下面以希腊 Rion-Antirion 跨海大桥发生的因雷击导致一根斜拉索断裂事故案例分析，来进一步证明雷电电弧放电对缆索承重桥的缆索影响可能性。

一、桥梁雷击事故概况

2005 年 1 月 27 日，世界上最长的斜拉索桥——希腊 Rion-Antirion 跨海大桥(2004 年 8 月 12 日通车)遭受雷击，导致顶部的一根斜拉索起火，并最终造成该斜拉索断裂。该桥的斜拉索由多条单独且平行的热浸镀锌预应力缆索组成，斜拉索用蜡保护，并在斜拉索外表面覆盖高密度聚乙烯保护层，该保护层外再包裹高密度聚乙烯模压管道。根据目击者证实，1 月 27 日 10 点钟左右大桥附近有水平雷击，10 点 15 分之后，桥梁的斜拉索在燃烧的高温和斜拉索张力(heat and tension)双重效应作用下，缆索于 11 点 22 分掉落到桥面。桥梁的斜拉索着火区域在名为横向临时抱箍(cross tie provisional collar)的金属部分附近，其中两个抱箍平行的位于缆索顶部。

二、桥梁年预计雷击次数

按照 IEC 62305－2，该桥的雷击区域面积小于 2.1 km^2(图 6.25)，且该桥所在地区的年平均雷电活动日为 30 天，通过计算可知在桥的雷击区域内的预计雷击次数为每年 6.3 次，该桥的斜拉索的预计雷击次数估计为每年 4 次。但根据安装在该桥引下线上的电涌计数器显示，桥梁从 2004 年 8 月到 2005 年 6 月期间，该桥的桥塔遭受的雷击次数至少为 21 次。显然，适应普通建筑物的国际防雷规范推荐建筑物的年预计雷击次数仅仅为实际雷击次数的 19.05％～28.57％。

三、桥梁雷击事故原因分析

A. Rousseau 等科学家现场调查和实验室试验分析发现雷击事故原因是：闪电先导顶部与桥梁斜拉索上部的横向临时抱箍金属部件形成电弧放电，导致金属部件附近斜拉索外部的高密度聚乙烯管道上被击出一个直径大于 10 mm 的洞，然后电弧放电引燃孔洞边缘的高密度聚乙烯管道及其内表面覆盖高密度聚乙烯模压层(用蜡

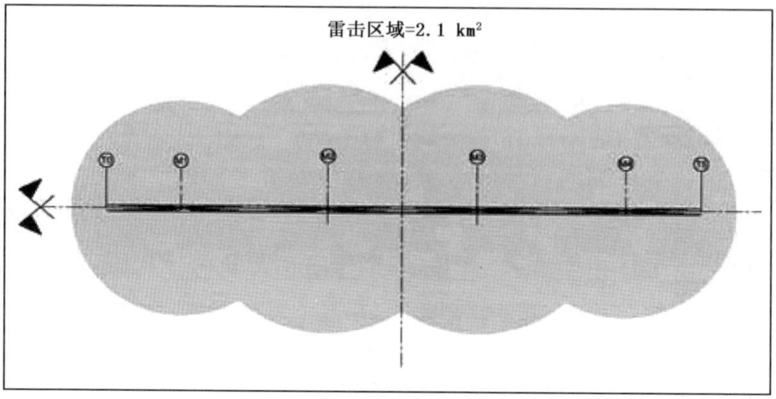

图 6.25 计算的雷击区域图

保护),使斜拉索在接连不断的高温和张力双重效应下断裂掉落到桥面。且试验结果表明,只有将根据 IEC 62305—1 的高脉冲电流(50 kA)和长时间持续电流(680 C)二者进行组合测试,斜拉索试验样品才可能产生火花,其燃烧测试获得的结果才与横向临时抱箍金属部件附近孔洞边缘的高密度聚乙烯管道及其内表面覆盖高密度聚乙烯模压层(用蜡保护)燃烧的结果相似。而这一燃烧现象显然是由喷溅在塑料管道外部的灼热金属溶液所产生的被汽化塑料的燃烧引起的。

上述事故的现场调查和实验室试验分析结果表明,闪电先导顶部与桥梁斜拉索上部的横向临时抱箍金属部件形成电弧放电产生高温导致金属熔化形成灼热金属溶液是斜拉索断裂事故发生的诱因。

四、桥梁雷击事故前的防雷措施

通常情况下,桥梁方面的专家认为,向斜拉索桥梁斜拉索外表面覆盖高密度聚乙烯保护层,以及保护层外再包裹高密度聚乙烯模压管道是能够经受得住高强度雷电流的,它不需要任何保护措施。因此,该桥雷击事故前的防雷措施是:

(1)沿桥面做了等电位连接,并在每个桥塔顶部(共四个桥塔)通过两根引下线与接地系统相连。

(2)桥梁的四个桥塔的顶部分别安装了 1 个提前防雷接闪针(ESE)。显然桥塔顶安装的提前防雷接闪针不可能对全长 300 m 的桥梁斜拉索进行保护。

五、桥梁雷击事故后采取的防雷措施

桥梁雷击事故发生后,防雷专家们在桥梁的斜拉索上找到一些雷击痕,并且也发现国际防雷规范所推荐的适用于常规建筑物的年预计雷击次数计算公式确定的该桥

梁年预计雷击参次数仅仅为该桥梁实际年雷击次数的 19.05%～28.57%。因此防雷专家们决定加强该桥梁的雷电防护措施，尤其要加强避免过多的闪电对横向临时抱箍闪击防护措施。其具体措施如下。

（一）加强对桥塔的防雷防护

根据 IEC 62305－3 新标准（当时是草案）的规定对桥塔实施防雷保护。桥塔顶部的拐角处和边缘有可能是优先接闪点，在桥塔顶部的四个拐角处各装了 4 个带均压环的接闪针，并安装了两根附加的引下线以构成网格，从而使桥塔顶部到底部金属斜拉索锚箱的 3 个环形电极间隔均匀，另一个均压环被安装在海平面位置，旨在对 4 个接地系统进行分流，同时桥塔金属部分也做了等电位连接（图 6.26）。

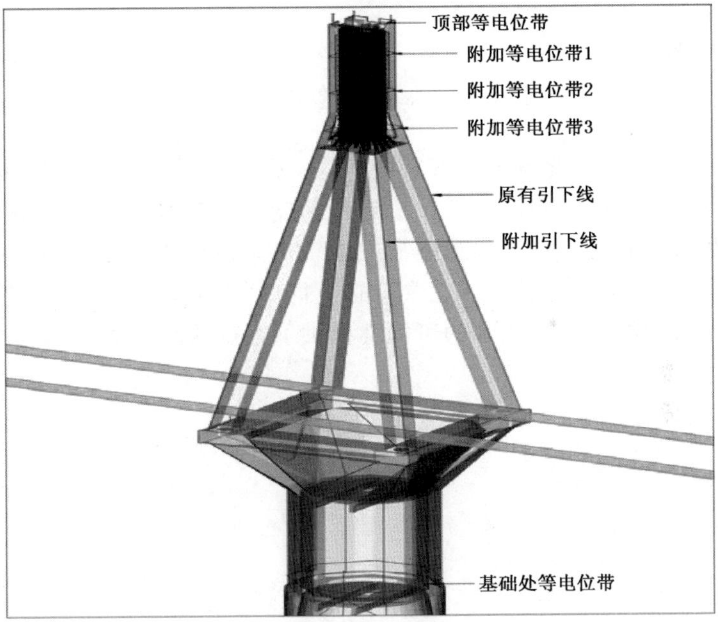

图 6.26 加强桥塔防护示意图

（二）在斜拉索上方安装防雷拉伸索加强斜拉索防雷保护

在顶部斜拉索上方用高强度不锈钢缆索搭建了一个拉伸索（避雷带），并与桥塔桅杆上端的均压环连接。拉伸索与顶部斜拉索平行，并在桥面上通过支架（与另一桥塔的拉伸索）做了中央跨接连接。拉伸索的张力与斜拉索的张力接近，以使两者形变量相似，从而确保拉伸索与斜拉索之间的距离最小。计算安全距离是为了确保即使在强风和雷电同时发生的情况下，拉伸索和顶部斜拉索的距离仍然大于（两导线间）击穿电压的最小距离。最后，要有一定的冗余度以确保即便在罕见的雷击下，也不使拉伸索掉落到桥面（图 6.27）。

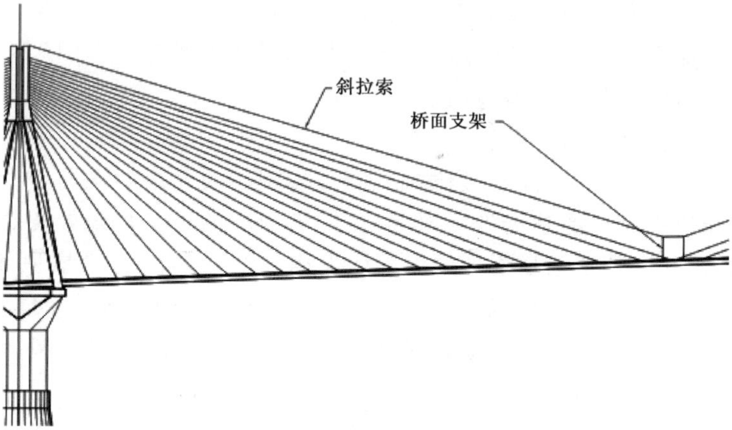

图 6.27　拉伸索安装位置示意图

希腊 Rion-Antirion 跨海大桥因雷击导致一根斜拉索断裂的事故案例表明:忽视了斜拉桥拉斜索的特殊结构以及斜拉桥索塔孤立突出的吸引雷电特性,以及未能采取有针对性防雷措施是容易导致缆索易发生雷击事故的重要原因,同时会给桥梁防雷安全留下隐患,从而影响桥梁的正常营运。同时该事故案例为自然界雷电电弧放电对缆索承重桥的缆索影响危害的可能性提供了客观的事实依据。

参考文献

奥斯特罗夫. A. G. 1988. 腐蚀控制手册[M]. 王向农,张清玉,译. 北京:石油工业出版社.

白春礼. 1992. 扫描隧道显微术及其应用[M]. 上海:上海科学技术出版社.

蔡邦宏,赖俐超. 2002. 防治金属腐蚀的五大对策[J]. 化学工程师,**88**(1):57-58.

蔡宏伟. 2008. 金相检验[M]. 北京:中国计量出版社.

陈冰泉,潘春旭,张志慧. 1995. 奥氏体不锈钢焊接接头过渡区组织变化研究[J]. 武汉交通科技大学学报,**19**(1):1-6.

陈伯蠡. 1991. 焊接冶金原理[M]. 北京:清华大学出版社.

陈伯蠡,周运鸿. 1987. 高强钢埋弧焊焊缝的强韧化研究[J]. 焊接学报,**8**(3):153-161.

陈伯蠡. 1998. 焊接工程缺欠分析与对策[M]. 北京:机械工业出版社.

陈峰华. 2009. 核电站波动管对接焊缝微裂纹分析[J]. 电焊机,**39**(8):34-36.

陈渭民. 2003. 雷电学原理[M]. 北京:气象出版社.

陈新明. 2006. 球罐焊接冷裂纹的预防[J]. 油气田地面工程,**25**(4):40-42.

陈志源,李启令. 2003. 土木工程材料[M]. 武汉:武汉理工大学出版社.

陈宗柱,高树香. 1988. 气体导电[M]. 南京:南京工学院出版社.

VOLLAND HANS. 1992. 大气电动力学[M]. 程箴荣,译. 北京:气象出版社.

川濑太郎. 2001. 接地技术与接地系统[M]. 北京:科学出版社.

崔崑. 1981. 钢铁材料及有色金属材料[M]. 北京:机械工业出版社.

崔忠圻,刘北兴. 1998. 金属学与热处理原理[M]. 哈尔滨:哈尔滨工业大学出版社.

董荣珍,卫军,徐港,等. 2008. 锈蚀产物在钢筋混凝土界面处的分布状态分析[J]. 华中科技大学学报,**36**(6):100-102.

范宏. 2009. 混凝土结构中氯离子侵入与寿命预测[D]. 西安建筑科技大学博士学位论文.

范颖芳,周晶. 黄振国. 2001. 受氯化物腐蚀钢筋混凝土构件承载力研究[J]. 工业建筑,**31**(5):3-5.

樊云昌. 2001. 混凝土中钢筋锈蚀防护与修复[M]. 北京:中国铁道出版社.

方鸿生,王家军,郑燕康,等. 1993. 材料科学中的扫描隧道显微分析[M]. 北京:科学出版社.

傅良魁. 1983. 电法勘探教程[M]. 北京:地质出版社.

高志明,宋诗哲,王守琰,等. 2004. 埋地管道防护层缺陷现场检测与评价[J]. 中国腐蚀与防护学报,**24**(2):100-104.

高攸纲. 1979. 感性耦合与阻性耦合[M]. 北京:人民邮电出版社.

高妍. 2010. 混凝土内钢筋锈蚀初期行为研究[D]. 中国矿业大学硕士学位论文.

葛燕. 2007. 混凝土中钢筋的锈蚀与阴极保护[M]. 北京:化学工业出版社.

耿欧. 2008. 混凝土构件中钢筋锈蚀速率预计模型研究[D]. 中国矿业大学博士学位论文.

耿欧,袁迎曙,李富民,等. 2006. 混凝土中变形与光圆钢筋腐蚀速率试验研究[J],中国矿业大学学报,**35**(4):488-491.

工程结构安全性与耐久性研究咨询项目组. 2004. 混凝土结构耐久性设计与施工指南[M]. 北京:中国建筑工业出版社.

过增元,赵文华. 1986. 电弧和热等离子体[M]. 北京:科学出版社.

SALES L R, MARTIN J, GINOCCHIO A. 2013. OPGW 雷击试验及分析[C]. 何海鹏,译. 电力特种光缆应用研讨会论文集,146-153.

何有钧,张春阳,方华. 2009. OPGW 光缆雷击断股原因分析和防范措施[J]. 电力系统通信,**30**(199):16-19,28.

洪定海. 1998. 混凝土中钢筋的锈蚀与保护[M]. 北京:中国铁道出版社.

胡赓祥,钱苗根. 1980. 金属学[M]. 上海:上海科学技术出版社.

胡国文,胡乃定. 2001. 应用建筑电气技术与设计[M]. 北京:清华大学出版社.

W. V. 贝克曼. 1990. 阴极保护手册[M]. 胡士信,译. 北京:人民邮电出版社.

胡士信. 1999. 阴极保护工程手册[M]. 北京:化学工业出版社.

胡士信,徐快. 1998. 埋地钢质管道牺牲阳极阴极保护设计规范(SY/T 0019-97)[M]. 北京:石油工业出版社.

胡孝勇. 1994. 气体放电及其等离子体[M]. 哈尔演:哈尔演工业大学出版社.

胡毅,叶廷路,汪峰,等. 2005. OPGW 断股的微观检测及机理分析[J]. 高电压技术,**31**(10):6-8,26.

惠云玲,李荣,林志伸,等. 1997. 混凝土基本构件钢筋锈蚀前后性能的实验研究[J]. 工业建筑,**27**(6):14-18.

机械系统理化检验协作网. 1983. 金相检验[M]. 上海:上海材料研究所《理化检验》编辑部.

姬永生. 2007. 自然与人工气候环境下钢筋混凝土退化过程的相关性研究[D]. 中国矿业大学博士学位论文.

姬永生. 2011. 钢筋混凝土的全寿命过程与预计[M]. 北京:中国铁道出版社.

姬永生,袁迎曙. 2003. 混凝土中钢筋钝化区与活化区间的腐蚀宏电流研究[J]. 工业建筑,**33**(3):15-17.

姬永生,袁迎曙,李富民,等. 2009. 混凝土内钢筋锈胀力发展及钢筋锈蚀速率的时变性[J]. 河海大学学报,**37**(4):430-436.

蒋德稳. 2002. 钢筋混凝土人工综合侵蚀效应的研究[D]. 中国矿业大学硕士学位论文.

金伟良,赵羽习. 2002. 混凝土结构耐久性[M]. 北京:科学出版社.

柯伟. 2003. 中国腐蚀调查报告[M]. 北京:化学工业出版社.

雷宏刚. 2003. 钢结构事故分析与处理[M]. 北京:中国建材工业出版社.

李斌,等. 1998. 国外云和降水研究(第十二届国际云和降水会议论文选编)[M]. 北京:气象出版社.

李成保. 1998. 地下管线腐蚀的勘测技术与土壤腐蚀性的评价方法[J]. 土壤,**30**(4):205-208.

李成保. 1979. 金属的土壤腐蚀[J]. 土壤,**3**(11):110-114.

李果. 2004. 钢筋混凝土耐久性的环境行为与基本退化模型研究[D]. 中国矿业大学博士学位论文.

李炯辉,施友方,高汉文. 1981. 钢铁材料金相图谱[M]. 上海:上海科学技术出版社.

李良福. 1994. 防雷新技术——消雷工程[M]. 北京:气象出版社.

李良福，杨俐敏．1999．计算机网络防雷技术[M]．北京：气象出版社．

李良福，胡怀林，等．2004．森林雷电防护研究[M]．北京：气象出版社．

李良福，李家启，覃彬全，等．2008．雷电防护关键技术研究[M]．北京：气象出版社．

李亚江．2011．焊接缺陷分析与对策[M]．北京：化学工业出版社．

李兆霞，郸力，徐玉兵．2005．桥梁焊接构件疲劳损伤测试与分析[J]．东南大学学报（自然科学版），(3)：415-420．

梁成浩．1999．金属腐蚀学导论[M]．北京：机械工业出版社．

林翠，李晓刚，刘晓东．2005．碳钢和耐候钢在北京城市大气环境中初期腐蚀行为[J]．中国腐蚀与防护学报，**25**(4)：193-199．

林维勇．2011．建筑物防雷设计规范（GB 50057—2010）[M]．北京：中国计划出版社．

刘斌．2012．金属焊接技术基础[M]．北京：国防工业出版社．

刘秉京．2007．混凝土结构耐久性设计[M]．北京：人民交通出版社．

刘会杰．2007．焊接冶金与焊接性[M]．北京：机械工业出版社．

刘西拉，苗澎柯．1990．混凝土结构中的钢筋腐蚀及其耐久性计算[J]．土木工程学报，**23**(4)：69-78．

刘永辉，张佩芬．1993．金属腐蚀学原理[M]．北京：航空工业出版社．

卢木．1997．混凝土耐久性研究现状和研究方向[J]．工业建筑，**27**(5)：1-6．

陆在新，王先．2009．大型储罐气电立焊条状气孔缺陷的预防[J]．广州化工，**37**(9)：205-207．

罗福午．1996．建筑结构缺陷事故的分析及防止[M]．北京：清华大学出版社．

马宏达．1995．山区电网防雷的新概念——区域性防雷[J]．电网技术，(7)：43-46．

马乃祥．1998．长间隙放电[M]．北京：中国电力出版社．

毛浓召．2007．双面螺旋埋弧焊外焊裂纹产生原因及预防[J]．焊管，**30**(5)：86-88．

牟艳君，袁迎曙，姬永生．2006．基于钢筋锈蚀膨胀的混凝土应力分析方法[J]．淮海工学院学报，**15**(1)：66-70．

潘春旭，朱凤艳，陈雁荡．1990．奥氏体不锈钢焊缝组织和偏析的电镜研究[J]．武汉水运工程学院学报，**4**(4)：419-424．

彭锦荣，郭志勇，张健波，等．2010．斜拉索桥梁中拉索的防雷设计要点[J]．气象研究与应用，**31**(S2)：161-175．

彭涛．2009．混凝土内钢筋锈蚀速率时变规律与机理分析[D]．中国矿业大学硕士学位论文．

强十渤，程协瑞．1993．电气工程[M]．北京：中国计划出版社．

郄秀书，等．1998．中川地区依次负地闪的起始过程[J]．高原气象，(1)：34-43．

郄秀书．1998．地面电晕离子对空气中引雷始发过程的影响[J]．高原气象，(1)：84-94

丘军林．1995．气体放电与气体激光[M]．武汉：华中理工大学出版社．

上海交通大学《金相分析》编写组．1982．金相分析[M]．北京：国防工业出版社．

沈桂琴．1983．光学金相技术[M]．北京：国防工业出版社．

盛裴轩，等．2003．大气物理学[M]．北京：北京大学出版社．

施利炳．2003．金属的腐蚀与防护[J]．物理测试，(3)：41-43．

史庆轩，李小健，牛获涛．1999．钢筋锈蚀前后混凝土偏心受压构件承载力试验研究[J]．西安建筑科技大学学报,**31**(3):218-221.

宋晓冰.1999.钢筋混凝土结构中钢筋锈蚀[D].清华大学博士学位论文.

孙慧珍,朱荫湄,许晓峰.1997.土壤 pH 和 Eh 和对金属材料腐蚀的影响[J].土壤学报,**34**(1):107-112.

孙红卫.2005.东海大桥钢箱梁焊缝热裂纹的分析及解决措施[J].造船技术,(2):43-44.

孙景群.1987.大气电学基础[M].北京:气象出版社.

孙景群.1995.大气电学手册[M].北京:科学出版社.

孙文进,高锰钢.2008.铸件与低合金钢焊接热裂纹的预防[J].机械工程与自动化,(4):169-170.

陶峰,王林科,王庆霖,等.1996.服役钢筋混凝土构件承载力的试验研究工业建筑[J].工业建筑,**26**(4):17-20.

田兴玲,林玉珍,刘景军,等.2004.碳钢在液—固双相管流中磨损腐蚀的电化学行为[J].中国腐蚀与防护学报,**24**(1):48-51.

涂湘缃.2000.实用防腐蚀工程施工手册[M].北京:化学工业出版社.

王宝,宋永伦.2012.焊接电弧现象与焊接材料工艺性[M].北京:机械工业出版社.

王秉中.2002.计算电磁学[M].北京:科学出版社.

王才伟,等.1998.空中触发闪电的下行先导及其接地行为[J].高原气象,(1):10-23.

王才伟,等.1998.正环境电场中闪电先导的始发和传播[J].高原气象,(1):65-74.

王长清,祝西里.1994.电磁场计算中的时域有限差分法[M].北京:北京大学出版社.

王道洪,等.2000.雷电与人工引雷[M].上海:上海交通大学出版社.

王德志,张金喜,张建华.2006.沿海公路钢筋混凝土桥梁氯盐侵蚀的调研与分析[J].北京工业大学学报,**32**(2):187-192.

王克.1991.雷击路径与雷击闪络[J].雷电与静电,(3):10-14.

王岚,杨平,李长荣.2010.金相实验技术[M].北京:冶金工业出版社.

华莱士 J. M.,霍布斯.P. V.1981.大气科学概观[M].王鹏飞等,译.上海:上海科学技术出版社.

王其隆,殷树言,钱乙余.1980.脉冲电流熔化极气电焊电弧形态的控制及其实际意义[J].焊接学报,(1):34-41.

王其隆,殷树言,张九海.1982.关于熔化极脉冲焊熔滴过渡合理形式的研究[J].焊接学报,(3):152-162.

王其隆,殷树言,张九海,等.1980.熔化极脉冲焊电弧形态的可控性及其熔滴过渡的关系[J].哈尔滨工业大学学报,(4):103-115.

王时煦,等.1980.建筑防雷设计[M].北京:中国建筑工业出版社.

王智慧,徐碧宇,叶赐麒,等.1988.奥氏体/铁素体异种钢焊接接头熔合区组织的研究[J].北京:北京工业大学学报,**14**(4):9-18.

吴沩.1991.土壤性质对钢铁电极电位的影响[J].土壤学报,**28**(2):117-123.

吴庆,袁迎曙,李洁勇.2007.人工气候环境下锈蚀混凝土梁的结构性能退化研究[J].中国矿业大学学报,**36**(4):442-445.

武占成,张希军,胡有志.2012.气体放电[M].北京:国防工业出版社.

吴志生，杨立军，李志勇. 2010. 现代电弧焊接方法及设备[M]. 北京：化学工业出版社.
肖从真. 1995. 混凝土中钢筋腐蚀的机理研究及数论模拟方法[D]. 清华大学博士学位论文.
谢依金. A. E. 1984. 水泥混凝土的结构与性能[M]. 胡春芝，译. 北京：中国建筑工业出版社.
邢立坤，马明亮. 2009. 螺旋缝埋弧焊管焊缝气孔产生原因综合分析及防止措施[J]. 焊管，(5)：61-64.
星野九平富士雄. 1979. 管道及其设备的腐蚀与防蚀[M]. 张宴，译. 北京：石油工业出版社.
徐善华，牛荻涛，王庆霖. 2003. 大气环境条件下混凝土中钢筋的锈蚀[J]. 建筑技术，(4)：267-269.
许小峰，等. 2003. 国外雷电监测和预报研究[M]. 北京：气象出版社.
徐学基，诸定吕. 1996. 气体放电物理[M]. 上海：复旦大学出版社.
徐鑫，周红. 2006. 东海大桥综合防雷工程的设计[J]. 低压电器，**10**：28-30，38.
徐芝纶. 2002. 弹性力学简明教程(第 3 版)[M]. 北京：高等教育出版社.
徐祖耀. 1991. 贝氏体相变与贝氏体钢[M]. 北京：科学出版社.
姚鸿年. 1963. 金相研究方法[M]. 北京：中国工业出版社.
杨春利，林三宝. 2003. 电弧焊基础[M]. 哈尔滨：哈尔滨工业大学出版社.
扬津基. 1983. 气体放电[M]. 北京：科学出版社.
杨芸，张冠军，杨国清，等. 2007. 空气条件下介质阻挡放电影响因素的研究[J]. 高电压技术，**33**(2)：37-41.
殷树言. 2012. 气体保护焊工艺基础及应用[M]. 北京：机械工业出版社.
虞昊. 2005. 现代防雷技术基础(第二版)[M]. 北京：清华大学出版社.
余红发. 2004. 盐湖地区高性能混凝土的耐久性、机理与使用寿命预测方法[D]. 东南大学博士学位论文.
于天仁. 1976. 土壤的电化学性质及其研究法(修订本)[M]. 北京：科学出版社.
袁迎曙，李果. 2002. 锈蚀钢筋混凝土柱的结构性能退化特征[J]. 建筑结构，(10)：18-20.
袁迎曙，章鑫森，姬永生. 2006. 人工气候与恒电流法加速锈蚀钢筋混凝土梁的结构性能比较研究[J]. 土木工程学报，**39**(3)：42-46.
曾永林. 1978. 接地技术[M]. 北京：中国水利电力出版社.
张道群，宋强，朱建. 铁塔的引雷效应及防护对策[J]. 第四届中国国际防雷论坛论文摘编，80-81.
张汉谦. 2000. 钢熔接接头金属学[M]. 北京：机械工业出版社.
张莉芹，袁泽喜，卜勇. 2007. 钒—钛微合金化钢焊接热影响区晶内铁素体与夹杂物的界面关系[J]. 理化检验(物理分册)，**43**(8)：378-381.
张明升. 1986. 对雷击选择性问题的探讨[J]. 雷电与静电，(3-4)：26-27.
张继建，罗天宝，成晓光，等. 2009. 螺旋埋弧焊管焊缝夹珠型气孔的形成与消除[J]. 焊管，**32**(11)：55-58.
张金玉，关根志. 1996. 高电压实验[M]. 北京：中国电力出版社.
张文忠，许鸿吉，王积昌. 1994. 预涂底漆钢板 CO_2 立向下焊气孔消除的研究[J]. 机车车辆工艺，(5)：1-4.
张喜德，蓝文武，等. 2005. 钢筋混凝土受弯构件受压区钢筋锈蚀影响的试验研究[J]. 工业建筑，**35**

(7):46-49.
张小青.2003.建筑防雷与接地技术[M].北京:中国电力出版社.
张勇,王家辉,李巧玲,等.1994.液化气球罐的焊接延迟裂纹成因分析研究[J].压力容器,**11**(3):26-32.
张永兰,李亚江,于衍志.1994.铁素体不锈钢焊接区域的组织特征[J].机械工程材料,**18**(6):14-16.
张誉.2003.混凝土结构耐久性概论[M].上海:上海科学技术出版社.
中国腐蚀与防腐学会.1997.金属的局部腐蚀[M].北京:化学工业出版社.
周璧华,陈彬,石立华.2003.电磁脉冲及其工程防护[M].北京:国防工业出版社.
R H Golde.1982.雷电(上卷)[M].周诗健,孙景群,阮忠家,译.北京:电力工业出版社.
周新刚.1999.混凝土结构耐久性与损伤防治[M].北京:中国建材工业出版社.
朱安民.1992.混凝土碳化与钢筋混凝土耐久性[J].混凝土,**4**(6):18-22.
朱志伟.2007.氯离子侵蚀下带裂缝钢筋混凝土结构耐久性分析方法研究[D].天津大学硕士学位论文.
AERTSENS J, VERBEKE W, MONDELAERS K, et al. 2009. Personal determinants of organic food consumption: a review [J]. British Food Journal, **111**: 1140-1167.
AGORIS D P, et al. A simulation for the efficiency of the Lightning protection system of the Rion-Antirion tall Bridge [C]. 28th International Conference on Lightning Protection, 539-542.
HE H B, ZHOU B H, YU T B. 2003. Analysis of Transient Grounding Resistance Under Pulsed Discharging Current [C]. Proc Asia-Pasific conf on Environmental Electromagnet, Hangzhou, China, 554-557.
IEC 62305-1 2010. Ed. 1: Protection against lightning—Part 1: General principles [S].
IEC 62305-2 2010. Ed. 1: Protection against lightning—Part 2: Risk management [S].
IEC 62305-3 2010. Ed. 1: Protection against lightning—Part 3: Physical damage to structures and life hazard [S].
IEC 60794-4-1. 1999. Optical fiber cables Aerial optical cables for high voltage power lines [S].
KITTERMAN C G. 1981. Concurrent lightning flashes on two television transmission towers [J]. Journal of Geophysical Research, **86**: 5378-5380.
KOKKINOS D, et al. Lightning Protection of Cable Bridges [C]. 28th International Conference on Lightning Protection, 1364-1367.
LI L F, QIN B Q, YANG L, et al. 2013. Research on Cable Lightning Protection Technology of Cable Supported Bridge [C]. 8th 2013 Asia-Pacific International Conference on Lightning, 623-628.
MOORE C B, et al. 1999. Lightning Rod Improvement Studies [J]. Journal of Applied Meteorology, **39**(5): 593-609.
RAKOV V A, UMAN M A. 2007. Lightning physics and effects [M]. Cambridge, UK: Cambridge university press.

ROUSSEAU A，BOUTILLON L，HUYNH A. Lightning Protection of a Cable-Stayed Bridge. 28th International Conference on Lightning Protection，1410-1413.

SALANAVE L E. 1980. Lightning and its Spectrum [M]. Tucson：University of Arizona Press，136pp.

SHIGERU YOKOYAMA. 2011. Lightning Protection for Electrical and Electronic Equipment [M]. Japan：The Institute of Electrical Installation Engineers of Japan，32-38.